건축 수량산출 및 내역서 작성
실습 항목의 이해 및 설계변경

현장기술자를 위한

건축견적 이야기

설계변경과 건설클레임을
알고 대처하자!
건설원가관리사 자격증으로!

제 6 부

건설경제

건축 수량산출과 내역서 작성실습 교육인 유튜브 "공사비닷컴"을 통해 소통하고, 동영상 교육 교재로 출간을 하게 되어 무한한 기쁨과 영광으로 생각합니다.

대한민국 건설원가분야의 최고의 강사로 이름을 알리게 된 것은 많은 분들의 가르침과 도움 덕분입니다. 홍익대 건축학과를 다녔고, ROTC 공병장교로 근무했으며, 쌍용건설 건축견적부에서 첫 사회생활을 시작한 것과 존경하는 신관섭 이사님의 체계적인 적산 시스템을 배우고, 영락교회 50주년 기념관 현장에서 바로건설기술의 김광만 대표님을 사수로 모신 것, 인도네시아의 콘라드 현장의 정해길님을 만난 것, 싱가폴 현장의 최병원님을 만나 현장을 배운 것 모두가 하나님의 섭리고 인도하심이었습니다. 쌍용건설의 김석준 회장님과 많은 선배님들 모두가 저를 가르치고 성장시키신 고마운 분들입니다.

1999년 IMF 때 희망퇴직으로 회사를 나와 해외 Q.S비즈니스를 목표로 적산회사를 세워 오늘까지 왔습니다. 전 평화건설 김종구 대표님을 비롯한 많은 선·후배님 그리고 발주처 분들의 도움 덕분입니다. 머리 숙여 진심으로 감사드립니다.

대한민국도 원가전문가인 Q.S의 도입이 필요합니다. 감리, CM제도가 있지만 진정으로 발주처를 위해 사업초기부터 공사비만을 전문적으로 작성하고 검토하며 관리하는 전문가가 필요합니다. 도면에서 수량을 산출하고, 내역서를 통해 정확한 공사비를 산출·관리하며 설계변경이나 클레임 발생 시 발주처를 보호해 줄 수 있는 전문가 양성을 위해 책을 만들었습니다.

매년 12월에 한국의 QS자격증인 건설원가관리사(Korea Quantities Surveyor) 시험이 있습니다. 2012년에 건설협회 민간자격증으로 시작되어 추천의 글을 써주신 전상훈 회장님을 비롯한 500명의 전문가가 자격증을 취득하여 건설원가 전문가로 활동하고 있습니다. 이 책을 통해 실질적인 건설원가 업무도 배우고 건설원가관리사 자격증도 취득하시길 바랍니다. 반드시 도움이 되실 겁니다.

이 책에 애정을 가지고 만들어 주신 건설경제신문사 김형철 대표님과 박봉식, 신정운, 김윤득 님께 진심으로 감사드립니다. 건경 리더스 포럼 김중희 회장님과 김학렬, 서승권, 유광산, 조정훈님, ROTC 리더스 포럼의 손병렬 회장님과 이우식, 김문선, 박병수, 서영철, 권태산, 정세현, 배현기, 김대준, 김규동, 위승문 선 · 후배님들의 후원에도 감사드립니다. 홍익대학교 이용수 교수님, 김준한, 이광만, 신동균, 최종천님, 한양대학교 김재준 교수님, 연성대학교 정재은, 전희성 교수님, 우석대학교 강석표 교수님, 전인CM 이성연, 한광덕님, 삼우CM 황인강님, 광운대 건설법무대학원 신만중 원장님, 윤성철 교수님, 정유철, 한병우, 이은재, 김영강님께도 감사를 드립니다.

책의 시작인 동영상 강의를 만든 한국직업개발원 백성욱 대표님과 김형규, 최명성님 감사드리고, 많은 도움을 주신 고려전산 안문호 대표님께 감사의 마음을 전합니다. 책의 시작부터 함께해 준 (주)컨코스트의 가족 같은 최영배, 오로미, 신동헌, 강동균, 엄기애님 감사합니다.

부족한 저를 위해 기도해주시는 이봉준, 이광희, 조성지 목사님과 소중한 가족 예은, 예준, 예나와 아내, 사랑하는 현욱주, 현주누나. 하늘나라에 계신 나의 사랑하는 부모님 고 이영미 여사와 고 현국삼님 사랑합니다.

감사합니다! 덕분입니다! 사랑합니다!
이 모든 영광을 나의 주인이신 하나님께 드립니다.

이 책과 유튜브 "공사비 닷컴" 동영상 교육을 통해 수량산출과 내역작성의 업무를 익혀 전문가로 현업에서 만나기를 고대합니다.

2020. 7. 14 **현동명 드림**

추천의 글

전상훈 공학박사 (건축사, KQS)
(현: 건축기술인회장, 전 제주대 건축학부 교수,
전 서울시 이사관)

저자는 경력에서 보듯이 건설인으로서는 국내는 물론 해외에서 설계 도서를 토대로 다양한 현장에서 원가관리에 실전을 경험하고 있다. 원가계산은 공사를 수주하여 계약 시 대부분 공사비 내역서를 첨부하며 이는 계약서의 중요한 부분이다. 또한 4차 건설산업에 접목하여 BIM과 연계되고 건설사업관리에 있어서 ERP에도 적용되고 있다.

원가계산은 단순한 물량산출에 의한 견적서가 아니라 설계도면과 건설현장 시공 시에 가교역할을 하는 것으로 도면과 현장시공 상호간의 적합한 대응이 되어야 하며, 이를 바탕으로 건설사업의 과업을 완벽하게 수행을 할 수 있도록 도움을 준다.

저자는 오랜 기간 동안 건설원가관리사(KQS)로서의 전문엔지니어인 CEO로 대학 강의, 건설원가관리 양성 교육, 건설현장 및 건설업체의 건설 원가 실무자로서 풍부한 경험을 하고 있다. 이 책은 위와 같이 경험을 토대로 완성한 비범한 책일 것이라 느낌을 받았으며, 실제 내용 면에서 공사비 산정과 현장시공에 잘 조화되었고 새로운 트랜드인 4차 건설산업의 지표를 나타내는 내용도 담겨있다.

본인은 저자와 대한건설협회 건설원가관리사 관계로 알게 되었으며 학교 강단과 현장 그리고 원가관리 회사에서 열정적인 태도와 실력을 모두 받쳐주어 성과를 내는 추진력을 보여 주었다.

이 책은 건설원가관리의 전문가로서 도움을 줄 수 있도록 도면이 어떻게 공사비를 만들어 지는지를 공종별로 구분하여 알려주고 있다. 또한 공사비의 중요성과 도면을 이해하여 적산과 견적을 도출함에 있어서 알기쉽도록 풀이하고 있으며 문제 해설을 통하여 능력을 검증하고 있다.
특히 건설원가관리사의 자격 취득에 고민하는 독자라면 이 책을 통하여 완벽한 건설원가관리사로서도 희망을 보게 될 것이며, 저자의 영상강의를 통해 열정적이고 추진력 있는 건설원가관리인으로서의 인간성도 동시에 접할 수 있을 것이다.

2020년 7월 **전상훈 공학박사**

3
1
5500
200
60
200

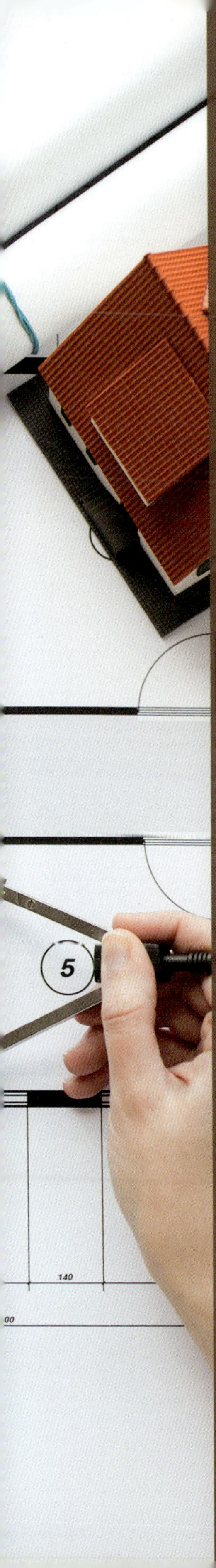

06

제6부 설계변경과 건설클레임을 알고 대처하자! 건설원가관리사 자격증으로!

Contents

3
1
5

제 28 강

설계변경의 이해와 접근 방법

제28강

설계변경의 이해와 접근 방법

설계변경은 당초 계약과 대비해서 도면이나 현장의 조건 등이 변경되어 공사비가 변경되는 것을 의미하며 건축주와 시공자 사이에 분쟁의 불씨가 되기도 합니다.

실제 우리나라의 도면 상태를 보면 설계변경은 필연적일 수밖에 없습니다.

설계가 완성되려면 계획설계, 기본설계, 실시설계를 통해 완성되고 통상적으로 계약은 실시설계 도서를 가지고 해야 하는게 정상적인데 보통 기본설계도면으로 계약을 하거나 계획설계 단계에서 평당공사비로 계약을 하기도 합니다.

수량산출과 공사비는 도면을 기준으로 하는 것인데 도면이 바뀌거나 재료가 바뀌는데 어떻게 설계변경이 없을 수 있겠습니까? 이 과정을 거치면서 신규항목들이 발생하고 이미 계약을 마쳐 시공사를 변경할 수 없는 조건에서 변경조건은 계약 전과는 다르게 시공사는 양보를 하지 않게 되는 것입니다.

그러다 보니 도면이 미비한 것을 아는 발주처에서는 설계변경으로 인한 공사비의 증액이 무서워 계약서에 "일체의 설계변경은 없다"라고 명시하는데 계약도면이 실시설계 도서가 아니라면 불가능한 일이 됩니다.

현장기술자에게 설계변경은 필수적인 일이며 발생시 어떻게 풀어나가야 하고 수량산출과 내역서의 구성을 어떻게 만드는 가에 대하여 알아야 합니다.

이번 강에서는 설계변경에 대한 이해와 접근 방법, 그리고 해결방안에 대하여 알아보겠습니다.

1. 설계 변경의 정의

도면의 변경이나, 조건의 변경 등으로 발생하는 설계변경은 시공자에게는 기회가, 발주처에게는 손해가 되는 것으로 통상 인식되고 있습니다.

현장의 90% 이상은 필연적으로 설계변경이 발생되는 만큼 설계변경의 정의와 설계변경 과정과 결과물을 아는 것이 중요합니다.

2. 수량의 증감

도면의 변경은 수량의 증감을 가져오고 그에 따라 공사비는 변경이 됩니다.

수량이 증감을 알기 위해 어떻게 산출하고 표현해야 하는지 알아보겠습니다.

3. 단가의 변경

설계변경이 발생하면 당초 계약항목이 아닌 신규항목이 발생하게 되는데 이때 단가적용과 협상을 어떻게 해야 하는지 알아보겠습니다.

4. 공사조건의 변경

현장의 계약 당시의 환경과 조건이 변화될 경우 설계변경이 진행됩니다.

당초 현장 설명시 조건이나 내용이 변경되므로 공사비에 영향을 주는 상황에 대하여 어떻게 조치하는 지도 알아보겠습니다.

5. 에스컬레이션 (ESCALATION)

당초 계약시점 대비 3%의 물가변동이 발생하면 관공사의 경우 남은 공사금액에 대하여 물가변동에 의한 공사비인상을 요구하는데 이를 에스컬레이션(Escalation)이라고 하며 반대로 공사비가 감소하는 상황을 디스컬레이션(Descalation)이라고 합니다.

6. 설계변경의 접근 방법

건축주는 설계변경에 대하여 시공자가 공사비 증액을 하려는 행위로 보고 부정적인 시각으로 바라봅니다.

그러므로 설계변경을 하기 전에 설계변경이 필요한 논리를 만들어야 합니다.

작은 욕심으로 접근해서는 큰 낭패를 볼 수 있습니다.

> **1. 설계변경의 정의**
>
> 1) 설계변경이란?
> - 당초 계약 대비 도면, 조건의 변경으로 공사비가 변경
>
> 2) 왜 발생하는가?
> ① 도면의 변경(평면 및 자재의 변경)
> ② 현장상태 등 조건의 변경(제외공사 및 간접비 변경)
> ③ 원가 개선(공사비 절감, 공기의 단축, 도급/하도급 금액)

1. 설계변경의 정의

현장에서 인정받는 기술자는 안전과 품질에 대하여 완벽한 시공을 이루어내는 것이지만 더불어 현장의 설계변경을 통해 원가를 절감하고 이윤을 많이 남기는 기술자가 더 인정을 받습니다. 그러므로 현장의 설계변경을 만들어 내고 발주처를 설득하여 관철시키는 능력이 무엇보다 필요합니다.

1) 설계변경이란?

당초 계약 대비하여 도면이나 현장의 조건이 변경되어 공사비가 변경되는 상황을 일컫는 말입니다. 이때는 항상 설계변경 전인 당초와 변경 후인 변경이 비교가 되어야 합니다.

2) 왜 발생하는가?

설계변경을 바라보는 시각은 크게 차이가 나는데 건축주 입장에서는 당초 계약금액보다 무조건 증액이 되는 것이고, 시공사 입장에서는 로또를 맞은 것처럼 이윤을 많이 남길 수 있는 행위라고 생각하는 것입니다. 그러다 보니 분쟁의 불씨가 되는 것입니다.

도면의 수준에 따라 설계변경은 필연적인 일이 되는 것인데 발생 원인을 알고 계약 전에 미리 대처를 한다면 서로에게 신뢰가 되고 좋은 파트너가 될 수 있는 기회입니다.

설계변경의 가장 큰 원인은 여러 가지가 있겠으나 크게 정리하면 3가지 입니다.

첫째, 도면이 완벽하지 않은 상태에서 계약이 되니 당연히 공사중에 설계변경이 이루어지는 것입니다. 계약 전에 도면의 문제점들을 보완한 후에 계약을 하는 게 중요합니다.

둘째, 현장의 조건이 변경될 때 발생하는데 당초 시공사가 하기로 한 공사를 발주처에서 직접 업체에 시키거나 자재 등을 지급하는 등의 조건이 변경되는 경우입니다.

셋째 공사비 원가를 개선하기 위해서 보통 시공자가 시도를 하는 경우입니다. 원가절감이나 공기단축을 위해 시공사가 제안을 하는 경우입니다.

2. 수량의 증감

1) 수량의 증감 내용

① 도면의 변경으로 인한 수량변경
② 당초항목과 추가항목으로 구분
③ 항목이나 규격의 변경 시 추가항목
④ 추가항목으로 인정될 경우 시공자에 유리

2) 수량 증감 사유

① 당초 도면의 변경
② 규격 및 단위의 변경(EA, m, m^2)

2. 수량의 증감

도면이 변경된다면 당연히 변경되는 항목의 수량은 달라집니다.
수량이 변경될 때 어떻게 산출하고 표현하여 발주처에 제출할지를 고민해야 합니다.
전체를 비교할지, 변경 리스트를 작성하여 표현할지 고민해야 하는데
왜냐하면 설계변경은 건축주를 이해시켜야 하기 때문입니다.

1) 수량의 증감 내용

설계 변경시 도면의 변경으로 인해 가장 많이 바뀌는 것은 항목별 수량입니다.
예를 들어 평면이 사각형에서 원형으로 바뀐다면 바닥, 벽채, 천정 등의 바탕과 마감재의 수량이 변경될 것이며 이때 당초수량과 변경수량을 비교하여 표현해 주어야 합니다.
또한 목재바닥의 두께가 24mm에서 두께가 30mm로 바뀌었다면 목재바닥 30mm는 신규항목이 되고 24mm 항목은 삭제항목이 될 것입니다.

관공사인 경우 신규항목이 발생하면 낙찰율을 일방적으로 적용하는 것이 아니라 설계예정가격 100%와 낙찰율의 중간값을 적용받는데 이를 협의율이라고 하여 시공자에게 유리한 상황이 되는 것입니다.
실질적으로 추가 항목으로 인정이 되면 시공자에게 유리한 부분이 많습니다.

2) 수량 증감 사유

항목별 수량이 바뀌는 원인은 당연히 도면의 변경에 따르는 것입니다.
그런데 계약 전에 도면을 검토한다면 충분히 변경을 막을 수 있습니다.
예를 들어 액체방수는 시멘트 계열로 화장실 내부에 사용해야 하는데
외부 옥상에 설계되어 있다면 하자예방을 위해 무조건 변경되어야 하는 것입니다.

또한 단위가 변경되는 경우도 있습니다. 도면의 규격이 명쾌하지 않아 면적 ㎡으로 제출한 항목이 규격이 보강되어 폭, 두께 등이 확정되면 길이 m로 변경될 수 있어 시공자로서는 단위를 변경하여 신규항목으로 유도를 하는 경우도 있습니다.

3. 단가의 변경

1) 단가의 변경 내용
① 기존항목은 기존단가 적용
② 신규항목일 경우 단가는 협의율에 의함
③ 협의율이란 낙찰율과 예가의 중간값
④ 추가항목으로 인정될 경우 시공자에 유리
2) 단가 변경 사유
① 도면의 변경에 따른 신규항목의 발생
② 규격 및 단위의 변경(EA, m, m^2)

3. 단가의 변경

단가가 바뀐다는 개념은 기본적으로 설계변경 후 당초와 똑같은 항목에서 수량만 바뀌면, 단가는 그대로 둔 상태에서 수량만 정산하는 것이 기본입니다. 당초항목이냐, 신규항목이냐에 따라서 당초와 동일항목일 경우 무조건 수량만 정리가 되면 되겠지요. 신규항목일 경우에는 수량에다가 단가에 대한 부분을 같이 정리해준다 이해를 하시면 되겠습니다.

1) 단가의 변경 내용

설계변경시 당초항목은 기존단가를 적용하고 신규항목일 경우에는 협의율에 의해서 단가가 결정됩니다.

협의율 이전에 낙찰율을 알아야 하는데 관공사일 경우에는 설계예가가 100%일 때 수주한 금액의 비율을 말합니다. 예를 들어 설계예가 100억원의 공사를 85억원에 수주했다면 낙찰율은 85%가 되는 것입니다.

이 상태에서 설계변경을 할 때 동일 항목들은 당초 계약단가를 적용하는데 신규항목은 신규단가를 적용하여 설계예가 100%와 낙찰율 85%의 중간값 정도가 됩니다.

92.5%의 단가를 적용받아 낙찰율 대비 7.5%의 단가를 더 적용받는 것입니다. 그러므로 시공사 입장에서 신규단가 적용이 유리한 것이어서 설계변경 시 추가항목으로 인정받으려 하는 것입니다.

2) 단가 변경 사유

도면의 변경에 따라서 규격이나 단위, 그리고 시방의 변경이 단가변경의 사유가 됩니다. 시공자 입장에서 변경되는 항목이 증가되어야 한다면 단가를 높이 제출하고 변경 시 삭제된다면 낮추어 제출할 것입니다.

최저가로 수주해서 전체 금액은 낮았지만 설계변경을 염두에 두고 단가를 만든다면 엄청난 이익을 남길 수 있기 때문입니다. 그리고 단가의 변경에 의해서 설계변경의 요건이 생깁니다.

4. 공사조건의 변경

1) 공사조건의 변경
   ① 현장의 상태변경 (지하수 / 암반)
   ② 신기술, 신공법의 적용으로 공사비, 공사기간 절감
   ③ 제외 또는 추가공사의 적용
   ④ 공사조건 변경시 시공자에 유리

2) 공사조건 변경 사유
   ① 설계 당시와 현장착공 후 조건의 변경
   ② 직접공사비 및 간접공사비의 변경

4. 공사조건의 변경

1) 공사조건의 변경

공사조건이 바뀌었다는 것은 현장의 공사상태가 바뀐 것을 말하며 보통 현장설명 시의 입찰 조건이 변경되는 경우입니다.
예를 들어 땅속의 보링테스트를 해서 제공하여 지질의 상태가 경암이 없고 지하수가 없는 것으로 설계가 되었습니다. 그런데 만약에 땅을 팠더니 지하수와 경암이 나온 경우에 차수공법과 발파가 이루어져야 하므로 공사비는 증액이 되어야 하는 것입니다.

시공자 입장에선 당초 금액으로는 손해가 커져 공사를 진행할 수 없게 됩니다.
지하층의 상태는 실제 파보기 전에는 알 수가 없고 보링테스트 역시 표본으로 하기 때문에 정확한 상태를 알기에는 한계가 있습니다. 굴토를 하면서 지하층의 상태에 따라 설계변경이 발생하는 것입니다.

또한 당초 시공사가 하기로 했던 공사를 건축주가 자재를 제공하거나 업체를 별도로 선정하여 계약을 변경하는 경우도 해당됩니다.

주변에 예기치 않는 민원이 발생하거나 천재지변 등이 발생하였을 경우에도 간접비 등의 설계변경을 인정받습니다.

2) 공사조건 변경 사유

설계 당시와 현장 착공 후에 조건 혹은 공사비(직접공사비/간접공사비)의 변경이 되면 설계변경이 발생한다 라고 이해하시면 되겠습니다.
예를 들면 당초에는 포함된 공사가 취소되거나 당초에 제외된 공사가 추가되면 그로 인해 공사비와 공사기간이 변경되고 결국 공사비는 증감이 발생하는데 거의 증가로 보셔야 되는 게 시공자가 절대 공사비가 감액하는 설계변경을 할리 없기 때문입니다.
또한 공사비 공사 기간을 단축한다든지, 도급과 하도급 금액까지 차이가 커서 손해가 클 경우 원가절감을 위해 설계변경을 하는 것입니다.

5. 에스컬레이션

1) 에스컬레이션(Escalation)이란?

① 물가 인상율이 3% 이상이며 계약일이 90일 경과 시 발생
② 잔여공사비에 대하여 인상률 만큼 계약을 변경해 주는 제도
③ 관공사에 적용 / 민간공사는 없음
④ 반대 개념 디스컬레이션(Descalation)
⑤ 지수조정 방법 / 품목조정 방법

2) 왜 발생하는가?

① 자재비 / 인건비 / 환율 / 법규의 변경 등으로 발생
② 급격한 공사비의 증가에 대비한 시공자 보호

5. 에스컬레이션

1) 에스컬레이션(Escalation)이란?

공사비에 대한 변경은 에스컬레이션이라는 제도를 통해 발생합니다.

물가변공에 의한 공사비조정이라는 제도인데 장기공사에 대해 물가인상률이 계약일 90일을 경과했을 때 3%를 넘어가면 공정률, 잔여공사비에 대하여 물가인상률 만큼 공사비를 올려 주는 제도로 시공자에게 엄청 유리한 제도입니다.

관공사에 적용을 하며 민간공사는 보통 계약서에 명기하지 않으면 적용하지 않습니다.

반대 개념인 디스컬레이션은 공사비를 증액하는 것이 아니라 감액해준다는 의미입니다. IMF이후 98년~98년도에 디스컬레이션이 발생하기도 하였습니다. 그런데 항상 물가는 오르기 때문에 보통 디스컬레이션은 거의 발생하지 않습니다.

2) 왜 발생하는가?

물가인상은 자재비라든지, 인건비, 환율이나 법규의 변경으로 인해서 발생합니다.

에스컬레이션은 물가인상에 따른 급격한 공사비 증가에 대비하여 시공자를 보호해주는 제도인 것입니다. 예를 들어 물가가 엄청 올라서 공사가 진행이 되지 않으면 시공사는 결국은 부도가 날 것이고, 결국 건축주에게도 이득이 될 것이 없습니다. 그래서 건축주가 시공자를 보호해주는 제도라고 이해해주시면 되겠습니다.

에스컬레이션에 대한 것들은 주로 관공사에서 발생하지만 이런 제도가 있다는 것을 알고 활용하는 것이 좋습니다.

즉 핵심은 물가가 3% 이상 오르면 남아있는 잔여공사에 에스컬레이션을 적용해주는 것입니다. 만약 공사의 20%가 끝난 시점에서 물가 3%가 발생했다면 나머지 80%에 해당하는 공사비에 관해서 에스컬레이션 3%를 적용해주는 것입니다. 물가가 4%가 올랐다 그러면 나머지 80%에 대해 4%만큼 공사비를 올려주는 것입니다.

5-1. 에스컬레이션 방법

1) 지수조정 방법

- 한국은행이 조사 발표하는 생산자물가 및 수입물가 지수표상의 품류에 따라 계약 체결시 계약담당 공무원이 분류한 비목에 따라 조정

A : 노무비	B : 기계경비	C : 광산품
D : 공산품	E : 전력 · 수도 및 도시가스	F : 농림 · 수산품
G : 산재보험료	H : 산업안전보건관리비	Z : 기타 비목군

2) 품목조정 방법

① 계약 금액을 구성하는 품목 또는 비목별로 등락률을 산출
② 항목의 가지 수가 많고 복잡해 최근에는 사용 안 함

5-1. 에스컬레이션 방법

에스컬레이션을 계산하는 방법은 크게 2가지를 사용하는데 예전에는 품목조정방법을 사용하였지만 품목수가 너무 많고 계산이 복잡하다 보니 지금은 거의 사용하지 않고 9개의 물가지수를 조사하여 적용하는 지수조정방법을 활용하고 있습니다.

1) 지수조정 방법

한국은행이 조사 발표하는 생산자물가 또는 수입물가, 즉 우리나라 국내물가, 수입물가에 대한 지수표상의 품류에 따라서 물가지수를 비목합니다.
노무비, 기계경비, 광산품, 공산품, 전력, 수도, 농림수산품, 산재보험료, 산업안전보건관리비, 기타 비목군 등 총 9개의 항목을 한국은행에서 매달 지수를 분류하고 정리합니다. 이 지수들을 확인하여 3%를 넘길 경우 에스칼레션 조정요인이 발생하는 것입니다.
통상적으로 매년 1월 1일과 9월 1일에 노무비를 발표하다 보니 노무비가 많이 오르는 때에 에스컬레이션이 많이 발생합니다.

2) 품목조정 방법

품목조정 방법은 각 항목의 가지수를 각각 조사하여 반영해 주는 방법입니다. 계약 금액을 구성하는 품목 또는 비목별로 등락률을 다 산출하다보니 항목을 하나하나 적용하기 때문에 너무 시간이 많이 걸리고 계산방법이 복잡해집니다. 하나의 공사를 위한 항목의 가지수가 많고 복잡하다보니 최근에는 품목조정 방법은 거의 사용하지 않습니다. 지금은 주로 지수조정 방법으로 사용을 하지만 조정방법이 있다는 것은 알아야 합니다.

5-2. 한국은행의 물가변동 확인

물가지수연동채권 월별 종목별 물가연동계수

(2018년 11월)

CPI 기준년도 2015=100

종 목	02750-2006-L100	01500-2106-L100	01125-2306-L100	01750-2506-L100	01000-2606-L100	01750-2806-L100	CPI 해당월 및 지수
발행일자	2010.06.10	2011.06.10	2013.06.10	2015.06.10	2016.06.10	2018.06.10	
발행일 참조지수 (2005=100 기준)	115.18000	120.40000					2018년 08월: 104.91
물가지수 변환계수 (2010 기준년 개편)	104.70/122.40	104.70/122.40					2018년 09월: 105.60
발행일 참조지수 (2010=100 기준)	98.52407	102.98922	107.37000				
물가지수 변환계수 (2012 가중치 개편)	107.79/107.50	107.79/107.50	107.79/107.50				
발행일 참조지수 (2012 가중치 개편)	98.78986	103.26705	107.65965	109.41000	110.50500		
물가지수 변환계수 (2015 기준년 개편)	101.45/111.35	101.45/111.35	101.45/111.35	101.45/111.35	101.45/111.35		
발행일 참조지수 (2015=100 기준)	90.00657	94.08570	98.08775	99.68248	100.68013	104.20200	
2018.11.25	1.17171	1.12091	1.07518	1.05798	1.04750	1.01209	105.46200
2018.11.26	1.17197	1.12116	1.07541	1.05821	1.04772	1.01231	105.48500
2018.11.27	1.17223	1.12140	1.07565	1.05844	1.04795	1.01253	105.50800
2018.11.28	1.17248	1.12165	1.07588	1.05867	1.04818	1.01275	105.53100
2018.11.29	1.17274	1.12189	1.07612	1.05890	1.04841	1.01297	105.55400
2018.11.30	1.17299	1.12214	1.07635	1.05913	1.04864	1.01320	105.57700

$$\text{물가지수 변환계수 (2010년 기준)} = \frac{\text{舊기준 물가지수가 최종적으로 발표된 2011년 10월의 新기준 물가지수}}{\text{舊기준 물가지수가 최종적으로 발표된 2011년 10월의 舊기준 물가지수}} = \frac{104.7}{122.4}$$

단, 2011년 10월은 舊 기준(2005년 기준) 물가지수가 발표된 마지막 달임

한국은행이 발표한 물가변동계수

5-2. 한국은행의 물가변동 확인

물가란 물건의 가격이며 수요와 공급에 따라 가격은 매일, 매월로 변경됩니다. 건설공사에 사용되는 자재의 종류와 양은 엄청나며 구매하는 위치, 수량에 따라 각각 달라 일정하게 조사하여 관리하기란 정말 어려운 일입니다.

물가변동에 의한 공사비를 조정해주는 에스칼레이션에 있어서 스스로 단가를 조사하고 변동 폭을 추정하기란 불가능합니다. 그래서 공식기관에서 발표하는 자료를 참고하게 되는 것입니다.

노무비, 기계경비, 광산품, 공산품, 전력, 수도, 농림수산품, 산재보험료, 산업안전보건관리비, 기타 비목군 등 총 9개의 항목을 조사하여 물가변동율을 확정하는데 노무비는 건설협회에서 발표하는 시중노임단가 변동을 참고로 조정폭을 결정합니다.

다른 항목들은 한국은행에서 발표하는 물가지수연동 채권 종목별 물가연동계수로 변동폭을 확인하여 계산합니다. 매월 발표하기에 계약시점의 해당 연도와 월을 기준으로 변경된 시점까지의 차이를 계산하여 3%를 넘기면 물가변동 추가금액을 발주처에 청구할 수 있게 됩니다.

한국은행 홈페이지에 들어가면 이 자료들을 확인하며 다운받을 수 있습니다. 필요한 자료들을 검색 · 확인하고 항목별로 정리하여 3%가 넘어갔다면 여러분이 물가변동에 대한 지수조정을 신청할 수 있는 것입니다. 실제 전문지식이 필요하므로 물가변동 전문업체에 의뢰를 해야 합니다.

5-3. 건설협회 발표 시중 노임단가

Ⅲ. 개 별 직 종 노 임 단 가

(단위 : 원)

번호	직종명 \ 공표일	2018.1.1	2017.9.1	2017.1.1	2016.9.1
1001	작업반장	137,535	132,631	128,126	124,304
1002	보통인부	109,819	106,846	102,628	99,882
1003	특별인부	133,417	127,391	123,074	120,716
1004	조력공	120,416	116,344	112,847	110,194
*1005	제도사	144,980	138,832	132,819	128,795
1006	비계공	196,261	187,771	180,153	175,367
1007	형틀목공	189,303	179,290	174,036	168,448
1008	철근공	189,585	179,665	170,033	164,864
1009	철공	170,500	162,422	156,492	151,564
1010	철판공	153,766	148,966	143,643	140,589
1011	철골공	176,388	163,899	156,660	152,524
1012	용접공	169,201	163,001	157,183	153,849
1013	콘크리트공	176,062	167,893	161,530	157,427

건설협회가 반기별로 발표하는 시중 노임단가

5-3. 건설협회 발표 시중 노임단가

시중 노임단가는 매년 상반기는 1월 1일에 발표하고 하반기는 9월 1일에 발표하는데, 건설업 시중노임단가는 건설협회에서 발표를 하고 제조업 시중 노무비 지수는 중소기업 중앙회에서 발표를 합니다.

건설에서는 건설협회에서 발표하는 자료를 할용하며 발표하는 단가는 1일 8시간을 기준으로 작업을 하는 노임단가를 의미합니다.

전체 123개 직종에 관하여 발표를 하며 일반공사 직종과 광전자 직종, 문화재 직종, 원자력 직종, 기타 직종으로 분류하여 발표를 합니다.

물가변동에 따른 공사비 조정제도인 에스컬레이션을 반영하려면 3%의 물가가 상승을 해야 하는데 기본적으로 인건비 발표 시점을 기준으로 많이 발생합니다.

여기서 발표하는 단가는 표준품셈에 따른 일위대가를 작성할 때 노무비 단가로 활용되므로 전년대비 얼마가 올랐는지를 잘 확인하는게 에스컬레이션을 통해 공사비를 합법적으로 증액시킬 수 있는 좋은 기회이고 방법입니다.

시중노임단가를 알려면 매달 발행되는 시중 5대 물가잡지의 별책부록에 기재되어 있어서 확인할 수 있습니다.

6. 설계변경의 접근 방법

1) 설계변경의 요건
2) 설계변경에 대한 발주처의 생각
3) 시공자의 접근 방법
4) 제출 자료

6. 설계변경의 접근 방법

설계변경은 당초 계약대비 도면의 변경에 따른 수량과 단가가 바뀌거나 공사조건의 변경 및 발주처의 요구 등으로 공사금액이 변경되는 행위를 말합니다.
기본적으로 설계변경에 대한 발주처의 생각은 설계변경을 통해서 시공자가 공사비를 증가시키려 한다고 생각하고 있는 경우가 많아 신중하게 접근해야 할 필요가 있습니다.

시공자로서는 설계변경을 통해 원가를 절감할 수 있는 절호의 기회이지만 부정적인 생각을 가진 건축주를 설득시켜야 하는 지루한 싸움이기도 합니다.
근거 없이 강하게 압박하다 보면 발주처와의 사이가 더 틀어져서 낭패를 보기도 하므로 설계변경을 해야 하는 논리를 만들어 접근해야 합니다.

예를 들면 도면의 불합리나 하자요인, 특히 안전과 관련된 항목을 찾아 제안하는게 가장 좋은 방법이며 건축주와 협상할 때 나만 이익을 보려 하지 말고 서로가 윈윈한다는 생각으로 임해야 합니다.

발주처를 설득하기 위해 작성 후 제출하는 자료는 변경 전인 당초와 변경 후를 비교하여 확인할 수 있는 설계변경 비교내역서와 수량산출 및 단가근거를 제출해야 합니다.

6-1. 설계변경의 요건과 발주처의 생각

1) 설계변경의 요건?
① 도면이 불분명, 누락, 오류, 상호모순 발생
② 지질, 용수 등 현장여건이 설계서와 다름
③ 신기술, 신공법 적용으로 공사비 및 공사기간 절감
④ 발주처가 도면의 변경을 요구할 때
2) 설계변경에 대한 발주처의 생각
① 시공자는 설계변경을 통해 공사비를 증가한다는 불신
② 설계변경을 하면 무조건 손해이므로 절대 하면 안됨

6-1. 설계변경의 요건과 발주처의 생각

1) 설계변경의 요건

설계변경이 발생하면 시행을 하는 접근 방법이 무척 중요한데 건축주가 설계변동에 대하여 우호적이지 않기 때문입니다. 그래서 신중한 접근과 계획이 필요합니다.

설계변경의 요건은 도면이 불분명하거나, 항목을 누락하거나, 설계오류나 모순이 발생하여 지금 상태로는 공사를 수행할 수 없어 변경을 해야 할 때 발생하는 게 많습니다.

또한 지하층의 상태라든지 지질, 용수 등 현장 여건이 설계서와 다른 것과 신기술, 신공법 적용으로 해서 공사비와 공사기간을 절감할 수 있을 때 설계변경의 요건이 될 수 있습니다. 또한 발주처의 요구로 설계변경을 요구하기도 하는데 시공자에게는 가장 좋은 요건입니다.

관공서의 경우 실제로 아이템 누락이나 수량의 증감에 때한 책임이 발주처에 있습니다.

정부가 건설공사의 입찰방식에서 순수내역입찰을 선호하는 이유는 지금은 방식으로는 내역서에 항목이 누락되거나 실수가 있으면 실정보고에 따라 비용을 지급하다 보니 예산을 오버하여 난처해지기 때문입니다.
설계자에게 벌점을 주고 압력을 가해 실수를 줄여 보려하지만 수량산출과 내역작성은 자산의 분야도 아니고 외주를 주는 분야라 적정한지 정확히 검토하기 어렵습니다.

2) 설계변경에 대한 발주처의 생각

문제는 설계변경을 할 때, 발주처, 시공자, 감리, CM 등 각자가 가지고 있는 생각이 다릅니다. 건축주는 기본적으로 시공자는 설계변경을 통해서 공사비를 증가시키려 한다고 생각하고 CM이나 감리자는 설계변경의 책임이 자기에게 없기에 건축주나 시공자보다 관심이 크지 않습니다.
시공자에게는 원가절감을 위해 가장 절실한 것이므로 결국 발주처와 시공자의 싸움이 되는 것입니다.
즉 건축주는 설계변경에 대하여 부정적인 생각이 크므로 시작에 앞서 오해가 없도록 논리를 잘 만들어야 합니다.

6-2. 시공사의 접근 방법과 제출자료

3) 시공자의 접근 방법

① 원가율 개선의 방편(도급 / 하도급 단가 비교)

② 하자, 안전상의 문제로 접근

③ 전체 또는 변경항목 리스트로 접근

4) 제출자료

① 설계변경 내역서(당초 / 변경 비교)

② 당초 / 변경 수량산출 근거

③ 단가 산출 근거(일위대가 / 견적서)

6-2. 시공사의 접근 방법과 제출자료

3) 시공자의 접근 방법

설계변경은 시공자로사는 원가를 절감할 수 있는 절호의 기회이지만 건축주를 설득시켜야 하는 지루한 싸움입니다. 발주처와 계속적으로 좋은 관계를 갖고 인연을 이어가는 상대라면 강하게 압박하기도 힘들다보니 발주처의 요구나 작은 변경은 공사비 변경없이 해주게 되고 원가는 더 안 좋아지게 되는 경우가 많습니다.

설계변경을 해야 할 항목을 찾아내야 하는데 도면의 불합리나 하자요인을 찾아 발견하는 것이 가장 좋은 방법이지만 현장기술자 입장에서는 공사원가절감과 이윤을 극대화하기 위해서 설계변경을 시도하고 찾아야 하기에 현장기술자 중심으로 설명하겠습니다.

우선 공사비를 비교해야 하는데 항목별로 도급단가와 하도급의 단가를 비교해서 손해를 보는 아이템부터 찾아야 합니다.

다음으로 접근 방법을 생각해야 하는데 실제 손해를 본다고 발주처를 찾아가 내가 손해를 보니 설계변경을 해야겠다는 이야기를 할 수는 없기에 논리를 만들어야 합니다.

가장 좋은 논리는 안전상의 문제와 하자가 발생할 수 있다고 논리를 만드는 것입니다.

“현 상태로는 하자가 발생하거나 안전상 문제가 있다”고 접근하면 발주처로서는 무시할 수 없고 협의를 할 수 밖에 없기 때문입니다.

협의를 하고 변경금액에 대한 결과물을 제출할 때 크게 도면이 변경되어 전체를 비교하여 작성하기도 하고 변경리스트를 만들어 제출하기도 합니다.

4) 제출자료

발주처를 설득하기 위해 작성하는 자료는 당초/변경을 확인할 수 있는 설계변경 비교내역서와 그에 따른 수량의 변경 산출근거, 당초/변경에 대한 단가근거를 제출해야 합니다.

즉, 정확히 인정할 수 있는 자료를 제출하지 못하면 분쟁이 되므로 위에서 언급한 제출자료들을 잘 준비해야 하는 것입니다.

6-3. 설계변경 내역서

설계변경내역서

[OO 근린생활시설 신축공사]

품 명	규 격	단위	당초 내역 (2017. 03. 16) 수량	재료비 단가	재료비 금액	노무비 단가	노무비 금액	경비 단가	경비 금액	합계 단가	합계 금액
010104 4.조 적 공 사											
0.5B벽돌쌓기	10,000매이상	천매	15			274,478	4,139,677			274,478	4,139,677
1.0B벽돌쌓기	10,000매이상	천매	804	71,617	57,590,165	252,590	203,117,975			324,207	260,708,140
1.0B양면치장쌓기	10,000매이상	천매	404			423,311	170,923,245			423,311	170,923,245
벽돌소운반	지하2층,인력	천매	278			57,932	16,102,776			57,932	16,102,776
벽돌소운반	지하1층,인력	천매									
벽돌소운반	1층,인력	천매	71			36,207	2,579,278			36,207	2,579,278
벽돌소운반	2층,인력	천매	110			43,449	4,787,688			43,449	4,787,688
벽돌소운반	3층,인력	천매									
벽돌소운반	4층,인력	천매	90			72,415	6,484,256			72,415	6,484,256
벽돌소운반	5층,인력	천매	318			86,898	27,601,411			86,898	27,601,411
벽돌소운반	6층,인력	천매	1			101,381	70,054			101,381	70,054
시멘트벽돌	190*90*57	매	863,491	55	47,492,005					55	47,492,005
점토벽돌보강철물설치	##시스템,앵커C형	M2	2,710	1,960	5,311,600					1,960	5,311,600
미장벽돌	190*90*57mm	매	407,464	350	142,612,400					350	142,612,400
블록보강쌓기(사춤1종)	100*190*390(블록포함)	M2	1,500	5,850	8,775,000	23,822	35,733,000			29,672	44,508,000
블록매쉬	#8,4"용	M	2,500	463	1,157,500	1,019	2,547,500			1,482	3,705,000
보강근	D-10	M	1,875			237	444,375			237	444,375
스트롱앵커설치	3/8"	개소	867	287	248,829	2,244	1,945,548			2,531	2,194,377
슬리브	Ø50,L=100	EA	98	32	3,136	53	5,194			85	8,330
블록상부사춤	4"*10mm	M	347			2,473	858,131			2,473	858,131

품 명	변경 내역 (2018. 09. 27.) 수량	재료비 단가	재료비 금액	노무비 단가	노무비 금액	경비 단가	경비 금액	합계 단가	합계 금액	증감 수량	증감 금액	비고
010104 4.조 적 공 사												
0.5B벽돌쌓기	13			274,478	4,139,677			274,478	3,518,726	-2	-620,951	
1.0B벽돌쌓기	804	71,625	-57,633,589	252,590	203,117,975			180,919	145,484,386			
1.0B양면치장쌓기	404			423,311	170,923,245			423,311	170,923,246		1	
벽돌소운반	236			57,932	16,102,776			57,932	13,687,362	-42	-2,415,416	
벽돌소운반	167			43,449	7,236,213			43,449	7,236,214	167	7,236,214	
벽돌소운반	71			36,207	2,579,278			36,207	2,579,278			
벽돌소운반	94			43,449	4,787,688			43,449	4,069,535	-17	-718,153	
벽돌소운반	90			57,932	5,187,405			57,932	5,187,405	90	5,187,405	
벽돌소운반	76			72,415	6,484,256			72,415	5,511,618	-13	-972,638	
벽돌소운반	318			86,898	27,601,411			86,898	27,601,412		1	
벽돌소운반	1			101,381	70,054			101,381	59,546		-10,508	
시멘트벽돌	863,491	55	47,492,005					55	47,492,005			
점토벽돌보강철물설치	2,304	1,960	5,311,600					1,960	4,514,860	-407	-796,740	
미장벽돌	407,464	350	142,612,400					350	142,612,400			
블록보강쌓기(사춤1종)	1,500	5,850	8,775,000	23,822	35,733,000			29,672	44,508,000			
블록매쉬	2,125	463	1,157,500	1,019	2,547,500			1,482	3,149,250	-375	-555,750	
보강근	1,875			237	444,375			237	444,375			
스트롱앵커설치	867	287	248,829	2,244	1,945,548			2,531	2,194,377			
슬리브	98	32	3,136	53	5,194			85	8,330			
블록상부사춤	347			2,473	858,131			2,473	858,131			

당초 / 변경의 수량과 금액을 비교 할 수 있는 설계변경 내역서

6-3. 설계변경 내역서

위의 화면은 설계변경 내역서로 당초/변경에 대한 항목별 수량과 단가의 비교를 통해 수량과 공사비의 증감을 확인할 수 있는 내역서 입니다.

형식은 도급내역서와 동일한 구조로 작성되는데 큰 차이는 당초와 변경을 비교하여 증감이 표현되는 것이 핵심이며 만드는 목적이 설계변경으로 인한 수량의 증감과 공사비의 증감을 건축주에게 설득시키기 위함입니다.

기본적으로 수량의 증감은 도면에 따라 확인이 되며 당초/변경의 수량으로 확정됩니다.

문제는 단가인데 당초 계약단가가 있다면 동일한 항목은 당초 단가를 적용하지만 문제는 신규항목이 발생하면 단가를 작성하는데 관공사에 있어서는 최근 연도의 조달단가/시장표준단가나 전문업체의 견적단가를 받아 제출하는데 현장의 낙찰율이 있다 보니 복잡해지는 것입니다.

발주처는 신규항목은 일방적으로 낙찰율을 적용하지 못하고 협의율을 적용하는데 해당 항목의 설계예정가격 100%와 낙찰율의 중간값을 협의율이라 하면 낙찰율보다 시공자에게 유리 합니다.
신규항목으로 인정을 받으면 낙찰율보다 높게 단가를 받을 수 있으므로 시공사에서는 설계변경을 할 경우 신규항목을 만들려 무지 노력하게 되는 것입니다.

위의 자료를 통해 설계변경으로 인한 항목별 금액과 공종별 금액을 인정받아 공사비가 변경되는 것입니다. 이를 증명할 수 있는 당초/변경을 확인할 수 있는 도면 변경자료와 당초/변경에 대한 각각의 수량산출 및 신규항목의 단가를 증명할 근거를 같이 제출해야 합니다.

문제 풀이

문제1. 당초 계약도면의 변경 등으로 현장에서 공사비가 변경될 경우 시공자가 발주처에게 요청하는 것은? ( )
① 에스컬레이션
② 실적보고
③ 설계변경
④ 공기변경

문제 2. 설계 변경의 사유가 아닌 것은? ( )
① 도면의 변경
② 계약자의 변경
③ 현장조건 변경
④ 공사기간의 변경

문제 3. 물가변동이 3% 이상 증가 하였을 때 남은 공사비에 대하여 조정해 주는 제도의 명칭은? ( )
① 설계변경
② 디스컬레이션
③ 에스컬레이션
④ 컨스트럭션

정답 확인

1번 정답 : ③
〈해설〉 당초 계약도면의 변경 등으로 현장에서 공사비가 변경될 경우 시공자는 발주처에게 설계변경을 요청할 수 있습니다.

2번 정답 : ②
〈해설〉 계약자의 변경은 설계 변경의 사유가 아닙니다.

3번 정답 : ③
〈해설〉 물가변동이 3% 이상 증가 하였을 때 남은 공사비에 대하여 조정해 주는 제도의 명칭은 에스컬레이션입니다

제 29 강

공사원가를 개선하는 방법과 건설클레임

제29 강

공사원가를 개선하는 방법과 건설클레임

현장에 부임하는 현장기술자는 현장의 원가를 반드시 확인해야 합니다. 자신이 일해야 하는 현장이 이익이 되는지, 손해가 되는지 알아야 현장을 운영하는 방법을 제대로 만들 수 있습니다.

예를 들어 이익이 많이 남으면 회식도 자주하고 현장의 분위기가 여유가 있겠지만 손해를 보는 현장이라면 당연히 하도급 업체들도 손해를 보고 있을 가능성이 있으므로 말을 잘 안듣거나 앓는 소리를 많이 할 것이므로 일하기가 무척 힘들 것이기 때문입니다.

확인하는 방법은 도급금액과 실행을 비교해 보는 것인데 도급금액이 100억원이고 실행이 90억원이라면 원가율은 90%이고 10억원이 남는다는 것이지만 반대로 실행이 110억원이라면 원가율은 110%이고 10억원의 손해가 되는 것입니다.

어떤 원인이 있든 현장기술자는 현장의 원가를 100% 밑으로 떨어뜨려 회사의 이익을 극대화해야 할 의무가 있으며 이를 위해 노력해야 하는 것입니다.

위의 방법은 하도급 업체의 계약내역과도 비교하여 내가 일을 시킬 업체가 어떤 조건으로 계약을 하고 일을 하고 있는지를 반드시 확인해야 큰소리치면서 일을 할 수 있습니다.

이 과정에서 건축주와 공사비 정산이나 하자문제가 분쟁이 발생할 수 있고 더 나가면 법적인 소송까지 발생할 수 있습니다. 이를 건설클레임이라고 하는데 현장기술자는 건설클레임이나 소송을 두려워할 필요가 없습니다. 자신이 사기를 치지도 않았고 현장에서 발생했던 사항들이 기록이 남아있다면 반드시 인정을 받을 수 있기 때문입니다.

이번 과정에서는 설계변경을 통해 원가를 개선하는 방법과 이 과정에서 발생할 수 있는 건설클레임에 대하여 알아보겠습니다,

1. 공사원가율의 개념

공사원가는 도급금액과 실행금액의 비교를 통해 이익과 손해를 결정하는 것입니다.
그러므로 공사원가의 개념을 정확히 이해하는 게 중요합니다.

2. 공사원가 개선 방법

설계변경과 공사비의 증액을 통해 원가율을 개선하는 방법에 관해 공부하겠습니다.

3. 건설클레임의 개념

건설클레임하면 가장 큰 것이 공사비 분쟁입니다.
당초에 100억에 계약했는데 시공자가 정산할 때 추가공사비로 감당할 수 없는 20억을 더 달라고 한다거나 하자가 많아 피해가 클 경우 분쟁을 통해 문제를 해결하는 것이 건설클레임이며 협의, 조정, 중재, 소송을 포함하고 있습니다.

4. 건설클레임 서류 검토

클레임이 시작되게 되면 가장 중요한 게 증거입니다.
이는 문서와 서류 등을 통해 진행되기 때문에 어떤 서류가 있고, 어떻게 검토하며 접근해야 하는지에 관해 알아보겠습니다.

5. 논리적인 글쓰기

기술자는 말로는 잘 설명을 하지만 글쓰기인 문서작성에는 취약합니다.
아마도 논문을 쓰고 졸업하는 다른 학과에 비하여 설계작품을 통해 졸업하다보니 글쓰기 보단 도면을 그리는데 익숙해져서 글쓰기에 약할 수도 있습니다.
그러나 설계변경이나 클레임은 논리적인 글쓰기를 통해 문서작성이 꼭 필요하므로 많은 노력을 기울여야 합니다.

1. 공사원가율의 개념

1) 도급 내역서
발주처와 시공자(건설사)간의 내역서

2) 실행 내역서
시공자(건설사)와 전문업체 간의 실투입 내역서

3) 공사원가율 = $\frac{\text{실행내역}}{\text{도급내역}} \times 100\%$

95% = 5% 이윤 / 105% = 5% 손해공사

1. 공사원가율의 개념

현재 진행하고 있는 현장의 원가율을 알고 있습니까?
실제 현장에서 열심히 공사작업을 하지만 왜 업체가 말을 안 듣고 맨날 힘들다고 할까 생각해본 적이 있습니까?
그건 아마도 원가율이 좋지 않아 손해보고 있는 현장이기 때문일 겁니다.

실질적으로 업체가 이익이 많이 남으면 요구조건도 웬만하면 수정을 해주고 부드럽지만, 손해보는 현장이나 전략적인 여건이 안좋은 현장은 업체들이 비협조적인 경우가 많을 겁니다.
조금이라도 원가를 계선할 수 있다고 하면 하도급 입장에서는 계속 요구를 하게 되고 그로 인해 관리하기 힘든 현장이 되는 겁니다.

1) 도급 내역서

발주처와 시공자 간의 내역서, 즉 발주처와 시공자 간에 계약된 금액을 도급 금액이라 합니다.
이때 체결한 내역서를 계약 내역서라고 합니다.

2) 실행 내역서

시공자와 하도급업체 간에 체결한 계약 내역서로 실투입 비용이 되겠습니다. 실행내역서의 구성은 도급내역서의 항목에서 자재비와 노무비의 구성을 외주비로 처리하는 구분이 되어 있고 공통가설과 일반관리비가 세분화되어 있는 것이 특징입니다.

3) 공사원가율

실행금액 / 도급금액 = 공사원가율입니다.

원가율이 105% 라면 5%를 손해를 보는 공사가 되고

원가율이 95% 라면 5%를 이익을 보는 공사가 되는 것입니다.

만일 원가율이 100%를 넘어간다면 설계변경을 통해 100% 아래로 떨어뜨리는 노력이 반드시 필요합니다.

2. 공사원가 개선방법

1) 도급 금액 대비 하도급 금액 비교
2) 설계변경을 통한 원가 개선
3) 발주처와의 협상 방안
4) 현장의 기록을 통한 개선 방안

2. 공사원가 개선방법

현장에 부임한 현장기술자는 현장 원가에 대하여 잘 알고 있어야 합니다.
기본적으로 어렵다는 현장은 기술적인 문제로 인하여 어려움도 있겠지만 실제적으로 손해 보는 공사를 진행할 경우 협력업체도 손해를 감수하고 일을 하는 경우가 많아 작업지시도 잘 안 듣고 공사금액을 증액시키려고 갖은 노력을 기울이므로 일을 시키기가 쉽지 않습니다.

공사를 통해 이익을 많이 내야 좋은 평가도 받을 수 있는데 실제 계약을 통해 이루어진 관계이므로 공사비의 증액도 계약 내에서 진행을 해야 하므로 쉬운 방법은 아닙니다.

공사원가를 확인하는 방법은
첫째, 발주처로부터 받은 도급금액과 협력사에 지급해야할 하도급금액을 비교하는 것입니다. 그러면 실제 얼마나 손해를 보는지 확인할 수 있고 손해를 많이 보는 항목을 설계변경을 통해 원가를 개선하는 방법을 찾아야 합니다.

둘째, 설계변경을 통한 원가개선은 많은 현장들이 하고 있는 방법인데 실제 과정이 쉽지 않은 것은 기본적으로 발주처는 시공자가 설계변경을 통해 공사비를 부풀리려 한다고 믿기 때문입니다.

셋째, 무리한 변경보다는 발주처와 협의를 통해 서로 이익이 되는 방안을 찾아야 합니다.
설계변경을 해야 하는 이유와 금액변경의 과정을 근거있게 제출해야만 신뢰를 주고 분쟁을 피할 수 있습니다.

넷째, 현장을 진행하다보면 사소하지만 무수히 많은 지시와 변경이 발생하는데 이를 꼼꼼히 기록하여 추가되는 비용을 청구하는 것입니다. 여기에는 현장의 기록들을 체계적으로 기록하고 관리하는 경험 있는 기술자가 반드시 필요합니다.

2-1. 도급 금액 대비 하도급 금액 비교 방안

1) 도급 금액 대비 하도급 금액 비교 ;

① 도급 금액 ; 시공사가 발주처와 계약한 금액
(짧은 입찰기간 내 작성되어 문제가 있음)

② 하도급 금액 ; 시공자가 하도급자와 계약한 금액
(실행내역서와 동일하고 전문업체 견적 적용)

2) 비교방법

– 공사비 차이가 큰 금액 항목부터 검토 후 변경

2-1. 도급 금액 대비 하도급 금액 비교 방안

1) 도급 금액 대비 하도급 금액 비교

우선 원가율을 정확히 알아야하는데 발주처와 계약금액인 도급금액과 하도급 전문업체와의 계약 금액을 비교하는 것이 가장 좋은 방법입니다.

도급금액은 시공사가 발주처와 계약한 금액이지만 짧은 입찰기간 동안 작성된 것이라 문제가 있을 수 있습니다. 예를 들어 항목을 누락했거나 시간이 적어 하도급업체와 충분히 협의를 못하고 임의로 단가를 결정하여 반영한 항목들이 있기 때문입니다.

도급 금액은 시공사가 발주처와 계약한 내역으로 작성된 금액으로 건축주와의 계약이라는 행위로 결정되어 임의로 변경이 불가능하고 설계변경을 통해서만 변경이 가능합니다.

하도급 금액도 시공자와 하도급 업체 간의 계약한 내역으로 작성되어 정식계약을 하면 법적인 권리가 생기는 것입니다.

2) 비교방법

도급 내역서를 공종별, 항목별로 나열한 후에 하도급 업체와의 계약금액을 기입하여 동일 항목이 도급단가와 실행단가를 비교할 수 있게 하는 것입니다.

항목별로 도급 금액과 하도급 금액을 비교하면 이익이 나는 항목도 있고 손해를 보는 항목도 있을 것입니다.

그럼 손해가 가장 큰 금액부터 공법변경이나 다른 재료로 변경을 시도하는 것이 공사원가를 개선하는 가장 좋은 방법입니다.

2-1-1. 도급 대비 / 하도급 비교 내역서

도급 / 하도급 비교내역서

[00 근린생활시설 신축공사]

품명	규격	단위	수량	도급 내역 합계		하도급 내역 합계		증감 합계			비고
				단가	금액	단가	금액	단가	금액	비율	
우레탄방수 -프라이머 포함	바닥3mm, 비노출	M2	12,223	29,969	366,311,087	56,941	695,991,065	26,972	329,679,978	190%	
우레탄방수 -프라이머 포함	수직3mm, 비노출	M2	2,741	32,641	89,468,981	62,018	169,991,064	29,377	80,522,083	190%	
목재마루설치-(무대)	광축매플로어링	M2	47	89,010	4,183,470	164,669	7,739,420	75,659	3,555,950	185%	
벽,띠장설치(미송)	25*25,@450*600	M2	112	4,450	498,400	7,788	872,200	3,338	373,800	175%	
경량다공성천연펄프흡음재설치	WHITE 9MM	M2	112	54,600	6,115,200	95,550	10,701,600	40,950	4,586,400	175%	
에폭시코팅	0.3mm	M2	5,191	8,500	44,123,500	14,875	77,216,125	6,375	33,092,625	175%	
시멘트 액체방수	바닥, 1종	M2	848	13,804	11,705,792	24,157	20,485,136	10,353	8,779,344	175%	
침투성 구체방수		M2	3,538	11,249	39,798,962	19,686	69,648,184	8,437	29,849,222	175%	
방수모르타르바름	바닥21mm	M2	50	15,863	793,150	27,760	1,388,013	11,897	594,863	175%	
방수모르타르바름	벽21mm	M2	37	16,326	604,062	28,571	1,057,109	12,245	453,047	175%	
보호모르타르바름	바닥24mm	M2	8,665	8,729	75,636,785	15,276	132,364,374	6,547	56,727,589	175%	
배수판설치	500*500*45mm,지하용수	M2	4,215	13,182	55,562,130	23,069	97,233,728	9,887	41,671,598	175%	
신축줄눈설치(옥상)	SAW CUT+코킹	M	1,508	6,810	10,269,480	11,918	17,971,590	5,108	7,702,110	175%	
치장줄눈설치		M	1,257	608	764,256	1,064	1,337,448	456	573,192	175%	
지수판설치	수평창성,시공조인트	M	274	26,621	7,294,154	46,587	12,764,770	19,966	5,470,616	175%	
수밀코킹(10mm각)	실리콘,창호주위	M	7,643	4,007	30,625,501	7,012	53,594,627	3,005	22,969,126	175%	

전체내역서를 도급과 하도급 차이가 큰 순서대로 정렬한 내역서

2-1-1. 도급 대비 / 하도급 비교 내역서

위의 표는 내역에 있는 항목을 도급단가와 하도급단가를 확인하여 단가의 차이와 금액의 차이를 알 수 있게 엑셀로 만든 비교 내역서입니다.

도급 내역서를 공종별, 항목별로 엑셀로 정리한 후에 하도급업체 계약단가인 실행단가를 확인하여 동일항목인 도급단가와 실행단가를 비교하는 것입니다. 위의 표를 우측의 증감금액에 단가와 금액의 차이를 통해 이익이 나는 항목과 손해를 보는 항목으로 구분할 수 있습니다.

예를 들어 우레탄방수 바닥 비노출은 도급단가와 금액이 29,969원과 366,311,087원이고 전문업체와 계약한 하도급 금액은 56,941원과 695,991,065원으로 단가는 26,972원 금액은 무려 329,679,978원을 손해 보게 되어 이 항목의 원가율이 190%인 것입니다.
이대로 공사를 한다면 큰 손해를 볼 것이고 방수업체를 졸라서 단가를 낮추려 한다면 업체는 적정단가를 제시했었다면 단가를 낮추기 힘들어할 것이고 무리해서 늦춘다면 손해보는 현장에서 지시를 잘 따르면 일을 하려 하지 않을 것입니다.
그러므로 하도급 업체를 쥐어짜서 단가를 낮추는 방법보다는 발주처로부터 설계변경이라는 무기를 활용해 공사비를 올려 원가율을 계산하는 게 상수인 것입니다.

현장의 도급 내역서를 가지고 바로 작업을 해보아 전체 원가를 확인할 필요가 있고 내가 공무파트가 아닌 골조, 조적, 방수공종을 담당하는 공사파트를 담당하고 있다면 해당 공종의 비교작업도 해봐서 도급과 실행금액의 여유를 확인한다면 하도급 업체에 적정한 이윤을 주면서 원활하게 일을 시킬 수 있을 것입니다.

2-2. 설계변경을 통한 원가 개선

1) 설계변경 논리 ;
- 하자발생 또는 품질개선 ;
  기존의 공법과 자재적용으로는 향후 하자요인
- 안전과 직결된 문제 ;
  가설비용이 많이 들 경우 안전관리상에 문제가 있을 수 있음
- 특히 시방서에 명기된 신기술, 신공법 적용 항목이 금액 차이가 큼

2) 제출 근거자료
- 하자발생 사례 또는 신문 등 언론에 소개된 기사

2-2. 설계변경을 통한 원가 개선

1) 설계변경 논리

위에서 말한 손해 보는 우레탄 방수를 변경하려 한다면 어떻게 접근해야 하는지 생각해 보겠습니다. 극단적으로 도급받은 금액과 하도급 금액의 차이가 너무 크니 변경해 달라고 한다면 건축주로서는 받아들이기 어렵기에 계약대로 하자고 거절할 것이며 신뢰만 잃게 되어 절대 좋은 방법이 아닙니다.

설계변경을 시도하기 위해서는 반드시 논리가 있어야 하는데 도면이나 계약조건, 그리고 가장 좋은 방법은 건축주의 요구일 것입니다. 그러나 내부적으로 설계변경의 목적이 원가를 개선하기 위한 방안이므로 시공자가 자료를 만들어 제안하고 협상을 해야 하는 어려운 작업인 것입니다.

2) 제출 근거자료

건축주를 설득하기 위한 가장 좋은 방법은 하자와 품질 그리고 안전입니다.

예를 들어 기존의 방법과 시방으로는 하자가 발생하기 쉽고, 품질에 문제가 있으며, 안전사고가 발생할 우려가 있으므로, 변경이 필요하다 여기는 문서로 된 공문과 첨부자료로 법규나 논문 또는 신문기사 등의 근거와 자료가 반드시 필요하다는 것입니다.

특히 시방서에 명기된 신기술이나 신공법 적용항목이 실제로 금액 차이가 큽니다.

보통 신기술이나 신공법을 설계에 반영하고자 로비 등을 통해 시방서에 명기된 항목들을 깎아주지도 않아 문제가 됩니다. 그러므로 대안을 찾을 때 방향을 잘 잡아 발주처와 협의하는 것이 좋습니다.

안전과 관련된 항목은 현장의 여건에 따른 가설공사비가 크게 영향을 주게 되는데 예를 들어 입찰 단계에서 쌍줄비계나 장비 등을 고려하지 않고 공사를 수주했다면 가설공사비를 누락한 것이므로 원가가 안 좋을 것입니다. 그러므로 공사비를 비교검토할 때는 단순히 한개 항목이 아닌 가설 같은 항목을 비교하는게 바람직합니다

2-3. 발주처와의 협상 방안

1) 결과를 위한 노력 ;

① 발주처에도 이익이 된다는 방법으로 접근

② 당초 190%를 117%로 변경하여도 이익

품 명	규 격	단위	수량	도급 내역		하도급 내역		증 감			비 고
				합 계		합 계		합 계			
				단 가	금 액	단 가	금 액	단 가	금 액	비 율	
우레탄방수	바닥3mm, 비노출	M2	12,223	30,000	366,311,087	57,000	696,711,000	27,000	330,399,913	190%	당초
복합방수	바닥	M2	12,223	40,000	488,920,000	35,000	427,805,000	-5,000	-61,115,000	88%	변경
				30,000	366,690,000	35,000	427,805,000	5,000	61,115,000	117%	제안

도급과 하도급 금액을 비교한 내역서

2-3. 발주처와의 협상 방안

1) 결과를 위한 노력

이제 설계변경을 위해 검토해야 하는 방법과 발주처에 접근하는 방법에 대하여 자세히 알아보겠습니다.

위에서 우레탄 방수 바닥 비노출은 도급단가와 금액이 29,969원과 366,311,087원이고 전문업체와 계약한 하도급 금액은 56,941원과 695,991,065원으로 단가는 26,972원, 금액은 무려 329,679,978원을 손해 보게 되어 이 항목의 원가율이 190%인 것입니다.

이 항목이 신기술, 신공법으로 특허를 받은 자재로 시방서에 사용이 명기되었다고 하면 전문업체로서는 가격조정을 할 필요가 없는게 시방서에 명기되어 시공사로서는 다른 대안이 없기 때문입니다. 시공사로서는 방법을 찾아야 원가절감이 되는 것입니다.

우선 동일한 품질을 확보할 수 있는 대안을 찾아야하는 데 복합방수 바닥이라는 항목을 찾아 견적을 받고 최종 조정한 금액이 35,000원으로 결정했다면 다음으로 당초 우레탄 방수 바닥의 하자 사례나 문제가 있는 논문이나 신문기사 등을 수집하여 발주처에 공문으로 변경을 제안합니다. 이때 복합방수가 40,000원이라고 제안을 해서 채택되면 5,000원 이익을 발생시켜 가장 좋으나 건축주로서는 추가비용을 부담하게 되어 동의할지는 미지수입니다.

그러므로 복합방수를 동일단가로 하던가 단가를 낮추어 건축주에게 이익이 된다고 어필하는게 중요한데 단가를 낮추어 주더라도 시공자로서는 당초 190%에서 117% 까지 되어 손해 보는 금액이 크게 줄어들므로 원가개선에 큰 도움이 될 수 있습니다.

2-4. 현장의 기록을 통한 개선 방안

1) 현장의 사소한 변경을 기록으로 남김 ;
① 현장에서 발생하는 무수한 변경이 많음
② 싱가폴 사례 ; 사실관계확인 문서
③ 현장의 작은 지시에 의한 사례 ; 조적공사 항목
④ 지시를 받을 시 작업지시서 / 구두근거 등 남김
2) 준비사항
① 현장에서 요청을 안 받을 경우 사진 등을 정리하여 송부
② 초기부터 공사비 접근 방법보다 사실관계확인 제출

2-4. 현장의 기록을 통한 개선 방안

1) 현장의 사소한 변경을 기록으로 남김

건설현장은 오랜 기간 동안 무수히 많은 일들이 발생하는데 그 과정이 공사비와 연관이 있다는 것을 현장기술자는 반드시 알아두어야 합니다.

현장의 원가를 개선할 수 있는 방법이 설계변경을 통해 가장 많이 이루어지지만 공사 중에 굉장히 사소한 부분에서도 많은 이익들을 얻어낼 수 있습니다.
여기에는 공무파트보다 공사파트의 역할이 더욱 절대적이며
반드시 기록으로 남겨 놓아야하고 기록이 없다면 절대 보상을 받을 수 없습니다.

예를 들어 조적작업을 위해 벽돌을 쌓고 있는데 약 1m 정도 쌓은 상태에서 감독관이 와서 공간이 너무 좁아 보이니 철거하고 50cm 정도 옮겨 달라고 합니다.
이때 공사파트는 어떻게 해야 할까요? 하늘같은 감독관의 요구에 불응했다가 문제가 되느니 조적 작업반장을 불러서 건축주 지시대로 해 달라고 지시합니다.

감독관의 이 지시는 정산 시에 추가공사비를 청구할 수 있는 권리가 생기는 것인데 많은 시공사들, 특히 문서능력이 약한 작은 업체들이 간과하고 나중에 큰 손해를 봅니다.

2) 준비사항

이때는 작업지시서를 요청해야 하는데 우리나라의 정 문화와 문서를 싫어하는 특성상 거절을 당하게 됩니다. 그럴 경우 녹취나 상황을 기록하여 보고를 하는게 좋은데 너무 바쁘다 보면 그냥 지나가고 그 일은 잊혀지게 되어 시공자가 손해를 감수해야 합니다.

그러므로 현장파트는 작업 날짜, 시간, 위치, 감독관의 지시사항 등을 기록하고 작업 전, 중, 후 사진을 찍어 두어 기록을 남긴 후 공무에게 제출하여 정기적으로 사실관계만 확인하는 공문이나 이메일을 띄우게 하면 나중에 원가절감에 큰 도움이 됩니다.

거기다 월별 또는 분기별로 리스트에 변경 전/후 수량과 계약단가를 적용해서 증액되는 설계변경 내역서를 만들어내는 현장기술자를 누가 인정 안 해주겠습니까?

3. 건설클레임의 개념

1) 건설클레임(Claim) 정의 ;
- 계약 당사자가 계약상의 조건에 대하여 계약서의 조정이나 해석, 금액의 지급, 공기의 연장과 관련된 구제를 권리로써 요구하는 것으로 분쟁 이전단계

2) 공사 분쟁(Dispute)의 정의 ;
- 클레임이 제기되고 타결을 위한 중재, 소송의 과정

3. 건설클레임의 개념

건설클레임을 하라고 하면 현장기술들은 손사래를 치면서 개입하기 싫어합니다.
방대한 자료를 만들고 검토해야 하는데 거기다 정기적으로 열리는 재판에도 참석해야 한다면 다른 업무에 엄청난 지장을 주기 때문입니다.

그러나 피한다면 해결은 되지 않고 더 큰 피해를 입게 되므로 적극적으로 개입하여 경험한다면 최근에 늘어나는 소송분야에서 최고의 전문가가 되어 인정받을 수 있는 기회가 될 것입니다.

1) 건설클레임(Claim) 정의

건설공사에 있어서 발주처, 시공자, 하도급자 등의 계약 당사자 간의 계약을 체결한 내용에 있어 계약상의 조건에 대하여 계약서의 조정이나 해석, 공사비, 공사기간 등에 있어서 분쟁이 발생할 때 구제의 권리를 요구하는 것으로 분쟁 이전단계를 말합니다.

2) 공사분쟁(Dispute)의 정의

클레임이 제기되면 타결을 위한 협의, 조정, 중재, 소송의 과정을 겪게 되는 겁니다.

이를 공사분쟁이라고 하는데 현실적으로 현장기술자는 건축주를 위해서 새벽부터 늦은 밤까지 최선을 다해 열심히 일을 하였으므로 권리를 찾는 것은 당연한 것입니다.

당사자와 협의를 통해 해결하는 것이 가장 좋은 방법이고, 중재를 통해 합의점을 찾아 합의하는 것이 차선책이며 대한상사중재원의 중재를 통해 합의를 하고 마지막 단계로 법무법인이나 변호사를 고용하여 지방법원, 고등법원, 대법원까지 지루한 소송을 할 수도 있습니다.

3-1. 건설클레임의 원인

1) 공사비 분쟁

- 당초 계약금액 대비 정산시 서로 요구하는 금액의 차이가 커서 발생

2) 하자보수 분쟁

- 하자발생을 보수해 주지 않아 발생

3-1. 건설클레임의 원인

건설클레임은 서로간의 이견이 클 때 발생하는데 가장 큰 부분이 공사비의 문제입니다.

결국 돈 문제로 지루한 싸움을 하게 되는 것인데 건설공사에 있어 가장 큰 요인은 두 가지로 공사비 분쟁과 하자보수에 관한 문제입니다.

1) 공사비 분쟁

건설클레임의 가장 큰 원인은 당초 계약금액 대비 과도하다고 느끼는 증액이 발생하는 경우입니다. 보통 설계변경이나 현장의 지시사항에 대한 근거자료를 가지고 증가금액을 요청할 때 발주처로서는 인정할 수 없어 거절을 하거나 감액을 요청합니다.

이때 협의나 조정으로 합의가 안 되면 중재나 소송을 통해 해결할 수밖에 없습니다.

공사비 분쟁으로 인한 소송은 비용도 기간도 많이 걸려 자금력이 약한 상대는 중간에 합의에 응하는 경우가 많습니다.

2) 하자보수 분쟁

건물을 준공하여 인수받아 사용하는데 여기저기 물이 새고, 결로도 생기고, 깨지거나 불량 시공되어 미관을 해치는 곳이 너무 많습니다. 이때는 하자보수 요청을 하는데 공사를 마친 시공자는 차일피일 미루다 안 해줍니다. 이때 계약시 하자이행증권을 받아 두어서 자비로 보수하고 청구를 한다고 하면 시공자는 바로 와서 해주는데 공단에서 하자보수 청구비용이 발생하면 다음에 하자이행 증권발행이 쉽지 않아 다른 계약을 할 때 어려움을 겪을 수 때문입니다.

그런데 개인이나 작은 업체인 경우 아무리 전화하고 사정을 해도 안 해주거나 연락도 안 되는 경우에 건축주는 하자를 보수해 주거나 비용을 내라고 클레임을 발생시키는 것입니다. 하자의 정의와 보수 범위산정은 쉽지 않기에 전문가의 도움을 받아야 합니다.

4 건설클레임 서류 검토

1) 소장
2) 준비서면
3) 건설클레임의 해결 방법
   ① 협의 ② 조정
   ③ 중재 ④ 소송

4. 건설클레임 서류 검토

클레임의 성패를 결정짓는 가중 중요한 요소는 논리와 증거라고 생각합니다. 분쟁을 진행하다 보면 정말 주장하는 대로 일을 하고 돈을 못 받은 정황이 확실합니다.
그런데 일방적인 주장은 받아들여지지 않으며 실제 불법적인 실력행사로는 더 큰 문제를 발생시키게 됩니다.

결국 서로의 주장이 상이할 경우 분쟁이 발생하고 이를 해결하는 방법은 소송만 있는 줄 알고 있는데 그렇지 않습니다.
가장 많은 현장들이 근거있는 자료를 통하여 협의로 마무리를 하며 협의가 안되면 조정이나 중재 등을 통해 해결을 합니다. 특히 해외공사의 경우 중재원을 통해 해결을 합니다.

마지막 단계인 소송을 통해 해결을 하는 과정이 힘들고 비용이 많이 들어 추천할 방법은 아닙니다. 그러나 소송까지 생각을 하는 경우는 상대에 대한 신뢰가 무너진 상태로 전쟁과 같은 분쟁을 하게 됩니다.

판결을 하는 재판장은 실제 일을 같이한 당사자가 아니므로 제출하는 서류와 증거를 보고 감정인의 도움을 받아 판결을 하게 됩니다.
소송을 제기하는 원고가 소장을 접수하고 피고가 답변서나 준비서면을 증거자료와 함께 제출한 것을 보고 판결을 내게 되므로 철저한 논리와 증거가 확실해야 이길 수 있습니다.

대한민국의 소송은 증거제일주의 이므로 클레임을 준비한다면 반드시 정확한 서류와 증거가 꼭 필요합니다.

4-1. 소장의 검토

1) 소장 ; 원고가 피고에게 제출하는 서류

① 당사자의 성명 · 명칭 또는 상호와 주소
② 법정대리인의 성명과 주소
③ 사건의 표시
④ 청구취지(소송의 결론)
⑤ 청구원인(소송의 원인)
⑥ 덧붙인 서류의 표시(첨부자료)

4-1. 소장의 검토

공사비 분쟁으로 인하여 신뢰가 깨지고 서로간의 감정의 골이 깊어지게 되면 결국 법무법인이나 변호사를 고용하여 소송이 시작됩니다. 처음에는 내용증명이 오고 합의가 안 되면 소송을 알리는 소장이 오는데 절대 겁먹지 말고 대응해야 합니다.
소장의 핵심내용은 다음과 같습니다.

1) 소장 ; 원고가 피고에게 제출하는 서류

소장은 일련의 사건에 관하여 나열하고 법적인 판단을 해달라고 법원에 제출하는 서류이고 그에 따라 답변서, 준비서면 등의 문서들이 오고가고 최종 판단을 하게 되는 것입니다.

소장에 꼭 포함되어야 하는 내용은 소송 당사자의 성명, 명칭 및 상호와 주소가 정확히 입력이 되어야 합니다. 당사자 특히 주소가 불명확하면 소장전달이 안 되어 소송이 안될 수도 있습니다.

그 다음 법정대리인 정보인데 본인이 직접 할 수도 있고 만약 변호사가 있을 경우에는 변호사의 성명과 주소가 포함되어야 합니다. 그리고 사건의 표시가 소송이 발생하게 된 원인과 본인의 억울함을 판사에게 호소하는 것입니다.
다음으로 소송으로 인한 판결로 요청하는 청구비와 방법 등을 요청하는 것입니다.

여기에는 가장 중요한 것이 증거자료인데 판사는 소송 당사자 간의 일에 대하여 모르고 소장과 증거자료로 판단하기 때문에 증거자료가 정말 중요합니다.

4-2. 준비서면 검토

1) 준비서면 (항소장, 답변서) ;
피고가 원고의 소장에 변론에서 진술하는 내용을 담아 제출한 서류
① 당사자의 성명 · 명칭 또는 상호와 주소
② 법정대리인의 성명과 주소
③ 사건의 표시
④ 공격 또는 방어의 방법
⑤ 상대방의 청구와 공격에 대한 방어방법
⑥ 덧붙인 서류의 표시(첨부자료)

4-2. 준비서면 검토

민사소송에서 소장을 작성하여 제출한 이후 법원에서는 그 소장 부본을 피고에게 송달하고 피고는 송달받은 후 30일 이내에 답변서를 작성하여 법원에 제출하여야 하는데 만일 피고가 위 기한 내에 답변서를 제출하지 않을 경우 재판장은 변론기일을 열지 않고 바로 판결선고기일을 잡을 수 있으므로 반드시 답변을 제출해야 합니다.

1) 준비서면(항소장, 답변서)

원고의 소장에 대하여 피고가 기한 내에 답변서를 제출하게 되면 법원은 보통 그로부터 한 달 내에 변론기일을 지정하게 되고, 원고는 피고의 답변서를 검토한 후 그에 대해 반박할 사항이 있을 경우 제출하는 서류가 준비서면입니다.

원고가 소장을, 피고가 답변서를 제출한 이후에는 서로간의 공방은 모두 준비서면에 의해 이루어지고 재판장은 더 이상 쌍방이 준비서면을 통해 주장할 사항, 제출할 증거 등이 없다고 판단되면 변론을 종결하고 판결선고기일을 지정하는 것입니다.

준비서면은 가급적 이전에 제출한 준비서면의 내용과 겹치지 않는 부분만을 기재하는 것이 좋으며, 반복하여 강조하고 싶은 부분이 있다면 간단히만 언급해야 하는데 판사가 변론종결을 선언한 이후는 더 이상 준비서면을 제출할 수 없기 때문에, 만일 변론이 종결된 이후에는 추가적으로 참고서면으로 제출합니다.

준비서면은 소장에서 원고, 피고의 인적사항을 기재하였기 때문에 재차 기재할 필요는 없고, 실체관계에 대한 공격이나 방어에 대한 방법이 되는 내용을 기재하고 반박 증거 자료를 첨부하며 마지막으로 작성날짜, 작성자를 기재한 후 해당법원과 재판부를 명시하여 제출합니다.

4-3. 건설클레임의 해결 방법

1) 협의에 의한 타결 ;
- 당사자 간의 합의에 의한 타결

2) 조정에 의한 타결(건설분쟁 조정제도) ;
- 제3자에 의한 조정으로 인한 타결

3) 중재에 의한 타결(중재 판정 제도) ;
- 대한상사중재원을 통한 타결(소송 전 단계)

4) 소송에 의한 타결 ;
- 법원에 소송을 제기하여 판결에 의한 타결

4-3. 건설클레임의 해결

분쟁해결을 위해 가장 좋은 방법은 이해와 대화이지만 감정이 골이 깊어져 해결이 안 되는 것입니다. 그러므로 소송을 통한 비용과 스트레스를 줄이기 위하여 다음과 같은 해결 방법을 알아두어야 합니다.

1) 협의에 의한 타결

가장 좋은 것이 당사자 간의 대화와 합의에 의한 타결되는 방법입니다.
앞으로 진행될 소송 등의 물리적, 시간적, 금전적, 정신적 비용을 확인해서 소송 비용보다 크다면 협의를 하는게 상수입니다.

2) 조정에 의한 타결(건설분쟁 조정제도)

중재나 소송 전에 제3자에 의한 조정으로 인한 타결방법입니다.
보통 조정위원들 입회하에 진행을 하는데 양쪽의 의견을 들어 중간값을 제시합니다.

그러므로 조정을 위해서 합의사항 등과 금액을 고려한 후에 참가해야 하며 일방적으로 나의 주장만 하면 조정이 결렬되고 판결로 가는 방법밖에 없게 되는 것입니다.

3) 중재에 의한 타결(중재 판정 제도)

조정은 재판보다 간단하고 1심 판결로 결정되어 소송보다 비용이 적게 드는 장점이 있습니다. 보통 해외업체와의 분쟁에 활용되는데 각자의 국가재판시스템이 다르기 때문인데 계약서에 명시하여야 적용할 수 있습니다. 우리나라에는 대한상사중재원이 있는데 계약서에 분쟁시 중재로 판결을 한다고 명시하면 중재로 판결할 수 있습니다.

4) 소송에 의한 타결

지방법원, 고등법원, 대법원 3심까지 진행할 수 있고 길게는 3~5년도 걸릴 수 있습니다. 고등법원부터는 직원을 시킬 수 없고 변호사를 선임해야 하는데 비용이 엄청나게 드는 힘든 과정입니다. 그런데 상대가 재산이 있다면 구상권 청구나 가압류 등을 통해 소송에서 이긴다면 원금에 이자까지 확실히게 받을 수 있는 방법입니다.

5. 논리적인 글쓰기

1) 법원의 판결은 증거 제일주의
   - 재판관/변호사는 건축 비전공자
   - 서류와 증거를 보고 판결하므로 논리적인 글쓰기 중요
2) 작업한 것 같은데 증거가 없다
   - 현장의 변경에 대한 주장만 있고 증거자료가 없다.
   - 현장의 모든 변경 행위는 공사비와 관련
   - 문서가 곧 돈이다.

5. 논리적인 글쓰기

원가를 절감하고 실질적으로 클레임에 대비하기 위해서 가장 중요한 것은 원가절감을 위해서 어떤 논리를 만드는 것이었습니다.
하도급과 도급을 대비해서 공사비가 큰 것, 안전과 하자를 통해서 공사비를 어떻게 개선할 것인지에 대한 노력입니다.
논리적인 글쓰기를 바탕으로 데이터를 제시하여 내가 원하는 것을 취득하는 것은 다음과 같은 이유로 필요합니다.

1) 법원의 판결은 증거 제일주의

재판관(판사)이나 변호사는 실질적으로 건축에 대한 비전공자입니다.
법률적인 지식은 해박하지만 기술적인 지식은 없기 때문에 소장과 답변서, 준비서면 등 제출된 서류와 근거를 보고 판결합니다.
즉, 피고와 원고의 의견을 듣고 증거를 통해 판단하는 것입니다.
공사비는 결국 기술적인 지식이 필요하므로
기술적인 지식을 논리적인 글로 풀어나가는 것이 중요하게 됩니다.

2) 작업한 것 같은데 증거가 없다

분쟁중인 작은 규모의 시공사를 보면 정말 억울한 사례가 많습니다.

실제 건축주의 지시대로 변경작업을 했는데 입증할만한 증거가 없습니다.

관련문서나 자료를 남기지 않고 시키는 대로 일을 했기에 다 묻히고 잊혀 졌기 때문입니다.

건축주가 원해서 작업했다는 주장은 있는데 증거자료가 없는 경우가 태반입니다.

현장의 모든 변경행위는 공사비와 관련이 있기 때문에 결국은 문서가 돈이라는 점을 명심하고 증거를 필시 남겨두어야 할 것입니다.

작업지시서, 이메일, 회의록, 녹취록 등 현장의 모든 기록이 돈이라는 사실을 명심해야 합니다.

문제 풀이

문제1. 공사 원가율을 결정하는 정확한 공식은? ( )
① 도급내역 / 실행내역
② 도급내역 / 하도급내역
③ 하도급내역 / 실행내역
④ 실행내역 / 도급내역

문제 2. 계약 당사자가 계약상의 조건에 대하여 계약서의 조정이나 해석, 금액의 지급, 공기의 연장과 관련된 구제를 권리로써 요구하는 것으로 분쟁 이전단계를 지칭하는 것은? ( )
① 건설클레임
② 건설분쟁
③ 건설중재
④ 건설조정

문제 3. 건설클레임과 관련된 문서가 아닌 것은? ( )
① 소장
② 소환장
③ 준비서면
④ 답변서

정답 확인

1번 정답 : ④
〈해설〉 공사 원가율을 결정하는 정확한 공식은 실행내역 / 도급내역 입니다.

2번 정답 : ①
〈해설〉 계약 당사자가 계약상의 조건에 대하여 계약서의 조정이나 해석, 금액의 지급, 공기의 연장과 관련된 구제를 권리로써 요구하는 것으로 분쟁 이전단계를 지칭하는 것은 건설클레임 입니다.

3번 정답 : ②
〈해설〉 소환장은 건설클레임과 관련된 문서가 아닙니다.

제 30 강

한국형 Q.S 제도
(건설원가관리사 KQS)
Korea Quantities Surveyor

제30강

한국형 Q.S 제도 (건설원가관리사 KQS) Korea Quantities Surveyor

한국에는 공사원가 관리를 위한 전문직종이 없다고 할 수 있습니다. 감리제도와 CM회사들이 있지만 실제적으로 공사비를 책임져 주지는 않습니다. 도면과 시방서대로 공사가 이루어지는지 확인하는 역할이 감리이고

미국에서 도입된 CM제도는 감리의 역할 외에
계약자문, 품질, 안전, 하자, 시공, 공사기간 준수 업무에 공사원가가 포함되어 있고 실제 공사비가 당초 예산보다 초과되더라도 그에 대한 책임은 없는 건설업이 전반적인 관리업무를 하고 있습니다.

실제 건축주에게 있어서 도면대로 품질을 유지한 건물을 받는 것도 중요하지만 최근에는 감리가 법적으로 관리를 해주어 어느 정도 안심할 수 있는 상태이니 가장 중요한 이슈는 처음 잡은 공사비대로 준공하는 것입니다.
설계자가 제시한 500억을 믿고 공사를 시작했는데 시공자와 계약을 한 후에 누락항목과 설계변경으로 인해 공사비가 증액되더니 100억을 더 달라고 합니다.
감리도 CM회사도 여기에 책임을 져주지 않는 상황이 되는데 그럴 것이 시공사의 요구가 터무니없지 않게 자료가 충실하기 때문에 반박하기도 어렵습니다.
꼼짝없이 100억의 빚이 생겨도 잘못 대처하면 건물을 사용해보기도 전에 주인이 바뀌는 일도 생길 수 있는 것입니다.

건축주를 위하여 공사비 예산을 잡아주고 설계안이 예산안에 들어오는지 검토해 주고 시공사가 선정된 후에 과기성이 안되도록 감리해주고 설계변경으로 증액되는 공사비를 적정하게 관리하여 당초 예산대로 관리해 줄 수 있는 전문가 집단이 필요한 것입니다.

2012년 건설협회에서 영국의 QS를 모델로 만든 민간자격증
KQS(Korea Quantities Surveyor)인 건설원가관리사 자격증이
많이 알려지고 보급되었으면 합니다.

1. 건설공사비 원가 관리

건설공사에 있어서 가장 중요한 요소는 돈입니다.

품질, 안전, 공정, 공기 등 많은 요소들이 중요하지만 결국 공사비에 따라 좌지우지되기 때문에 공사비의 관리가 전체에 영향을 주는 것입니다.

2. 해외의 공사비 관리 제도

코스트 컨설팅의 대표적인 나라 영국과 미국, 일본의 공사비 관리제도와 자격증을 알아보겠습니다.

3. 한국의 건설원가관리사 자격증 제도

2012년 대한민국 건설의 가장 큰 협회인 건설협회에서 만들어진 건설원가관리사인 KQS(Korea Quantities Surveyor) 자격제도에 대해 알아보고 시험을 준비하는 방법에 대해 알아보겠습니다.

4. 순수내역 입찰방식

순수내역 입찰은 시공사의 견적능력을 높이고 국가예산을 획기적으로 줄일 수 있는 방법으로 시행을 발표했다가 현재는 보류한 상태인데 앞으로 시행될 것이라 봅니다.

5. 한국형 Q.S

대한민국에도 발주처를 위해 공사비만을 관리해 주는 한국형 Q.S의 도입이 필요하다고 생각합니다. 한국형 Q.S의 비즈니스 모델에 대해 알아보겠습니다.

6. 견적 전문가의 역할

이번 30강을 통해 견적전문가(Cost Engineer)가 되었다면 어떤 역할을 해야 하는지에 대하여 주제가 넘지만 말씀드리겠습니다.

7. 정년없이 평생을 책임지는 직업!

건설원가관리사는 현장에서 하루종일 일을 하는 시간보다 사무실에서 도면을 보고 산출하며 검토하는 업무이므로 나이에 상관없이 눈이 보이고 팬을 잡을 수 있을 때까지 일할 수 있습니다.

정년없이 평생을 일할 수 있습니다.

일할수록 경험이 더해지는 직업입니다.

도전하십시요!

For Best Cost Engineer!

1. 건설공사비 원가 관리

1) 시공 이전(Cost Planning)
① Cost Estimating ; 프로젝트 요소별 비용추정
② Cost Budgeting ; 예산 확정
③ Cost Check ; 시공 이전에 원가작성 및 검토
2) 시공 이후(Cost Control)
① 계획 대비 실적관리(기성 및 설계변경, 정산)

1. 건설공사비 원가 관리

여러분들이 코스트 엔지니어로서 수량도 뽑을 줄 알고, 단가도 결정할 수 있고, 당초 변경에 관한 자료도 만들 수 있고, 만약 소송이 생기면 소장이나 답변서에 대한 나의 논리적인 이론도 다 할 수 있다면 실질적으로 여러분들의 머리 속에 코스트 엔지니어라는 여건을 갖추고 있다는 의미입니다.
그렇다고 코스트 컨설턴트 엔지니어는 물량만 뽑아주거나 공사비만 산출해주는 개념이 아닙니다.

1) 시공 이전(Cost Planning)

크게 시공 이전과 시공 이후로 생각할 필요가 있습니다.
시공 이전은 Cost Planning이라고 이야기합니다.
제가 인도네시아를 갔을 당시 아르따그라라고 하는 인도네시아 발주처와 미국의 CM회사가 Pre-Con에 관한 것들을 이미 작업해 놓았습니다.
그래서 Cost Estimating을 했습니다.
프로젝트 요소별 비용을 다 추정을 하여 Cost Budget이 다 나와 있었습니다.
그래서 예산을 다 확정을 해놓고 Cost Check를 해두었습니다.

즉 시공 이전에 원가작성 및 검토가 다 되어있는 상태였습니다.

2) 시공 이후(Cost Control)

그래서 공사가 되기 전에 코스트 엔지니어로서 다 작업을 해둔 상태이고,
시공 이후에는 계획대비 실적에 대한 관리만 하면 되는 것입니다.
정작 시공 이후에는 가장 중요한 것이 설계변경에 대한 방어라든지,
공사비 정산을 원활하게 하는 것이 중요한 것입니다.
따라서 여러분들이 본인의 역할이 시공 이전에 할 역할이냐,
시공 이후에 역할이냐는 것을 생각할 필요가 있습니다.

2. 해외의 공사비 관리 제도

1) 전문가를 통한 공사비 관리
2) 해외의 공사비 관리 전문가
① 영국의 QS (Quantity Surveyor)
② 미국의 CCP (Certified Cost Professional)
③ 일본의 적산사

2. 해외의 공사비 관리 제도

1) 전문가를 통한 공사비 관리

해외공사를 해본 경험이 있는 기술자들은 Q.S라 불리는
Quantity Surveyor 등의 전문가를 만나본 경험이 있습니다.
Q.S 는 영국에서 시작된 공사비 관리 전문 직종으로 철저하게 건축주의 편이 되어 설계자가 예산 내 설계가 되고 시공자가 예산내 준공을 하도록 발주처에 도움을 줍니다.
즉 해외에서는 공사비에 관한 전문가의 도움을 받아 적절한 서비스를 받고 있습니다.

2) 해외의 공사비 관리 전문가

해외의 건설 선진국들을 보면
영국의 Q.S(Quantity Surveyor)제도가 있는데 공사비 외에 부동산, 건설회계 등의 광범위한 업무를 통해 건축주의 공사비를 철저하게 관리해 주고 있습니다.

미국은 CCP(Certified Cost Professional)제도를 운영하는데
공사비 산정 시 시공사와 전문업체의 신뢰가 두터워 B.O.Q의 형식은 단순하나 계약서는 향후 분쟁이 발생하지 않도록 꼼꼼하게 작성되고 있습니다.

일본은 건축 적산사 제도를 운영하는데
초보적인 수량산출과 내역작성을 하는 건축적산사보,
공사비 산정의 고도화된 업무를 수행하는 건축 적산사,
마지막 단계로 기술사와 같이 발주, 조달전략가 LCC, VE, CM, PM, 친환경, 법규 등의 업무를 수행하는 건축 코스트 관리사로 전문가를 양성하고 있습니다.

2-1. 전문가를 통한 공사비 관리

1) Quantity Surveyor 등 전문가 자격 제도
2) 발주처 편에 서서 공사비를 관리
3) 설계 전부터 공사비를 초과하지 않도록 관리
4) 최종 정산금액이 발주처 예산을 벗어나지 않도록 관리

2-1. 전문가를 통한 공사비 관리

1) Quantity Surveyor 등 전문가 자격 제도

본인이 싱가포르와 인도네시아에 근무하면서 배운 것은,
외국은 Q.S(Quantity Surveyor), 즉 견적전문가를 통해서
건축주가 공사비를 관리 받는다는 것입니다.
Q.S(Quantity Surveyor)는 영국에서 시작된 공사비 관리 전문직종으로
시작되어 영국이 세계를 누빌 때 전 세계에 보급된 전문자격증입니다

2) 발주처 편에 서서 공사비를 관리

철저하게 건축주의 편이 되어 사업 시행 전부터 정산때까지 공사비를 관리해주는 역할을 합니다.

3) 설계 전부터 공사비를 초과하지 않도록 관리

시공자와는 과기성이 안되도록 매달 지급하는 기성을 관리해주고
설계변경을 분석하여 무리한 공사비 증액을 막아주는 역할을 합니다.

4) 최종 정산금액이 발주처 예산을 벗어나지 않도록 관리

최종적으로 건축주가 초기에 잡은 예산대로 증액 없이 정산이 되도록 관리해 주는데 설령 증감이 발생하더라도 원인을 정확히 파악하여 과도하게 증액되는 것을 막아주는 것입니다.

우리나라에는 감리와 CM제도가 굳건히 자리를 잡아 Q.S시장이 형성되지 못하고 있지만 Q.S를 아는 외국인이 건축주인 경우는 Q.S제도를 도입하여 공사비를 관리 받고 있는데 현행의 감리나 CM제도 하에서 정말로 공사비만을 전문적으로 맡기기에는 전문성이 부족하다고 보기 때문입니다.

해외의 건축주들은 정말로 철저하게 건축주 편이 되어 공사비만 관리하고 컨설팅 해주는 Q.S의 역할이 정말 중요하다는 것을 알고 있습니다.

2-2. 해외의 공사비 관리 자격제도

1) 영국 ; QS(Quantity Surveyor)

2) 미국 ; CCP(Certified Cost Professional)

3) 일본 ; 적산사

2-2. 해외의 공사비 관리 자격제도

해외의 공사비 관리제도는 기본적으로 시공사 결정 이전단계인 Cost Planing 과 시공사 선정 이후의 Cost Control 업무를 다 포함합니다.
대표적인 영국, 미국, 일본의 공사비 관리 자격제도를 알아보겠습니다.

1) 영국 ; Q.S(Quantity Surveyor) 제도

영국에서 시작된 건설원가 분야의 국제적으로 가장 많이 알려진 자격증 제도입니다.
영국, 호주 등에는 대학과정에 건축, 토목과처럼 Q.S 전공을 하는 학과가 별도로 있고 전문적인 교육을 받고 업무에 투입되고 있습니다.
가끔 Chartered Q.S를 가진 한국기술자를 보는데 우리나라 기술사와 같은 전문가를 의미합니다.
현재는 공사비 외에 부동산, 건설회계 등의 광범위한 업무를 통해 건축주의 공사비를 철저하게 관리해 주고 있습니다.

2) 미국 ; CCP(Certified Cost Professional) 제도

미국에서 시작된 제도로 CCP는 Certified Cost Professional의 약자이며 코스트 엔지니어의 역할을 수행합니다. 자격제도는 3가지로 구분되는데 Cost Professional, Estimating Professional, Cost Technician으로 구분됩니다.

미국은 공사비 산정 시 시공사와 전문업체의 신뢰가 두터워 B.O.Q의 현실은 단순하나 계약서는 향후 분쟁이 발생하지 않도록 꼼꼼하게 작성되고 있습니다.

3) 일본 ; 적산사

일본은 적산사 제도를 운영하는 데
초보적인 수량산출과 내역작성을 하는 적산사보,
공사비 산정의 고도화된 업무를 수행하는 적산사,
마지막 단계로 기술사와 같이 발주, 조달전략가 LCC, VE, CM, PM, 친환경, 법규 등의 업무를 수행하는 건축 코스트 관리사로 전문가를 양성하고 있습니다.

우리나라도 하루빨리 공사비 관리전문가를 양성해야 합니다.

3. 한국의 건설원가관리사 자격증 제도

1) 건설원가관리사의 정의 ;
- KQS(Korea Quantities Surveyor)
  건설협회에서 2012년 만든 건설원가관리 민간 자격증

2) 목적 ;
- 건설공사 사업비 관리업무의 체계화 및 전문성을 위해
  건설원가 전문가 양성이 목적

3) 역할 ;
- 건설공사 제 단계에서 요구되는 사업비와 그 외
  부수적인 비용을 전문적으로 산정 · 분석

3. 한국의 건설원가관리사 자격증 제도

1) 건설원가관리사 정의

건설원가관리사의 영문 명칭은 KQS(Korea Quantities Surveyor)이며
2012년 건설협회에서 만든 공사원가 관리전문가의 민간자격증입니다.

2) 목적

건설공사에서 공사비의 중요성은 부디 강조하지 않아도 중요합니다.
우리나라는 공사원가 전문관리자의 자격증이 없어서
부족한 부분이 많았던 것이 사실입니다.
건설공사의 사업비를 작성하고 관리하는 업무를 체계화하여
전문성을 갖춘 전문가를 양성하기 위한 목적입니다.

3) 역할

건설공사 각 단계에서 요구되는 사업비와 그 외 부수적인 비용을
전문적으로 산정하고 분석하는 업무를 담당하는 전문가가 되어야 합니다.

단순히 수량을 산출하는 역할이 아닌 공사단가도 알고 직접공사비와 간접공사비도 알고 있어야 합니다.
발주처와 시공사에 공사원가 관리를 책임 맡아 의사 결정을 해주어야 하고 분쟁을 조정할 줄 알아야 합니다.

건축주가 사업을 시작할 때 사업비 책정을 하고 도면이 나온 후에는 수량을 산출하여 공사비를 작성하고 검토하는 일을 해야 합니다.
도면의 변경으로 인한 설계변경의 방향을 제시하고 분쟁이 발생할 시 공사비의 적절한 검토를 통해 판단을 내릴 수 있는 제안을 하기 바랍니다.

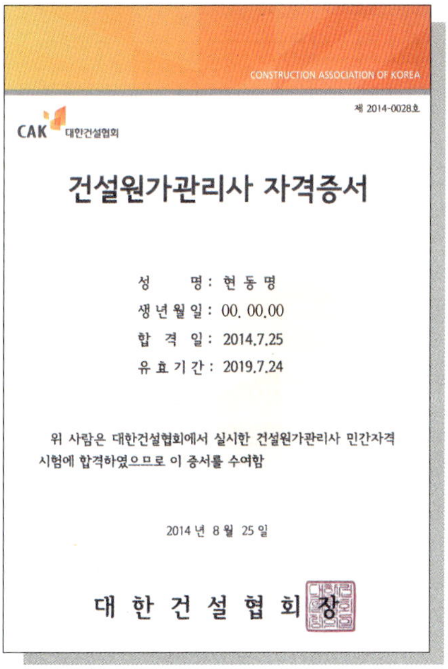
CONSTRUCTION ASSOCIATION OF KOREA

제 2014-0028호

CAK 대한건설협회

건설원가관리사 자격증서

성 명 : 현 동 명
생 년 월 일 : 00. 00.00
합 격 일 : 2014.7.25
유 효 기 간 : 2019.7.24

위 사람은 대한건설협회에서 실시한 건설원가관리사 민간자격 시험에 합격하였으므로 이 증서를 수여함

2014 년 8 월 25 일

대 한 건 설 협 회 장

건설원가 관리사 자격증(국문)

3-1. 응시자격 및 합격기준

1) 응시자격 ;
① 대한건설협회 건설원가관리사 교육 이수자
② 건설기술진흥법령상 초급기술자 이상
③ 2년 이상 적산 · 견적 · 공무 등 실무경력
2) 합격기준
① 1차 시험(필기 4지 선답) ;
3교시 시험 응시 후 100점 만점기준으로
매 과목 40점 이상 / 전 과목 평균 60점 이상 합격
② 2차 시험(실기 10문제) ;
100점 만점기준으로 60점 이상 득점한 자

3-1. 응시자격 및 합격기준

1) 응시자격

건설원가관리사는 건설기술진흥법상 초급기술자 이상 또는
2년 이상 적산, 견적, 공무 등의 실무경력을 가진 사람이 응시할 수 있습니다.
전문가를 양성하는 과정이므로 경험이 있는 기술자를 대상으로 하기 때문입니다.
건설원가관리사 예비교육을 이수한 기술자는 4교시 시험 중 1교시를 면제받을 수 있습니다.

2) 합격기준

객관식 4지 선답 1차 시험을 통과하고 2차 시험을 합격하면 자격증을 받습니다.
1차 시험은 필기시험으로 건설사업관리/공사원가 산정기준/공사원가관리
실무를 3교시에 과목당 40문항씩 시험을 보고 과목당 40점 이상 받아서
평균점수가 60점 이상이면 1차 시험 합격통보를 받습니다.

2차는 실기시험으로 10문제를 50분에 풀어야 합니다.
토목전공과 건축전공이 각기 다른 시험문제를 풀어야 하며
6개 이상을 맞혀서 60점 이상이 되면 2차 시험도 합격입니다.

1,2차 시험은 모두 당일에 보는데, 1, 2차 합격을 하면 자격증을 받을 수 있고
1차만 합격하고 2차에 떨어지면 다음해에 2차만 다시 시험을 보아야 합니다.

3-2. 시험과목

■ 시험과목

구분	시험과목(배점)	출제내용	검정 방법
1차	건설 사업관리 일반(100점)	건설사업관리 건설관련 법령 정부계약제도	객관식(과목당 40문항)
	공사원가 산정기준(100점)	공사원가 산정기준 공사원가 산정체계 공사원가 관리	
	공사 원가관리 실무(100점)	계약금액 조정 실무 건설공사 회계관리 공사관련 보험 건설사업비 산정 및 관리	
2차	원가 계산(100점)	건축 원가계산 토목 원가계산 ※ 건축과 토목 중 택일	객관식과 단답형(계산형) 주관식 혼합형(10문항)

3-2. 시험과목

시험과목은 건설원가에 관한 내용으로 준비를 해야 합니다.

1) 1차 필기시험

① 1교시 건설사업관리 일반시험

1교시 시험의 내용은 건설사업관리의 일반적인 이론에 관한 내용이며, 건설관련 법령문제와 정부 계약제도에 관한 내용이 40문항 시험으로 나옵니다.

② 2교시 공사원가 산정기준 시험

2교시 시험의 내용은 공사원가 산정기준, 공사원가 산정체계 그리고 공사원가 관리에 관한 내용이 40문항 시험으로 나옵니다.

③ 3교시 공사원가 관리 실무시험

3교시 시험의 내용은 계약금액 조정실무, 건설공사 실무관리, 공사관련 보험, 건설사업비 관리 및 산정에 관한 내용이 40문항 시험으로 나옵니다.

2) 2차 실기시험

2차 시험은 1차 합격자들이 보는 시험이지만 하루에 시험을 다 보는 특성상 1차 합격여부와 상관없이 시험을 봅니다.

원가관리실무에 관련된 수량산출과 원가계산서 작성의 계산문제 10문항이 시험으로 나옵니다.

토목, 건축으로 분리하여 신청할 수 있으며 각각의 분야가 다른 문제가 시험으로 나옵니다.

CONSTRUCTION ASSOCIATION OF KOREA

Certificate of
Korea Quantity Surveyor

This is to certify that

HYUN DONG MYUNG

has successfully acquired the qualification as Quantity Surveyor
by passing Cost Specialist Examination of
Construction Association of Korea

July, 25 2014

Certificate Number 2014-0028
Certificate Issue Date August, 25 2014
Expiration Date July, 24 2019

CAK CONSTRUCTION ASSOCIATION OF KOREA

CHOI Sam-Kyu
Chairman
Construction Association of Korea

건설원가 관리사 자격증(영문)

4. 순수내역 입찰방식

1) 순수내역 입찰의 개념
- 공사발주시 공내역서를 제공하지 않고 도면과 시방서 등을 제공하면 입찰참여자가 적산 및 견적을 수행 후 내역서를 제출하는 방식

2) 왜? 순수내역 입찰인가?
① 발주처의 예산 절감
② 정확한 공사비 산정은 시공사의 몫
③ 시공자의 견적능력은 필수!

4. 순수내역 입찰방식

관공사에 있어서 입찰제도는 최저가 경쟁입찰, 적정공사비 경쟁입찰, 내역수정 입찰제도와 순수내역 입찰제도까지 많은 변경이 있고 발표가 되었습니다.
일반적으로 관공사는 턴키나 기술입찰이 아니면 시공사가 수량산출을 하지 않고 관에서 제공한 내역서에 금액을 기입하여 공사비 제안을 해서 시공사들 입장에선 관공사 입찰에 따로 견적비용이 크게 발생하지 않았습니다.
시공사가 결정되면 관공서에서 내역을 주고 내역상 문제점들을 실정보고하면 공사비를 보전해주는 제도 하에서는 시공자의 견적능력은 떨어지고 국가예산은 낭비가 됩니다.
시공사가 공사비의 고민 없이 로또처럼 여러개 페이퍼 컴퍼니를 만들어 투찰하고 운 좋게 낙찰되어 돈을 버는, 정말 땅 짚고 헤엄치는 구조가 되어 있는 것입니다.

1) 순수내역 입찰의 개념

시공사의 견적능력을 높이고 제대로 된 공사비를 만들기 위해선 순수내역 입찰제도를 실행해야 합니다. 순수내역 입찰제도의 핵심은 입찰 시 공내역서를 제공하지 않습니다.

민간공사처럼 도면과 시방서, 현장설명서를 제공하고 입찰에 참여하는 건설사가 수량산출과 단가조사를 통해 입찰에 참여하여 준공까지 책임을 지는 것입니다.

입법 예고되어 있었다가 시공사의 반대로 유보된 상태이지만 언젠가 시행되고 정착되리라 생각하는데 이 제도로 인해 분쟁도 줄고 국가예산도 절감할 수 있는 방법이기 때문입니다.

2) 왜? 순수내역 입찰인가?

시공사가 수량을 산출하는 것은 공사를 수주하고자 하는 시공사의 몫입니다.
국가에서 제공하는 자료에만 의존하고 서류를 작성하여 공사비만 증액시키는 것은 모두에게 바람직한 방법이 아닐 것이므로 순수내역 입찰제도를 통해 분쟁도 줄이고 대한민국의 건설산업 발전에 이바지해야 할 것입니나.

5. 한국형 Q.S

1) 한국형 Q.S의 정의
① 감리는 도면대로 시공여부 확인 책임
② CM은 전반적인 공사관리
③ QS가 건축주를 위해 공사비만 관리
2) 나에게 강남에 10,000m²의 땅이 있다면?
① 설계자를 찾아간다?
② 건설원가관리사(KQS)를 찾아간다?

5. 한국형 Q.S

1) 한국형 Q.S의 정의

한국에도 영국처럼 Q.S(Quantity Surveyor) 제도는 반드시 필요하며
1995년도에 적산 제도를 도입하려는 움직임은 있었습니다.
그런데 삼풍백화점과 성수대교 붕괴사고 이후로 감리제도가 생기고
현재는 미국의 CM제도가 도입되어 Q.S제도는 멀어진 상태입니다.
이제는 감리와 CM이 합쳐졌으므로 건축주를 위해 공사비만을 관리해주는
Q.S제도의 도입이 필요한 때라고 봅니다.

감리는 도면대로 시공되는지 여부를 확인하고
CM은 계약, 시공, 품질, 안전, 하자, 공기와 공정 전반에 관한
전반적인 공사관리를 해주면 됩니다.
이제는 건축주의 돈만을 관리해주고 모니터링해서 예산을 벗어나지 않게 관리
해주는 Q.S가 현장에 배치되어야 하는 시기가 온 것입니다.

영국처럼 건설공사비 외에 부동산과 회계와 전반적인 관리까지 하는 광의의 Q.S가 아닌 공사비만을 작성하고 검토하고 관리해 주는 한국형 Q.S의 제도가 절실한 때입니다.

2) 나에게 강남에 10,000m²의 땅이 있다면?

여러분에게 강남에 10,000m²의 면적인 약 3,000평의 땅이 있고 거기에 건물을 지어 임대 사업을 함으로서 평생 호위호식을 하고 싶다면 어떤 결정을 내리시겠습니까?

1번, 설계자를 찾아간다?

2번, 건설원가관리사(KQS)를 찾아간다?

여러분의 결정에 따라 여러분과 자녀들의 남은 운명이 결정될 것입니다.

5-1. 기존의 건축방식

1) 설계자 선정 후 도면 완성
   - 도면이 예산을 초과하는지 정확히 모름
2) 시공사 선정 후 계약
   - 시공사가 제출한 최저가 금액만 보고 계약
3) 시공 및 설계변경
   - 시공자는 이익극대화를 위해 설계변경을 통한 금액 증가
4) 정산
   - 시공자는 추가적인 공사비를 요구하고 건축주는 인정 안함
5) 소송
   - 공사비 분쟁조정 실패로 구상권 청구 등 지루한 소송전

5.-1. 기존의 건축 방식

시내를 다니다 보면 공사가 중지되어 흉물스럽게 방치된 건물들을 보게 되는데, 아마도 건축주가 공사비를 지급하지 못해서 중지되거나 분쟁이 생겨 중지되었을 것입니다.

예를 들어 강남에 1,000평의 땅을 가진 건축주가 10,000평의 오피스를 짓고 싶을 때 기존방식으로 진행을 하는데 현행 방식의 문제점을 알아보겠습니다.

1) 설계자 선정 후 도면 완성

가장 먼저 설계사를 찾아가서 상담을 하고 시작을 하는 경우가 대부분입니다. 가끔 CM회사도 찾아가지만 기본적으로 계획설계나 사업성 검토를 받아 도면부터 받아 봅니다.
탐나는 멋진 건물을 설계자가 설계를 완성하지만 그때까지도 공사비에 대해서 이정도 일 것이다 정도의 추정밖에 안되는데 설계자가 공사비에서는 전문가가 아니기 때문입니다.

도면을 완성하고 공사비를 산정하는데 산출업체가 수량을 산출하고 설계예정 가격을 입혀서 공사비를 추정하여 약 600억원의 공사비가 나왔다고 추정해 봅니다.
건축주의 예산이 500억원이라면 100억원을 낮추기 위해 설계를 바꾸어야 합니다.
공사비를 줄이는 방법은 연면적을 줄이거나 고급자재를 일반자재로 낮추어야 하는데 그러려면 도면을 대폭 수정을 해야 되고 많은 시간과 비용이 소모되다 보니 가끔 내역서의 수정을 통해 공사비가 줄어들어도 건축주는 모르고 그대로 입찰을 진행할 수 있습니다

2) 시공사 선정 후 계약

공사비가 600억원인 건물이 500억원인 것처럼 발표가 되고 시공사들이 입찰에 참여를 하여 경쟁이 붙으면 시공사는 공사를 수주하기 위해 500억원보다 더 낮추어 입찰을 하여 낙찰하게 되고 490억에 시공사로 선정되어 계약이 될 수 있습니다.

3) 시공 및 설계변경

시공사는 계약 이후 이윤을 극대화하기 위하여 무수한 설계변경을 통해 공사비를 증액할 것입니다. 특히 손해를 보는 공사라면 정도가 심할 것입니다.
무리하게 공사비를 낮추어 놓았기에 건축주는 더 수세에 몰리게 되는 것입니다.

4) 정산

건설현장의 정산과정은 전쟁에 비유할 정도로 고성과 협박, 반발, 회유가 난무합니다.
정산을 잘 받아야 그마나 손해를 덜 보는데 무조건 인정할 수 없으므로 추가 공사비를 인정받기 위해 서로 엄청나게 싸우게 됩니다. 시공자로서는 600억원 건물을 490억원에 시공을 하였으니 적어도 110억원 이상을 더 받으려 할 겁니다.

5) 소송

결국 협상은 결렬되고 조정도 안되고 결국 법적인 소송전으로 들어갑니다.

시공자는 조정이 실패하면 구상권 청구와 가압류로 건물을 봉쇄하고 지루한 싸움은 시작됩니다.

내 땅에 건물을 지어 임대를 하여 평생 편하게 살고 싶다는 건축주의 꿈은 멀어지고 은행은 법적인 문제가 발생하니 건축주에게 대출상환을 독촉하게 됩니다.

물론 다 그런 것은 아니지만 현재의 건축방식은 이러한 문제에 노출될 수 있다는 것을 알려드리는 것입니다.

설계를 잘하시는 건축사분들은 많으시지만 공사비에 대한 개념을 가지고 설계를 하시는 분들은 많지 않기에 설계 시 공사비 전문가의 도움이 절실한 것입니다.

5-2. 한국형 Q.S 건축방식

1) 건설원가관리사 협의
   - 개산견적을 통해 건축주가 원하는 건물의 공사비 추정
2) 설계자 선정 후 도면이 예산범위에 들어 올 때까지 관리
   - 설계자의 도면이 예산을 초과하는지 정확한 물량 및 단가조사를 통해 관리
3) 시공사 선정 후 현장 상주
   - 시공사가 제출한 금액을 비교 검토하여 최적의 공사비 확정
4) 기성관리 및 설계변경관리
   - 매달 과기성이 되지 않게 기성을 관리하고
   - 설계변경이 적정한지 검토 후 최종 변경금액 확정
5) 정산
   - 설계변경의 관리를 통해 최종 증가금액대로 정산해 소송을 미연에 방지

5-2. 한국형 Q.S 건축방식

한국형 Q.S 비즈니스 모델은 위에서 언급된 현행 방식에서 건축주를 보호해 줄 수 있는 좋은 방식이므로 국가가 관리하고 지원책을 만들어 주기를 바랍니다.

예를 들어 강남에 1,000평의 땅을 가진 건축주가 10,000평의 오피스를 짓고 싶을 때 위의 비즈니스 모델로 건축을 하는 가정을 설명해 보겠습니다.

1) 건설원가관리사 협의

설계사가 아닌 건설원가관리사를 찾아가 상담을 하는데 상담 때 공사비의 협의를 원하는 건물의 면적, 층수, 건물종류, 좋아하는 자재 등을 주변의 건물을 보고 느낀 대로 이야기해 줍니다.
빅데이터를 통해 건축주의 요구에 맞는 건물을 만들때 들어가는 비용을 개산견적 시스템으로 계산을 하는데 평당 공사비가 아닌 개산수량과 단가에 의하여 공사비가 추정되고 예산을 초과하면 약식으로 면적을 줄이거나 자재 사양을 낮추어 공사비를 예산에 맞추게 됩니다.

2) 설계자 선정 후 도면이 예산 범위에 들어올 때까지 관리

예산에 맞는 건물을 개산견적 시스템으로 확인하면 계약을 하고 설계자를 선정합니다.

예산을 초과하는 가장 큰 문제는 설계자의 멋진 설계 작품이 예산을 초과하여 설계되고 발주되어 계약 후 진행되는 것입니다.

이런 문제점을 보완하기 위하여 설계단계에서 바로 공사비를 확인하여 건축주의 예산을 초과하지 않게 하는 것입니다.

3) 시공사 선정 후 현장 상주

예산에 맞는 설계가 이루어지고 검토를 통하여 적정한 시공사가 선정되도록 지원을 하는 것입니다. 시공사가 제출한 내역서가 나중에 설계변경을 염두에 두고 작성한 것 것인지, 최저가로 만들기 위해 내역서를 조정한 것이 아닌지 등의 문제점을 찾아내어 건축주를 위해 시공사가 제출한 금액을 비교 검토하여 최적의 공사비 확정해서 계약하게 해 줍니다.

계약 후에는 현장에 상주하여 공사비 지원업무를 진행합니다.

4) 기성 관리 및 설계변경 관리

현장에 상주하거나 필요 시 방문하여 시공사에서 요청하는 기성서류에 따라 현장의 기시공 상태를 파악하고 산출수량과 비교하여 과기성이 되지 않게 관리해 줍니다.

현장의 수량을 도면대로 산출하고 동별, 층별, 부위별 수량을 갖고 있기 때문에 현장 파악 후 정확한 집행한 수량만을 줄 수 있습니다

매달 시공사는 설계변경이란 공사비 증액의 서류를 제출할 것인데 이때 설계변경 내용이 타당한지, 올린 서류의 수량과 금액이 적정한지 검토하여 설계변경으로 인해 증가되는 공사비로부터 건축주를 보호해 주는 것입니다.

건축주는 건설원가관리사의 도움을 받아 증가되는 공사비를 정확히 파악할 수 있는 것입니다.

5) 정산

위에서 언급한 과정을 거치면 건축주는 당초 시공사와의 계약금액 대비 정확히 얼마가 증액되는지를 알 수 있는 것입니다.

관련 자료와 서류검토를 통해 건축주는 나중에 시공사와의 공사비 분쟁이 발생하더라도 전혀 걱정없이 소송에서 이기고 당초 금액대로 정산을 할 수 있는 것입니다.

정말 건축주에게는 필요한 비즈니스임에는 틀림이 없습니다.

6. 견적 전문가의 역할

1) 건설원가관리사 자격증 취득
   ① 건설협회에서 발행하는 자격증 취득
   ② 전문가임을 증명
2) 공사비에 대한 정확한 이해
   ① 수량산출에 대한 이해
   ② 단가결정에 대한 이해
   ③ 간접공사비의 정확한 이해
   ④ 도면 및 조건의 변경에 의한 당초, 변경의 비교
   ⑤ 분쟁에 대비한 정확한 서류 작업
   ⑥ 소송에 대비한 논리적인 글쓰기

6. 견적 전문가의 역할

1) 건설원가관리사 자격증 취득

우리나라에서 건설공사분야의 공사비 전문가 집단은 반드시 필요합니다.
현재도 수많은 관공사 현장에서 공사비 예산을 잘못 책정하여
국민의 세금이 엄청나게 낭비되고 있음에도 누구도 책임을 지지 않고 있습니다.
공사비 분야의 전문가가 아닌 설계자들이 책임을 지고 벌점을 받거나
설계비를 일부 못받는 것으로 책임지고 있습니다.

이를 보완하고자 2012년 건설협회에서 민간 자격증으로 만든
건설원가관리사 중요성이 더 커져야 한다고 생각합니다.
전문분야가 아님에도 설계자들이 내역에 대한 책임을 지고 입는 피해를
앞으로는 설계와 내역을 분리하여 공사비에 대하여 건설원가관리사들이
책임지게 한다면 설계자도 시공자도 나중에 벌어지는 분쟁을 막을 수
있을 것입니다.

2) 공사비에 대한 정확한 이해

건설원가관리사는 다음의 사항에 대하여 책임지고 관리할 수 있을 것입니다.
도면대로 수량이 산출되어 내역서가 작성되었는지, 수량의 오류나 누락이 없는지를 확인하며 원가계산서에 기입된 단가가 조달단가, 실적단가, 견적단가로 적정하게 작성되었는지, 직접공사비 외에 간접공사비가 공사원가 제비율에 따라 적정하게 만들어졌는지를 검토할 것입니다.
설계변경과 관련해 도면 및 조건의 변경에 의한 당초, 변경의 비교를 하여 적정한 증감금액을 제시하고 분쟁이 발생할 경우에는 정확한 결과값을 작성하여 지원할 것입니다.

대한민국에서 건설원가관리사는 꼭 필요한 자격증이므로
건설 분야에서 많이 배출되고 활동하도록 관리되어야 합니다.

7. 정년없이 평생을 책임지는 직업!

1) 견적전문가(건설원가관리사)가 되자.
2) 수량산출을 이해하자. (구조 / 마감)
3) 내역서에 통달하자. (단가의 적용)
4) 설계변경은 피해갈 수 없다. (클레임)
5) 공종과 아이템을 이해하자.

For Best Engineer !

본인이 쌍용 입사 때부터 지금까지 견적부, 건설현장, 원가관리 회사를 운영하면서 느낀 점은 이제 우리나라도 견적전문가 반드시 필요한 시기가 되었다는 것입니다.

영국 등의 건설 선진국처럼 대한민국에도 한국형 Q.S와 같이 코스트 엔지니어들 많이 양성되어야 하는데 아래 사항을 당부드리고 싶습니다.

1. 견적전문가(건설원가관리사)가 되자.

전문가의 업무도 중요하지만 처음 보는 이에게 자신을 나타내는 자격증도 중요합니다.

건설협회에서 매년 12월 시행하는 건설원가관리사(KQS;Korea Quantities Surveyor)에 대한 관심을 가지고 자격증을 취득하시길 바랍니다.

2. 수량산출 방법에 대해 정확히 이해하자. (구조/마감)

공사비는 수량과 단가의 조합으로 만들어지므로 최소한 건축분야인
구조, 마감공사에 대한 항목들을 산출하고 검토할 줄 알아야 합니다.
꼭 수량산출 전문업체처럼 산출을 못하더라도 항목별 산식을 이해하여
검토만 할 줄 알아도 충분하다고 생각합니다.

3. 내역서에 통달하자. (단가의 적용)

내역서의 중요성은 아무리 강조해도 지나치지 않습니다.
산출 결과대로 내역서를 만들고 단가를 조사한 후 간접공사비를 포함한 공사금액을 만들 줄 알아야 합니다.
그 다음 내역서를 가지고 계약하며, 발주하고, 설계변경과 정산까지 활용할 줄 하는 현장기술자가 되어야합니다.

4. 설계변경 절대 피해갈 수 없다. (클레임)

우리나라는 도면이 완벽하지 않은 상태에서 계약을 하는 경우가 많아 설계변경은 필연적으로 발생하게 됩니다.
변경된 내용들을 어떻게 표현하여 발주처에 제출하고 설득할 것인가에 대하여 알아야 하며 특히 현장의 원가를 절감하기 위한 노력을 해야 합니다.

나중에 합의가 안 되면 클레임으로 해결해야 하는데 어렵게 느껴지지만 기술자로서 필요한 서류와 과정에 따른 증거자료 들을 가지고 있다면 변호사의 도움을 받아 진행하므로 크게 어렵지 않습니다.
최근에 건설분쟁이 엄청나게 증가하고 있으므로 이 분야의 전문가가 될 수 있는 기회이기도 합니다.

5. 공종과 아이템을 이해하자.

지금도 건설 분야에서 공사기간을 절감하고 인력을 감독하여 원가를 절감할 수 있는 신기술 신공법들이 쏟아져 나오고 있습니다.
이것을 공사비로 환산하는 방법은 내역서를 만드는 것인데
품명 / 규격 / 단위 / 수량 / 단가에 대하여 알아야 합니다.

해당 동종의 항목을 이해하고 설명할 수 있어야 전문가 입니다.
그러므로 건설공사의 공종과 항목의 용어들을 정확히 숙지하는 것이 논리를 가지고 상대를 설득하고 이해시켜야 하는 공사비 분야에서 인정받는 길입니다.

내가 알고 설명할 수 있도록 공부하고 연습하여
공사비 분야의 최고의 기술자가 되어 만나기를 고대하고 있겠습니다.

코스트 분야는 정년 없이 평생을 책임지는 직업입니다.
눈이 보이고 손으로 계산기를 두드릴 수 있다면 나이에 상관없이 일할 수 있으며 경험이 축적되어 더 인정받을 수 있는 분야입니다.

30강의 긴 시간동안 함께해주셔서 감사드리며
여러분의 앞길에 하나님의 은총이 늘 함께하기를 기도하겠습니다.

진심으로 감사드립니다.

For Best Cost Engineer !

문제 풀이

문제1. 건설원가관리사의 영문 표기인 KQS의 Korea ( ) Surveyor 중 ( )에 맞는 것은 ?

① Quickly
② Quality
③ Quantities
④ Queen

문제 2. 건설공사비 원가관리 중 시공 이전의 단계가 아닌 것은 ? ( )

① Cost Estimating
② Cost Budgeting
③ Cost Check
④ Cost Payment

문제 3. 대한민국의 건설 공사비 관리 자격증의 명칭은 ? ( )

① 건설원가관리사(KQS)
② QS(Quantity Surveyor)
③ CCP(Certified Cost Professional)
④ 건축 적산사

정답 확인

1번 정답 : ③

〈해설〉 건설원가관리사의 영문 표기인 KQS는 Korea Quantities Surveyor이다.

2번 정답 : ④

〈해설〉 Cost Payment 건설공사비 원가관리 중 시공 이전의 단계가 아닙니다.

3번 정답 : ①

〈해설〉 대한민국의 건설 공사비 관리 자격증의 명칭은
건설원가관리사(KQS – Korea Quantities Surveyor)입니다.

A

부록

구조 수량 산출 결과표

01. 층별 체크리스트
02. 총괄 분석표 B
03. 분석표 B
04. 동별 총집계표
05. 층별 총집계표
06. 층, 부재별 집계표
07. 부재, 층별 집계표
08. 부재별 집계표
09. 부재별 산출서
10. 공사 배근자료 출력

01. 층별 체크리스트

층별로 6가지, 부재의 산출수량
합계 결과를 확인하는 집계표

층별 체크 LIST

공사명 : 석촌동 근린생활시설 - 본동

층코드	기초 개소	기둥 개소	보 길이	슬라브 면적	옹벽 면적	계단 면적	잡 개소
FT	22						
B1		18	204.59	349.18	559.899	17.401	
1		18	129.45	207.238	209.291	13.824	
2		14	122.25	207.238	185.13	13.824	
3		14	102.2	259.568	194.079		
합계	22	64	558.49	1,023.224	1,148.399	45.05	

Koreasoft 고려전산(주)

02. 총괄 분석표 B

각 동별 레미콘, 거푸집, 철근의
전체 수량을 확인하는 집계표
(B급 이음산출결과)

총괄 분석표 B

[공사명] 석촌동 근린생활시설

[동명] 본동 897.42 M2 (271.47 평)

구 분	콘 크 리 트 (M3)		거 푸 집 (M2)		철 근 (Ton)		비 고
총 물 량	745.834		3,450.55		70.352		
연 면 적	0.831	M3/M2	3.845	M2/M2	0.078	Ton/M2	
평 당	2.747	M3/평	12.711	M2/평	0.259	Ton/평	
콘 크 리 트			4.626	M2/M3	0.094	Ton/M3	

구 분	콘크리트 (M3)	%	거푸집 (M2)	%	M2/M3	철 근	%	Ton/M3	비 고
기 초	255.609	34.272	72.53	2.102	0.284	18.909	26.878	0.074	
기 둥	31.645	4.243	274.92	7.967	8.688	6.594	9.373	0.208	
보	72.351	9.701	400.6	11.61	5.537	13.107	18.631	0.181	
슬 라 브	162.287	21.759	1,084.63	31.434	6.683	10.492	14.914	0.065	
옹 벽	213.985	28.691	1,551.33	44.959	7.25	19.756	28.082	0.092	
계 단	9.957	1.335	66.54	1.928	6.683	1.494	2.124	0.15	
잡									

Koreasoft 고려전산(주)

03. 분석표 B

각 동별 레미콘, 거푸집, 철근의
부재별 수량 및 할증율과
전체 수량을 확인하는 분석표
(B급 이음산출결과)

분 석 표 B

[공사명] 석촌동 근린생활시설 [동명] 본동

부 제 명	25-240-15	C급_헌치	25-180-8		철	D10	D13	D16	D19	D22	D25	D29	D32	D35
	합판2회	합판3회	합판4회	유로폼	근	H10	H13	H16	H19	H22	H25	H29	H32	H35
기초	203.274	26.827	22.489		SD									
		40.96	31.57		HD	377.9	1,821.5		3,672.3	2,499.2	119			
기둥	31.332				SD									
		262.86			HD	1,982.7			2,351.9					
보	71.635				SD									
		400.6			HD	4,637.5	99.3	99.8	4,388.5					
슬라브	160.68				SD									
	59.43	765.9		59.16	HD	15,719.2	1,390.6							
옹벽	211.866				SD									
				1,348.64	HD	5,365.2	16,257.2							
계단	9.858				SD									
		35.61			HD		1,458							
잡					SD									
					HD									
소계	688.645	26.827	22.489		SD									
	59.43	1,505.93	31.57	1,407.8	HD	28,082.5	21,026.6	99.8	10,412.7	2,499.2	119			
할증(%)	1	2	2		SD									
					HD									
압접개					SD									
					HD									
이음개					SD									
					HD									
이음길					SD									
					HD									
계					SD									
					HD	28,082.5	21,026.6	99.8	10,412.7	2,499.2	119			
단위중					SD	0.6	1	1.6	2.3	3	4	5	6.2	7.5
					HD	0.6	1	1.6	2.3	3	4	5	6.2	7.5
가공조					SD									
					HD	15.7	20.9	0.2	23.4	7.6	0.5			
LOSS(%)					SD	3	3	3	3	3	3	3	3	3
					HD	3	3	3	3	3	3	3	3	3

Koreasoft 고려전산(주)

분 석 표 B

[공사명] 석촌동 근린생활시설　　　　[동명] 본동

부 제 명	25-240-15	C급_헌치	25-180-8		철	D10	D13	D16	D19	D22	D25	D29	D32	D35
	합판2회	합판3회	합판4회	유로폼	근	H10	H13	H16	H19	H22	H25	H29	H32	H35
합계	695.531	27.364	22.939		SD									
	59.43	1,505.93	31.57	1,407.8	HD	16.2	21.5	0.2	24.1	7.8	0.5			

Koreasoft 고려전산(주)

3
1
5

04. 동별 총집계표

각 동별 레미콘, 거푸집, 철근의
종류별 전체 수량을 확인하는 집계표

동별 총집계표

분석표A 옵션할증포함- N LOSS포함- N
분석표B 이음할증포함- Y LOSS포함- Y
철근단위- Ton

공사명 : 석촌동 근린생활시설

동		25-240-15	C급_헌치	25-180-8		철	D10	D13	D16	D19	D22	D25	D29	D32	D35
		합판2회	합판3회	합판4회	유로폼	근	H10	H13	H16	H19	H22	H25	H29	H32	H35
본동		695.531	27.364	22.939											
		59.43	1,505.93	31.57	1,407.8		16.2	21.5	0.2	24.1	7.8	0.5			
합	Con'C	695.531	27.364	22.939		SD									
계	Form	59.43	1,505.93	31.57	1,407.8	HD	16.2	21.5	0.2	24.1	7.8	0.5			

Koreasoft 고려전산(주)

05. 층별 총집계표

각 층별 레미콘, 거푸집, 철근의
수량을 확인하는 집계표

층별 총집계표

분석표A 옵션할증포함- N LOSS포함- N
분석표B 이음할증포함- Y LOSS포함- Y
철근단위- Ton

공사명 : 석촌동 근린생활시설 [동명 본동

층		25-240-15	C급_헌치	25-180-8		철	D10	D13	D16	D19	D22	D25	D29	D32	D35
		합판2회	합판3회	합판4회	유로폼	근	H10	H13	H16	H19	H22	H25	H29	H32	H35
FT		205.307	27.364	22.939											
			40.96	31.57			0.2	1.9		8.5	7.8	0.5			
B1		232.855													
			584.69		549.93		3.9	14	0.0	5.9					
1		85.404													
			395.71		289.82		3.9	1.9	0.1	3.6					
2		81.219													
			356.57		275.8		3.6	1.8		3.4					
3		90.746													
		59.43	128		292.25		4.6	2	0.1	2.8					
PH1															
합	Con'C	695.531	27.364	22.939		SD									
계	Form	59.43	1,505.93	31.57	1,407.8	HD	16.2	21.6	0.2	24.2	7.8	0.5			

Koreasoft 고려전산(주)

06. 층, 부재별 집계표

각 층별, 부재별로 레미콘, 거푸집,
철근의 수량을 확인하는 집계표

층/부재별 집계표

분석표A 옵션할증포함- N LOSS포함- N
분석표B 이음할증포함- Y LOSS포함- Y
철근단위- Ton

공사명 석촌동 근린생활시설 [동명] 본동

층	부재명	25-240-15	C급_현치	25-180-8		철	D10	D13	D16	D19	D22	D25	D29	D32	D35
		합판2회	합판3회	합판4회	유로폼	근	H10	H13	H16	H19	H22	H25	H29	H32	H35
할증/LOSS할증(%		1	2	2			3	3	3	3	3	3	3	3	3
							3	3	3	3	3	3	3	3	3
FT	기초	205.307	27.364	22.939		SD									
			40.96	31.57		HD	0.2	1.9		8.5	7.8	0.5			
소	Con'C	205.307	27.364	22.939		SD									
계	Form		40.96	31.57		HD	0.2	1.9		8.5	7.8	0.5			
B1	기둥	10.193				SD									
			73.02			HD	0.4			2					
	보	26.872				SD									
			148.3			HD	0.9	0.1	0.0	3.8					
	슬라브	54.082				SD									
			350.68		20.47	HD	2.6	1.2							
	옹벽	137.599				SD									
					529.46	HD	0.0	12.1							
	계단	4.109				SD									
			12.69			HD		0.6							
소	Con'C	232.855				SD									
계	Form		584.69		549.93	HD	3.9	14		5.8					
1	기둥	8.363				SD									
			73.2			HD	0.3			1.3					
	보	17.54				SD									
			103.44			HD	0.7		0.1	2.3					
	슬라브	31.356				SD									
			207.61		7.97	HD	1.8	0.1							
	옹벽	25.221				SD									
					281.85	HD	1.1	1.4							
	계단	2.924				SD									
			11.46			HD		0.4							
소	Con'C	85.404				SD									
계	Form		395.71		289.82	HD	3.9	1.9	0.1	3.6					
2	기둥	6.363				SD									
			56.7			HD	0.2			1.1					
	보	15.138				SD									
			80.8			HD	0.6			2.3					
	슬라브	31.356				SD									
			207.61		7.97	HD	1.8	0.1							
	옹벽	25.438				SD									
					267.83	HD	1	1.2							

Koreasoft 고려전산(주)

층/부재별 집계표

분석표A 옵션할증포함- N LOSS포함- N
분석표B 이음할증포함- Y LOSS포함- Y
철근단위- Ton

공사명 석촌동 근린생활시설 [동명] 본동

층	부재명	25-240-15	C급_헌치	25-180-8		철	D10	D13	D16	D19	D22	D25	D29	D32	D35
		합판2회	합판3회	합판4회	유로폼	근	H10	H13	H16	H19	H22	H25	H29	H32	H35
할증/LOSS할증(%		1	2	2			3	3	3	3	3	3	3	3	3
							3	3	3	3	3	3	3	3	3
	계단	2.924				SD									
			11.46			HD		0.4							
소	Con'C	81.219				SD									
계	Form		356.57		275.8	HD	3.6	1.7		3.4					
3	기둥	6.727				SD									
			59.94			HD	0.2			1					
	보	12.802				SD									
			68.06			HD	0.5		0.1	1.8					
	슬라브	45.491				SD									
		59.43			22.75	HD	3								
	옹벽	25.727				SD									
					269.5	HD	0.9	2							
소	Con'C	90.747				SD									
계	Form	59.43	128		292.25	HD	4.6	2	0.1	2.8					
합	Con'C	695.532	27.364	22.939		SD									
계	Form	59.43	1,505.93	31.57	1,407.0	HD	16.2	21.5	0.2	24.1	7.8	0.5			

Koreasoft 고려전산(주)

3
1
5

07. 부재, 층별 집계표

각 부재별, 층별 수량을
확인 할 수 있는 집계표

기초

분석표A 옵션할증포함- N LOSS포함- N
분석표B 이음할증포함- Y LOSS포함- Y
철근단위- Ton

공사명 : 석촌동 근린생활시설 [동명] 본동

층	25-240-15	C급_헌치	25-180-8		철	D10	D13	D16	D19	D22	D25	D29	D32	D35
	합판2회	합판3회	합판4회	유로폼	근	H10	H13	H16	H19	H22	H25	H29	H32	H35
FT	205.307	27.364	22.939											
		40.96	31.57			0.2	1.9		8.5	7.8	0.5			
B1														
1														
2														
3														
PH1														
합 Con'C	205.307	27.364	22.939		SD									
계 Form		40.96	31.57		HD	0.2	1.9		8.5	7.8	0.5			

Koreasoft 고려전산(주)

기둥

분석표A 옵션할증포함- N LOSS포함- N
분석표B 이음할증포함- Y LOSS포함- Y
철근단위- Ton

공사명 : 석촌동 근린생활시설 [동명] 본동

층	25-240-15	C급_헌치	25-180-8		철	D10	D13	D16	D19	D22	D25	D29	D32	D35
	합판2회	합판3회	합판4회	유로폼	근	H10	H13	H16	H19	H22	H25	H29	H32	H35
FT														
B1	10.193													
		73.02				0.4			2					
1	8.363													
		73.2				0.3			1.3					
2	6.363													
		56.7				0.2			1.1					
3	6.727													
		59.94				0.2			1					
PH1														
합계 Con'C	31.646				SD									
합계 Form		262.86			HD	1.1			5.4					

Koreasoft 고려전산(주)

보

분석표A 옵션할증포함- N LOSS포함- N
분석표B 이음할증포함- Y LOSS포함- Y
철근단위- Ton

공사명 : 석촌동 근린생활시설 [동명] 본동

층	25-240-15	C급_헌치	25-180-8		철	D10	D13	D16	D19	D22	D25	D29	D32	D35
	합판2회	합판3회	합판4회	유로폼	근	H10	H13	H16	H19	H22	H25	H29	H32	H35
FT														
B1	26.872													
		148.3				0.9	0.1	0.0	3.8					
1	17.54													
		103.44				0.7		0.1	2.3					
2	15.138													
		80.8				0.6			2.3					
3	12.802													
		68.06				0.5		0.1	1.8					
PH1														
합 Con'C	72.352				SD									
계 Form		400.6			HD	2.7	0.1	0.2	10.2					

Koreasoft 고려전산(주)

슬라브

분석표A 옵션할증포함- N LOSS포함- N
분석표B 이음할증포함- Y LOSS포함- Y
철근단위- Ton

공사명 : 석촌동 근린생활시설 [동명] 본동

층	25-240-15 합판2회	C급_헌치 합판3회	25-180-8 합판4회	유로폼	철근	D10 H10	D13 H13	D16 H16	D19 H19	D22 H22	D25 H25	D29 H29	D32 H32	D35 H35
FT														
B1	54.082													
		350.68		20.47		2.6	1.2							
1	31.356													
		207.61		7.97		1.8	0.1							
2	31.356													
		207.61		7.97		1.8	0.1							
3	45.491													
	59.43			22.75		3								
PH1														
합계 Con'C	162.285				SD									
합계 Form	59.43	765.9		59.16	HD	9.2	1.4							

Koreasoft 고려전산(주)

옹벽

분석표A 옵션할증포함- N LOSS포함- N
분석표B 이음할증포함- Y LOSS포함- Y
철근단위- Ton

공사명 : 석촌동 근린생활시설 [동명] 본동

층		25-240-15	C급_헌치	25-180-8		철	D10	D13	D16	D19	D22	D25	D29	D32	D35
		합판2회	합판3회	합판4회	유로폼	근	H10	H13	H16	H19	H22	H25	H29	H32	H35
FT															
B1		137.599													
					529.46		0.0	12.1							
1		25.221													
					281.85		1.1	1.4							
2		25.438													
					267.83		1	1.2							
3		25.727													
					269.5		0.9	2							
PH1															
합	Con'C	213.985				SD									
계	Form				1,348.64	HD	3	16.7							

Koreasoft 고려전산(주)

계단

분석표A 옵션할증포함- N LOSS포함- N
분석표B 이음할증포함- Y LOSS포함- Y
철근단위- Ton

공사명 : 석촌동 근린생활시설

[동명] 본동

층	25-240-15	C급_헌치	25-180-8		철	D10	D13	D16	D19	D22	D25	D29	D32	D35
	합판2회	합판3회	합판4회	유로폼	근	H10	H13	H16	H19	H22	H25	H29	H32	H35
FT														
B1	4.109													
		12.69					0.6							
1	2.924													
		11.46					0.4							
2	2.924													
		11.46					0.4							
3														
PH1														
합 Con'C	9.957				SD									
계 Form		35.61			HD		1.4							

Koreasoft 고려전산(주)

3
1
5

08. 부재별 집계표

각 산출 부재별 레미콘, 거푸집, 철근의
합계 수량을 확인하는 집계표

부재별 집계표

분석표A 옵션할증포함- N LOSS포함- N
분석표B 이음할증포함- Y LOSS포함- Y
철근단위- Ton

공사명 : 석촌동 근린생활시설 [동명] 본동

부 재 명		25-240-15	C급_헌치	25-180-8		철	D10	D13	D16	D19	D22	D25	D29	D32	D35
		합판2회	합판3회	합판4회	유로폼	근	H10	H13	H16	H19	H22	H25	H29	H32	H35
기초		205.307	27.364	22.939											
			40.96	31.57			0.2	1.9		8.5	7.8	0.5			
기둥		31.645													
			262.86				1.1			5.5					
보		72.351													
			400.6				2.7	0.1	0.2	10.2					
슬라브		162.287													
		59.43	765.9		59.16		9.1	1.4							
옹벽		213.985													
					1,348.64		3.1	16.7							
계단		9.957													
			35.61					1.5							
합	Con'C	695.532	27.364	22.939		SD									
계	Form	59.43	1,505.93	31.57	1,407.8	HD	16.2	21.6	0.2	24.2	7.8	0.5			

Koreasoft 고려전산(주)

09. 부재별 산출서

각 산출 부재별로 산출근거와 산출식을
확인하는 산출표
(내용이 많지만 동별, 층별로 정리하면
검토 할 양이 많지 않다)

부재별 산출서

[공사명] 석촌동 근린생활시설 [동명] 본동 기초

층	부 호	명 칭	규 격	산 식	결 과 치
FT 층	-	[비 고]		■ SLOPE	
FT 층	-	[비 고]		■ 기초단차 보강	
FT 층	-	[비 고]		■ 줄기초	
FT 층	-	[비 고]		■ 독립기초	
FT 층	-	[비 고]		■ 매트기초	
FT 층	-	[비 고]		■ D.A 하부기초	
FT 층	DF1	[비 고]		X : 2-3, Y : A	
		콘크리트	25-240-15	((0.65*2.2*0.3))*1	0.429
		버림콘크리트	25-180-8	(0.65+(0*2))*(2.2+(0*2))*0.06*1	0.086
		상부주근	H13	《(2.2/(300/1000))》=8* 《0.65+(0*2)-0.12'피복두께'》=0.53*1	4.2
		하부주근	H13	《(2.2/(300/1000))》=8* 《0.65+(0*2)-0.12'피복두께'》=0.53*1	4.2
		상부부근	H13	《(0.65/(300/1000))》=3* 《2.2+(0*2)-0.12'피복두께'》=2.08*1	6.2
		하부부근	H13	《(0.65/(300/1000))》=3* 《2.2+(0*2)-0.12'피복두께'》=2.08*1	6.2
		고임철근	H13	《(2.2/(1000/1000))*(0.65/(1000/1000))》=2* 《(0.3*2)+(0.1*3)	1.6
				-0.12'피복두께'》=0.78*1	
		콘크리트_합벽	25-240-15	(2.2+0.65*2)*0.1*0.3	0.105
		하부근_정착	H13	((2.2+0.65*2)/0.3+1)*0.3	3.8
FT 층	DF1	[비 고]		X : 5, Y : C-D	
		콘크리트	25-240-15	((0.7*2.6*0.3))*1	0.546
		버림콘크리트	25-180-8	(0.7+(0*2))*(2.6+(0*2))*0.06*1	0.109
		상부주근	H13	《(2.6/(300/1000))》=9* 《0.7+(0*2)-0.12'피복두께'》=0.58*1	5.2
		하부주근	H13	《(2.6/(300/1000))》=9* 《0.7+(0*2)-0.12'피복두께'》=0.58*1	5.2
		상부부근	H13	《(0.7/(300/1000))》=3* 《2.6+(0*2)-0.12'피복두께'》=2.48*1	7.4
		하부부근	H13	《(0.7/(300/1000))》=3* 《2.6+(0*2)-0.12'피복두께'》=2.48*1	7.4
		고임철근	H13	《(2.6/(1000/1000))*(0.7/(1000/1000))》=2* 《(0.3*2)+(0.1*3)-	1.6
				0.12'피복두께'》=0.78*1	
		콘크리트_합벽	25-240-15	(2.2+0.65*2)*0.1*0.3	0.105
		하부근_정착	H13	((2.2+0.65*2)/0.3+1)*0.3	3.8
FT 층	DF1	[비 고]		X : 4-5, Y : A	
		콘크리트	25-240-15	((0.65*2.6*0.3))*1	0.507
		버림콘크리트	25-180-8	(0.65+(0*2))*(2.6+(0*2))*0.06*1	0.101
		상부주근	H13	《(2.6/(300/1000))》=9* 《0.65+(0*2)-0.12'피복두께'》=0.53*1	4.8
		하부주근	H13	《(2.6/(300/1000))》=9* 《0.65+(0*2)-0.12'피복두께'》=0.53*1	4.8
		상부부근	H13	《(0.65/(300/1000))》=3* 《2.6+(0*2)-0.12'피복두께'》=2.48*1	7.4
		하부부근	H13	《(0.65/(300/1000))》=3* 《2.6+(0*2)-0.12'피복두께'》=2.48*1	7.4

Koreasoft 고려전산(주)

부재별 산출서

[공사명] 석촌동 근린생활시설 [동명] 본동 기초

층	부 호	명 칭	규 격	산 식	결 과 치
		고임철근	H13	《(2.6/(1000/1000))*(0.65/(1000/1000))》=2* 《(0.3*2)+(0.1*3)	1.6
				-0.12'피복두께'》=0.78*1	
		콘크리트_합벽	25-240-15	(2.2+0.65*2)*0.1*0.3	0.105
		하부근_정착	H13	((2.2+0.65*2)/0.3+1)*0.3	3.8
FT 층	F1	[비 고]		(FS1_하부), X : 0, Y : C-D	
		콘크리트	25-240-15	(2.6*1.3*1)*1	3.38
		거푸집	합판3회	(((2.6+1.3)*2*1))*1	7.8
		하부주근	H19	《1+(2.6/(200/1000))》=14* 《1.3+(0*2)-0.12'피복두께'》=1.18*	16.5
				1	
		하부부근	H22	《1+(1.3/(200/1000))》=8* 《2.6+(0*2)-0.12'피복두께'》=2.48*1	19.8
		헌치	C급_헌치	(((1.3+2.6)*2)+1.0/2*8)*(1.0*1.0/2)	5.9
		버림(내민)콘크리	25-180-8	((1.3+2.6)*2+0.1/2*8)*0.1*0.06	0.049
FT 층	FS1	[비 고]		정화조, X : 0-3, Y : D-E	
		콘크리트	25-240-15	((4.8*9.705*0.3))*1	13.975
		버림콘크리트	25-180-8	(4.8+(0*2))*(9.705+(0*2))*0.06*1	2.795
		상부주근	H13	《(9.705/(300/1000))》=33* 《4.8+(0*2)-0.12'피복두께'》=4.68*	154.4
				1	
		하부주근	H13	《(9.705/(300/1000))》=33* 《4.8+(0*2)-0.12'피복두께'》=4.68*	154.4
				1	
		상부부근	H13	《 《(4.8/(300/1000))》=16* 《9.705+(0*2)-0.12'피복두께'》=9.5	170.3
				85*1》=153.4+ 《(16*9.585*1)/8*0.88'상부이음'》=16.87	
		하부부근	H13	《 《(4.8/(300/1000))》=16* 《9.705+(0*2)-0.12'피복두께'》=9.5	166.2
				85*1》=153.4+ 《(16*9.585*1)/8*0.67'일반이음'》=12.844	
		고임철근	H13	《(9.705/(1000/1000))*(4.8/(1000/1000))》=47* 《(0.3*2)+(0.1*	36.7
				3)-0.12'피복두께'》=0.78*1	
		콘크리트_합벽	25-240-15	(24.715)*0.1*0.3	0.741
		상부근_정착	H19	((24.715)/0.3+1)*0.38	31.69
		하부근_정착	H19	((24.715)/0.3+1)*0.38	31.69
		MF1_상부정착	H13	((4.8)/0.3+1)*0.67	11.39
FT 층	MF1	[비 고]		A:299.67㎡/주차장, X : 3-5, Y : A-E	
		콘크리트	25-240-15	((14.093*16.86*0.55))*1	130.684
		버림콘크리트	25-180-8	(14.093+(0*2))*(16.86+(0*2))*0.06*1	14.256
		상부주근	H19	《 《(16.86/(450/1000))》=38* 《14.093+(0*2)-0.12'피복두께'》=	615.3
				13.973*1》=531+ 《(38*13.973*1)/8*1.27'상부이음'》=84.292	
			H22	《 《(16.86/(450/1000))》=38* 《14.093+(0*2)-0.12'피복두께'》=	653.1
				13.973*1》=531+ 《(38*13.973*1)/8*1.84'상부이음'》=122.124	

부재별 산출서

[공사명] 석촌동 근린생활시설 [동명] 본동 기초

층	부 호	명 칭	규 격	산 식	결 과 치
		하부주근	H19	《《(16.86/(450/1000))》=38*《14.093+(0*2)-0.12'피복두께'》=	596
				13.973*1》=531+《(38*13.973*1)/8*0.98'일반이음'》=65.044	
			H22	《《(16.86/(450/1000))》=38*《14.093+(0*2)-0.12'피복두께'》=	624.6
				13.973*1》=531+《(38*13.973*1)/8*1.41'일반이음'》=93.584	
		상부부근	H19	《《(14.093/(600/1000))》=24*《16.86+(0*2)-0.12'피복두께'》=	465.6
				16.74*1》=401.8+《(24*16.74*1)/8*1.27'상부이음'》=63.779	
			H22	《《(14.093/(600/1000))》=24*《16.86+(0*2)-0.12'피복두께'》=	494.2
				16.74*1》=401.8+《(24*16.74*1)/8*1.84'상부이음'》=92.405	
		하부부근	H19	《《(14.093/(600/1000))》=24*《16.86+(0*2)-0.12'피복두께'》=	451
				16.74*1》=401.8+《(24*16.74*1)/8*0.98'일반이음'》=49.216	
			H22	《《(14.093/(600/1000))》=24*《16.86+(0*2)-0.12'피복두께'》=	472.6
				16.74*1》=401.8+《(24*16.74*1)/8*1.41'일반이음'》=70.81	
		고임철근	H13	《(16.86/(1000/1000))*(14.093/(1000/1000))》=238*《(0.55*2)+	304.6
				(0.1*3)-0.12'피복두께'》=1.28*1	
		콘크리트_합벽	25-240-15	(53.324)*0.1*0.55	2.933
		FS1_헌치	C급_헌치	(4.8)*(0.55-0.3)*(0.55-0.3)/2	0.15
		FS1_거푸집	합판4회	(4.8)*(0.55-0.3)	1.2
		상부주근_정착(단	H19	((4.005+0.75+16.86)/0.45+1)*0.38	18.63
		하부주근_정착(단	H19	((4.005+0.75+16.86)/0.45+1)*0.38	18.63
		상부주근_정착(단	H22	((4.005+0.75+16.86)/0.45+1)*0.44	21.57
		하부주근_정착(단	H22	((4.005+0.75+16.86)/0.45+1)*0.44	21.57
		상부부근_정착(단	H19	((53.324-(3.5+0.75+17.361))/0.6+1)*0.38	20.46
		하부부근_정착(단	H19	((53.324-(3.5+0.75+17.361))/0.6+1)*0.38	20.46
		상부부근_정착(단	H22	((53.324-(3.5+0.75+17.361))/0.6+1)*0.44	23.7
		하부부근_정착(단	H22	((53.324-(3.5+0.75+17.361))/0.6+1)*0.44	23.7
		MF2_상부주근정착	H19	((3.08+4.22)/0.45+1)*0.97	16.71
		MF2_상부주근정착	H22	((3.08+4.22)/0.45+1)*1.41	24.28
		MF2_하부주근정착	H19	((3.08+4.22)/0.45+1)*0.75	12.92
		MF2_하부주근정착	H22	((3.08+4.22)/0.45+1)*1.08	18.6
		FS1_상부주근정착	H19	((4.8)/0.45+1)*0.97	11.32
		FS1_상부주근정착	H22	((4.8)/0.45+1)*1.41	16.45
		FS1_하부주근정착	H19	((4.8)/0.45+1)*0.75	8.75
		FS1_하부주근정착	H22	((4.8)/0.45+1)*1.08	12.6
		추가 보강근_하부	H19	(3.5/0.6+1)*3.5	23.92
		추가 보강근_하부	H19	(3.5/0.45+1)*3.5	30.72

Koreasoft 고려전산(주)

부재별 산출서

[공사명] 석촌동 근린생활시설 [동명] 본동 기초

층	부 호	명 칭	규 격	산 식	결 과 치
		추가 보강근_하부	H19	(3.5/0.6+1)*3.5	23.92
		추가 보강근_하부	H19	(3.5/0.45+1)*3.5	30.72
FT 층	MF2	[비 고]		A:47.19㎡/소화수조, X : 0-3, Y : A-C	
		콘크리트	25-240-15	((5.309*7.3*0.55))*1	21.316
		버림콘크리트	25-180-8	(5.309+(0*2))*(7.3+(0*2))*0.06*1	2.325
		상부주근	H19	《(7.3/(300/1000))》=25*《5.309+(0*2)-0.12'피복두께'》=5.189	129.7
				*1	
		하부주근	H19	《(7.3/(300/1000))》=25*《5.309+(0*2)-0.12'피복두께'》=5.189	129.7
				*1	
		상부부근	H19	《(5.309/(300/1000))》=18*《7.3+(0*2)-0.12'피복두께'》=7.18*	129.2
				1	
		하부부근	H19	《(5.309/(300/1000))》=18*《7.3+(0*2)-0.12'피복두께'》=7.18*	129.2
				1	
		고임철근	H13	《(7.3/(1000/1000))*(5.309/(1000/1000))》=39*《(0.55*2)+(0.1	49.9
				*3)-0.12'피복두께'》=1.28*1	
		콘크리트_합벽	25-240-15	(19.74)*0.1*0.55	1.086
		상부근_정착(단부	H19	((19.74)/0.3+1)*0.38	25.38
		하부근_정착(단부	H19	((19.74)/0.3+1)*0.38	25.38
		MF1_상부정착	H19	((3.08+4.22)/0.3+1)*0.97	24.57
		MF1_하부정착	H19	((3.08+4.22)/0.3+1)*0.75	19
FT 층	RPS1	[비 고]		R:1.014, X : 0-2, Y : C-D	
		콘크리트	25-240-15	((4*10.64*0.15))*1	6.384
		버림콘크리트	25-180-8	(4+(0.1*2))*(10.64+(0.1*2))*0.06*1	2.732
		상부주근	H13	《(10.64/(150/1000))》=71*《4+(0*2)-0.12'피복두께'+0.26'후크	312.4
				'*2》=4.4*1	
		하부주근	H13	《(10.64/(150/1000))》=71*《4+(0*2)-0.12'피복두께'+0.26'후크	312.4
				'*2》=4.4*1	
		상부부근	H10	《《(4/(300/1000))》=14*《10.64+(0*2)-0.12'피복두께'+(0.51+0	170.4
				.2)'정착+후크'》=11.23*1》=157.2+《(14*11.23*1)/8*0.67'상부	
				이음'》=13.167	
		하부부근	H10	《《(4/(300/1000))》=14*《10.64+(0*2)-0.12'피복두께'+(0.4+0.	165.8
				2)'정착+후크'》=11.12*1》=155.7+《(14*11.12*1)/8*0.52'일반이	
				음'》=10.119	
		단부거푸집	합판4회	(4.0+10.64*2)*0.15	3.79
		MF1_상부정착	H10	(4.0/0.3+1)*0.51	7.31

부재별 산출서

[공사명] 석촌동 근린생활시설 [동명] 본동 기초

층	부 호	명 칭	규 격	산 식	결 과 치
		MF1_하부정착	H10	(4.0/0.3+1)*0.4	5.73
		단부보강콘크리트	25-240-15	(4.0)*0.25*(0.75-0.15)	0.6
		거푸집(양면)	합판3회	(4.0)*(0.75-0.15)*2	4.8
		상부_보강근	H13	6*(4.0+0.67*2)	32.04
		하부_보강근	H13	6*(4.0+0.51*2)	30.12
		늑근	H10	(4.0/0.3+1)*((0.25+0.75)*2)	28.67
FT 층	WF1	[비 고]		(FS1_하부), X : 0, Y : D-F	
		콘크리트	25-240-15	((0*6*())+(6*1.5*0.7))*1	6.3
		거푸집	합판3회	((6*0.7))*1	4.2
		하부주근	H25	《1+(6/(200/1000))》=31*《1.5+(0*2)-0.12'피복두께'+1.23'일반	119
				정착'*2》=3.84*1	
		하부부근	H22	《1+(1.5/(200/1000))》=9*《6+(0*2)-0.12'피복두께'+1.08'일반	72.4
				정착'*2》=8.04*1	
		헌치(1면)	C급_헌치	(6)*(1.0-0.3)*(1.0-0.3)/2	1.47
		버림(내민-1면)	25-180-8	(6)*0.1*0.06	0.036
FT 층	기초단차	[비 고]		H:1.6M, X : 1-3, Y : B-C	
		콘크리트	25-240-15	(9.623)*0.55*1.6	8.468
		외측헌치	C급_헌치	(9.623)*(1.6*1.6/2)	12.317
		내측거푸집	합판3회	(9.623)*1.6	15.4
		외측거푸집	합판4회	(9.623)*1.6	15.4
		수직근	H19	(((9.623)/0.3+1)*(1.6+0.55+0.38))*2	167.37
		수평근	H19	((1.6/0.3+1)*(9.623+0.75*4))*2	159.89
FT 층	기초단차	[비 고]		H:1.55M, X : 3, Y : D-E	
		콘크리트	25-240-15	(4.8)*0.55*1.55	4.092
		외측헌치	C급_헌치	(4.8)*1.55*1.55/2	5.766
		내측거푸집	합판3회	(4.8)*1.55	7.44
		외측거푸집	합판4회	(4.8)*1.55	7.44
		수직근	H19	(((4.8)/0.3+1)*(1.55+0.55+0.38))*2	84.32
		수평근	H19	((1.55/0.3+1)*(4.8+0.75*2))*2	77.7
FT 층	집수정	[비 고]		└ 0.6*0.6*0.6, X : 2-3, Y : A-B	
		콘크리트	25-240-15	(((0.6+0.6)*2)+0.55/2*8)*0.55*0.6	1.518
		외측헌치	C급_헌치	(((0.6+0.6)*2)+0.55*8)*(0.6*0.6/2)	1.224
		내측거푸집	합판3회	((0.6+0.6)*2)*0.55	1.32
		외측거푸집	합판4회	(((0.6+0.6)*2)+0.55*8)*0.55	3.74
		수직근	H19	(((((0.6+0.6)*2)+0.55/2*8)/0.3+1)*(0.6+0.55+0.38*2))*2	62.39

Koreasoft 고려전산(주)

부재별 산출서

[공사명] 석촌동 근린생활시설 [동명] 본동 기초

층	부 호	명 칭	규 격	산 식	결 과 치
		수평근	H19	((0.6/0.3+1)*((((0.6+0.6)*2)+0.55/2*8)+0.75*8))*2	63.6

Koreasoft 고려전산(주)

부재별 산출서

[공사명] 석촌동 근린생활시설 [동명] 본동 기둥

층	부 호	명 칭	규 격	산 식	결 과 치
B1 층	-	[비 고]		□ B열	
B1 층	-	[비 고]		□ E열	
B1 층	-	[비 고]		□ C열	
B1 층	-	[비 고]		□ D열	
B1 층	-	[비 고]		■ 지하1층	
B1 층	B1C1	[비 고]		X : 4, Y : D	
		콘크리트	25-240-15	3.14*(0.6/2)*(0.6/2)*(3.35-0.15)*1	0.904
		거푸집	원형	(《3.14*0.6*(3.35-0.15)》 =6.029)*1	6.03
		주근	H19	《10* 《3.35+(0.55'기초두께'+0.38'기초정착')》 =4.28*1》 =42.8+	62.4
				《10*2*0.98'일반이음'*1》 =19.6	
		대근(상)	H10	《((3.35-0.15)*0.167)/(125/1000)》 =4* 《(3.14*0.6)》 =1.884*1	7.5
		대근(중)	H10	《((3.35-0.15)*0.666)/(250/1000)》 =9* 《(3.14*0.6)》 =1.884*1	17
		대근(하)	H10	《(((3.35-0.15)*0.167)+0.55)/(125/1000)》 =9* 《(3.14*0.6)》 =1	17
				.884*1	
		보조대근	H10	《(3.35-0.15+0.55)/(500/1000)》 =8*1.2*1	9.6
B1 층	B1C1	[비 고]		X : 4, Y : C	
		콘크리트	25-240-15	3.14*(0.6/2)*(0.6/2)*(3.35-0.15)*1	0.904
		거푸집	원형	(《3.14*0.6*(3.35-0.15)》 =6.029)*1	6.03
		주근	H19	《10* 《3.35+(0.55'기초두께'+0.38'기초정착')》 =4.28*1》 =42.8+	62.4
				《10*2*0.98'일반이음'*1》 =19.6	
		대근(상)	H10	《((3.35-0.15)*0.167)/(125/1000)》 =4* 《(3.14*0.6)》 =1.884*1	7.5
		대근(중)	H10	《((3.35-0.15)*0.666)/(250/1000)》 =9* 《(3.14*0.6)》 =1.884*1	17
		대근(하)	H10	《(((3.35-0.15)*0.167)+0.55)/(125/1000)》 =9* 《(3.14*0.6)》 =1	17
				.884*1	
		보조대근	H10	《(3.35-0.15+0.55)/(500/1000)》 =8*1.2*1	9.6
B1 층	B1C2	[비 고]		X : 3, Y : B	
		콘크리트	25-240-15	0.5*0.4*(4.95-0.15)*1	0.96
		거푸집	합판3회	(《(0.5+0.4)*2*(4.95-0.15)》 =8.64)*1	8.64
		주근	H19	《10* 《4.95+(0.55'기초두께'+0.38'기초정착')》 =5.88*1》 =58.8+	78.4
				《10*2*0.98'일반이음'*1》 =19.6	
		대근(상)	H10	《((4.95-0.15)*0.167)/(125/1000)》 =6* 《(0.5+0.4)*2》 =1.8*1	10.8
		대근(중)	H10	《((4.95-0.15)*0.666)/(250/1000)》 =13* 《(0.5+0.4)*2》 =1.8*1	23.4
		대근(하)	H10	《(((4.95-0.15)*0.167)+0.55)/(125/1000)》 =11* 《(0.5+0.4)*2》	19.8
				=1.8*1	
		보조대근	H10	《(4.95-0.15+0.55)/(500/1000)》 =11*1.3*1	14.3

Koreasoft 고려전산(주)

부재별 산출서

[공사명] 석촌동 근린생활시설 [동명] 본동 기둥

층	부 호	명 칭	규 격	산 식	결 과 치
B1 층	B1C2	[비 고]		X : 4, Y : B	
		콘크리트	25-240-15	0.5*0.4*(3.35-0.15)*1	0.64
		거푸집	합판3회	(《(0.5+0.4)*2*(3.35-0.15)》=5.76)*1	5.76
		주근	H19	《10* 《3.35+(0.55'기초두께'+0.38'기초정착')》=4.28*1》=42.8+	62.4
				《10*2*0.98'일반이음'*1》=19.6	
		대근(상)	H10	《((3.35-0.15)*0.167)/(125/1000)》=4* 《(0.5+0.4)*2》=1.8*1	7.2
		대근(중)	H10	《((3.35-0.15)*0.666)/(250/1000)》=9* 《(0.5+0.4)*2》=1.8*1	16.2
		대근(하)	H10	《(((3.35-0.15)*0.167)+0.55)/(125/1000)》=9* 《(0.5+0.4)*2》=	16.2
				1.8*1	
		보조대근	H10	《(3.35-0.15+0.55)/(500/1000)》=8*1.3*1	10.4
B1 층	B1C2	[비 고]		X : 5, Y : B	
		콘크리트	25-240-15	0.5*0.4*(3.35-0.15)*1	0.64
		거푸집	합판3회	(《(0.5+0.4)*2*(3.35-0.15)》=5.76)*1	5.76
		주근	H19	《10* 《3.35+(0.55'기초두께'+0.38'기초정착')》=4.28*1》=42.8+	62.4
				《10*2*0.98'일반이음'*1》=19.6	
		대근(상)	H10	《((3.35-0.15)*0.167)/(125/1000)》=4* 《(0.5+0.4)*2》=1.8*1	7.2
		대근(중)	H10	《((3.35-0.15)*0.666)/(250/1000)》=9* 《(0.5+0.4)*2》=1.8*1	16.2
		대근(하)	H10	《(((3.35-0.15)*0.167)+0.55)/(125/1000)》=9* 《(0.5+0.4)*2》=	16.2
				1.8*1	
		보조대근	H10	《(3.35-0.15+0.55)/(500/1000)》=8*1.3*1	10.4
B1 층	B1C2	[비 고]		X : 5, Y : C	
		콘크리트	25-240-15	0.5*0.4*(3.35-0.15)*1	0.64
		거푸집	합판3회	(《(0.5+0.4)*2*(3.35-0.15)》=5.76)*1	5.76
		주근	H19	《10* 《3.35+(0.55'기초두께'+0.38'기초정착')》=4.28*1》=42.8+	62.4
				《10*2*0.98'일반이음'*1》=19.6	
		대근(상)	H10	《((3.35-0.15)*0.167)/(125/1000)》=4* 《(0.5+0.4)*2》=1.8*1	7.2
		대근(중)	H10	《((3.35-0.15)*0.666)/(250/1000)》=9* 《(0.5+0.4)*2》=1.8*1	16.2
		대근(하)	H10	《(((3.35-0.15)*0.167)+0.55)/(125/1000)》=9* 《(0.5+0.4)*2》=	16.2
				1.8*1	
		보조대근	H10	《(3.35-0.15+0.55)/(500/1000)》=8*1.3*1	10.4
B1 층	B1C2	[비 고]		X : 2, Y : D	
		콘크리트	25-240-15	0.5*0.4*(4.85-0.3)*1	0.91
		거푸집	합판3회	(《(0.5+0.4)*2*(4.85-0.3)》=8.19)*1	8.19
		주근	H19	《10* 《4.85+(0.55'기초두께'+0.38'기초정착')》=5.78*1》=57.8+	77.4
				《10*2*0.98'일반이음'*1》=19.6	

Koreasoft 고려전산(주)

부재별 산출서

[공사명] 석촌동 근린생활시설 [동명] 본동 기둥

층	부 호	명 칭	규 격	산 식	결 과 치
		대근(상)	H10	《((4.85-0.3)*0.167)/(125/1000)》=6*《(0.5+0.4)*2》=1.8*1	10.8
		대근(중)	H10	《((4.85-0.3)*0.666)/(250/1000)》=12*《(0.5+0.4)*2》=1.8*1	21.6
		대근(하)	H10	《(((4.85-0.3)*0.167)+0.55)/(125/1000)》=10*《(0.5+0.4)*2》=	18
				1.8*1	
		보조대근	H10	《(4.85-0.3+0.55)/(500/1000)》=10*1.3*1	13
B1 층	B1C2	[비 고]		X : 3, Y : D	
		콘크리트	25-240-15	0.5*0.4*(4.85-0.3)*1	0.91
		거푸집	합판3회	(《(0.5+0.4)*2*(4.85-0.3)》=8.19)*1	8.19
		주근	H19	《10*《4.85+(0.55'기초두께'+0.38'기초정착')》=5.78*1》=57.8+	77.4
				《10*2*0.98'일반이음'*1》=19.6	
		대근(상)	H10	《((4.85-0.3)*0.167)/(125/1000)》=6*《(0.5+0.4)*2》=1.8*1.	10.8
		대근(중)	H10	《((4.85-0.3)*0.666)/(250/1000)》=12*《(0.5+0.4)*2》=1.8*1	21.6
		대근(하)	H10	《(((4.85-0.3)*0.167)+0.55)/(125/1000)》=10*《(0.5+0.4)*2》=	18
				1.8*1	
		보조대근	H10	《(4.85-0.3+0.55)/(500/1000)》=10*1.3*1	13
B1 층	B1C2	[비 고]		X : 5, Y : D	
		콘크리트	25-240-15	0.5*0.4*(3.35-0.15)*1	0.64
		거푸집	합판3회	(《(0.5+0.4)*2*(3.35-0.15)》=5.76)*1	5.76
		주근	H19	《10*《3.35+(0.55'기초두께'+0.38'기초정착')》=4.28*1》=42.8+	62.4
				《10*2*0.98'일반이음'*1》=19.6	
		대근(상)	H10	《((3.35-0.15)*0.167)/(125/1000)》=4*《(0.5+0.4)*2》=1.8*1	7.2
		대근(중)	H10	《((3.35-0.15)*0.666)/(250/1000)》=9*《(0.5+0.4)*2》=1.8*1	16.2
		대근(하)	H10	《(((3.35-0.15)*0.167)+0.55)/(125/1000)》=9*《(0.5+0.4)*2》=	16.2
				1.8*1	
		보조대근	H10	《(3.35-0.15+0.55)/(500/1000)》=8*1.3*1	10.4
B1 층	B1C2A	[비 고]		X : 3, Y : C	
		콘크리트	25-240-15	0.5*0.4*(3.35-0.15)*1	0.64
		거푸집	합판3회	(《(0.5+0.4)*2*(3.35-0.15)》=5.76)*1	5.76
		주근	H19	《14*《3.35+(0.55'기초두께'+0.38'기초정착')》=4.28*1》=59.9+	87.3
				《14*2*0.98'일반이음'*1》=27.44	
		대근(상)	H10	《((3.35-0.15)*0.167)/(125/1000)》=4*《(0.5+0.4)*2》=1.8*1	7.2
		대근(중)	H10	《((3.35-0.15)*0.666)/(250/1000)》=9*《(0.5+0.4)*2》=1.8*1	16.2
		대근(하)	H10	《(((3.35-0.15)*0.167)+0.55)/(125/1000)》=9*《(0.5+0.4)*2》=	16.2
				1.8*1	
		보조대근	H10	《(3.35-0.15+0.55)/(500/1000)》=8*1.8*1	14.4

Koreasoft 고려전산(주)

부재별 산출서

[공사명] 석촌동 근린생활시설 [동명] 본동 기둥

층	부 호	명 칭	규 격	산 식	결 과 치
B1 층	B1C3	[비 고]		X : 4, Y : E	
		콘크리트	25-240-15	0.4*0.4*(3.35-0.15)*1	0.512
		거푸집	합판3회	(《(0.4+0.4)*2*(3.35-0.15)》=5.12)*1	5.12
		주근	H19	《8*《3.35+(0.55'기초두께'+0.38'기초정착')》=4.28*1》=34.2+	49.9
				《8*2*0.98'일반이음'*1》=15.68	
		대근(상)	H10	《((3.35-0.15)*0.167)/(125/1000)》=4*《(0.4+0.4)*2》=1.6*1	6.4
		대근(중)	H10	《((3.35-0.15)*0.666)/(250/1000)》=9*《(0.4+0.4)*2》=1.6*1	14.4
		대근(하)	H10	《(((3.35-0.15)*0.167)+0.55)/(125/1000)》=9*《(0.4+0.4)*2》=	14.4
				1.6*1	
		보조대근	H10	《(3.35-0.15+0.55)/(500/1000)》=8*0.8*1	6.4
B1 층	B1C3	[비 고]		X : 5, Y : E	
		콘크리트	25-240-15	0.4*0.4*(3.35-0.15)*1	0.512
		거푸집	합판3회	(《(0.4+0.4)*2*(3.35-0.15)》=5.12)*1	5.12
		주근	H19	《8*《3.35+(0.55'기초두께'+0.38'기초정착')》=4.28*1》=34.2+	49.9
				《8*2*0.98'일반이음'*1》=15.68	
		대근(상)	H10	《((3.35-0.15)*0.167)/(125/1000)》=4*《(0.4+0.4)*2》=1.6*1	6.4
		대근(중)	H10	《((3.35-0.15)*0.666)/(250/1000)》=9*《(0.4+0.4)*2》=1.6*1	14.4
		대근(하)	H10	《(((3.35-0.15)*0.167)+0.55)/(125/1000)》=9*《(0.4+0.4)*2》=	14.4
				1.6*1	
		보조대근	H10	《(3.35-0.15+0.55)/(500/1000)》=8*0.8*1	6.4
B1 층	B1C3A	[비 고]		X : 3, Y : E	
		콘크리트	25-240-15	1*0.4*(3.35-0.15)*1	1.28
		거푸집	합판3회	(《(1+0.4)*2*(3.35-0.15)》=8.96)*1	8.96
		주근	H19	《12*《3.35+(0.55'기초두께'+0.38'기초정착')》=4.28*1》=51.4+	74.9
				《12*2*0.98'일반이음'*1》=23.52	
		대근(상)	H10	《((3.35-0.15)*0.167)/(125/1000)》=4*《(1+0.4)*2》=2.8*1	11.2
		대근(중)	H10	《((3.35-0.15)*0.666)/(250/1000)》=9*《(1+0.4)*2》=2.8*1	25.2
		대근(하)	H10	《(((3.35-0.15)*0.167)+0.55)/(125/1000)》=9*《(1+0.4)*2》=2.	25.2
				8*1	
		보조대근	H10	《(3.35-0.15+0.55)/(500/1000)》=8*1.8*1	14.4

Koreasoft 고려전산(주)

부재별 산출서

[공사명] 석촌동 근린생활시설 [동명] 본동 기둥

층	부 호	명 칭	규 격	산 식	결 과 치
1 층	-	[비 고]		□ B열	
1 층	-	[비 고]		■ 지상1층	
1 층	-	[비 고]		□ C열	
1 층	-	[비 고]		□ E열	
1 층	-	[비 고]		□ D열	
1 층	1C1	[비 고]		X : 4, Y : C	
		콘크리트	25-240-15	0.5*0.4*(3.3-0.15)*1	0.63
		거푸집	합판3회	(《(0.5+0.4)*2*(3.3-0.15)》 =5.67)*1	5.67
		주근	H19	《14*3.3*1》 =46.2+ 《14*0.98'일반이음'*1》 =13.72	59.9
		대근(상)	H10	《((3.3-0.15)*0.167)/(125/1000)》 =4* 《(0.5+0.4)*2》 =1.8*1	7.2
		대근(중)	H10	《((3.3-0.15)*0.666)/(250/1000)》 =8* 《(0.5+0.4)*2》 =1.8*1	14.4
		대근(하)	H10	《(((3.3-0.15)*0.167))/(125/1000)》 =4* 《(0.5+0.4)*2》 =1.8*1	7.2
		보조대근	H10	《(3.3-0.15)/(500/1000)》 =6*1.8*1	10.8
1 층	1C1	[비 고]		X : 4, Y : D	
		콘크리트	25-240-15	0.5*0.4*(3.3-0.15)*1	0.63
		거푸집	합판3회	(《(0.5+0.4)*2*(3.3-0.15)》 =5.67)*1	5.67
		주근	H19	《14*3.3*1》 =46.2+ 《14*0.98'일반이음'*1》 =13.72	59.9
		대근(상)	H10	《((3.3-0.15)*0.167)/(125/1000)》 =4* 《(0.5+0.4)*2》 =1.8*1	7.2
		대근(중)	H10	《((3.3-0.15)*0.666)/(250/1000)》 =8* 《(0.5+0.4)*2》 =1.8*1	14.4
		대근(하)	H10	《(((3.3-0.15)*0.167))/(125/1000)》 =4* 《(0.5+0.4)*2》 =1.8*1	7.2
		보조대근	H10	《(3.3-0.15)/(500/1000)》 =6*1.8*1	10.8
1 층	1C2	[비 고]		X : 2, Y : D	
		콘크리트	25-240-15	0.5*0.4*(3.3-0.15)*1	0.63
		거푸집	합판3회	(《(0.5+0.4)*2*(3.3-0.15)》 =5.67)*1	5.67
		주근	H19	《10*3.3*1》 =33+ 《10*0.98'일반이음'*1》 =9.8	42.8
		대근(상)	H10	《((3.3-0.15)*0.167)/(125/1000)》 =4* 《(0.5+0.4)*2》 =1.8*1	7.2
		대근(중)	H10	《((3.3-0.15)*0.666)/(250/1000)》 =8* 《(0.5+0.4)*2》 =1.8*1	14.4
		대근(하)	H10	《(((3.3-0.15)*0.167))/(125/1000)》 =4* 《(0.5+0.4)*2》 =1.8*1	7.2
		보조대근	H10	《(3.3-0.15)/(500/1000)》 =6*1.3*1	7.8
1 층	1C2	[비 고]		X : 4, Y : B	
		콘크리트	25-240-15	0.5*0.4*(3.3-0.15)*1	0.63
		거푸집	합판3회	(《(0.5+0.4)*2*(3.3-0.15)》 =5.67)*1	5.67
		주근	H19	《10*3.3*1》 =33+ 《10*0.98'일반이음'*1》 =9.8	42.8
		대근(상)	H10	《((3.3-0.15)*0.167)/(125/1000)》 =4* 《(0.5+0.4)*2》 =1.8*1	7.2
		대근(중)	H10	《((3.3-0.15)*0.666)/(250/1000)》 =8* 《(0.5+0.4)*2》 =1.8*1	14.4

Koreasoft 고려전산(주)

부재별 산출서

[공사명] 석촌동 근린생활시설 [동명] 본동 기둥

층	부 호	명 칭	규 격	산 식	결 과 치
		대근(하)	H10	《(((3.3-0.15)*0.167))/(125/1000)》=4*《(0.5+0.4)*2》=1.8*1	7.2
		보조대근	H10	《(3.3-0.15)/(500/1000)》=6*1.3*1	7.8
1 층	1C2	[비 고]		X : 3, Y : B	
		콘크리트	25-240-15	0.5*0.4*(3.3-0.15)*1	0.63
		거푸집	합판3회	(《(0.5+0.4)*2*(3.3-0.15)》=5.67)*1	5.67
		주근	H19	《10*3.3*1》=33+《10*0.98'일반이음'*1》=9.8	42.8
		대근(상)	H10	《((3.3-0.15)*0.167)/(125/1000)》=4*《(0.5+0.4)*2》=1.8*1	7.2
		대근(중)	H10	《((3.3-0.15)*0.666)/(250/1000)》=8*《(0.5+0.4)*2》=1.8*1	14.4
		대근(하)	H10	《(((3.3-0.15)*0.167))/(125/1000)》=4*《(0.5+0.4)*2》=1.8*1	7.2
		보조대근	H10	《(3.3-0.15)/(500/1000)》=6*1.3*1	7.8
1 층	1C2	[비 고]		X : 5, Y : C	
		콘크리트	25-240-15	0.5*0.4*(3.3-0.15)*1	0.63
		거푸집	합판3회	(《(0.5+0.4)*2*(3.3-0.15)》=5.67)*1	5.67
		주근	H19	《10*3.3*1》=33+《10*0.98'일반이음'*1》=9.8	42.8
		대근(상)	H10	《((3.3-0.15)*0.167)/(125/1000)》=4*《(0.5+0.4)*2》=1.8*1	7.2
		대근(중)	H10	《((3.3-0.15)*0.666)/(250/1000)》=8*《(0.5+0.4)*2》=1.8*1	14.4
		대근(하)	H10	《(((3.3-0.15)*0.167))/(125/1000)》=4*《(0.5+0.4)*2》=1.8*1	7.2
		보조대근	H10	《(3.3-0.15)/(500/1000)》=6*1.3*1	7.8
1 층	1C2	[비 고]		X : 5, Y : B	
		콘크리트	25-240-15	0.5*0.4*(3.3-0.15)*1	0.63
		거푸집	합판3회	(《(0.5+0.4)*2*(3.3-0.15)》=5.67)*1	5.67
		주근	H19	《10*3.3*1》=33+《10*0.98'일반이음'*1》=9.8	42.8
		대근(상)	H10	《((3.3-0.15)*0.167)/(125/1000)》=4*《(0.5+0.4)*2》=1.8*1	7.2
		대근(중)	H10	《((3.3-0.15)*0.666)/(250/1000)》=8*《(0.5+0.4)*2》=1.8*1	14.4
		대근(하)	H10	《(((3.3-0.15)*0.167))/(125/1000)》=4*《(0.5+0.4)*2》=1.8*1	7.2
		보조대근	H10	《(3.3-0.15)/(500/1000)》=6*1.3*1	7.8
1 층	1C2	[비 고]		X : 3, Y : D	
		콘크리트	25-240-15	0.5*0.4*(3.3-0.15)*1	0.63
		거푸집	합판3회	(《(0.5+0.4)*2*(3.3-0.15)》=5.67)*1	5.67
		주근	H19	《10*3.3*1》=33+《10*0.98'일반이음'*1》=9.8	42.8
		대근(상)	H10	《((3.3-0.15)*0.167)/(125/1000)》=4*《(0.5+0.4)*2》=1.8*1	7.2
		대근(중)	H10	《((3.3-0.15)*0.666)/(250/1000)》=8*《(0.5+0.4)*2》=1.8*1	14.4
		대근(하)	H10	《(((3.3-0.15)*0.167))/(125/1000)》=4*《(0.5+0.4)*2》=1.8*1	7.2
		보조대근	H10	《(3.3-0.15)/(500/1000)》=6*1.3*1	7.8
1 층	1C2	[비 고]		X : 5, Y : D	

부재별 산출서

[공사명] 석촌동 근린생활시설 [동명] 본동 기둥

층	부 호	명 칭	규 격	산 식	결 과 치
		콘크리트	25-240-15	0.5*0.4*(3.3-0.15)*1	0.63
		거푸집	합판3회	(《(0.5+0.4)*2*(3.3-0.15)》 =5.67)*1	5.67
		주근	H19	《10*3.3*1》 =33+ 《10*0.98'일반이음'*1》 =9.8	42.8
		대근(상)	H10	《((3.3-0.15)*0.167)/(125/1000)》 =4* 《(0.5+0.4)*2》 =1.8*1	7.2
		대근(중)	H10	《((3.3-0.15)*0.666)/(250/1000)》 =8* 《(0.5+0.4)*2》 =1.8*1	14.4
		대근(하)	H10	《(((3.3-0.15)*0.167))/(125/1000)》 =4* 《(0.5+0.4)*2》 =1.8*1	7.2
		보조대근	H10	《(3.3-0.15)/(500/1000)》 =6*1.3*1	7.8
1 층	1C2A	[비 고]		X : 3, Y : C	
		콘크리트	25-240-15	0.5*0.4*(3.3-0.15)*1	0.63
		거푸집	합판3회	(《(0.5+0.4)*2*(3.3-0.15)》 =5.67)*1	5.67
		주근	H19	《14*3.3*1》 =46.2+ 《14*0.98'일반이음'*1》 =13.72	59.9
		대근(상)	H10	《((3.3-0.15)*0.167)/(125/1000)》 =4* 《(0.5+0.4)*2》 =1.8*1	7.2
		대근(중)	H10	《((3.3-0.15)*0.666)/(250/1000)》 =8* 《(0.5+0.4)*2》 =1.8*1	14.4
		대근(하)	H10	《(((3.3-0.15)*0.167))/(125/1000)》 =4* 《(0.5+0.4)*2》 =1.8*1	7.2
		보조대근	H10	《(3.3-0.15)/(500/1000)》 =6*1.8*1	10.8
1 층	B1C3	[비 고]		X : 4, Y : E	
		콘크리트	25-240-15	0.4*0.4*(2.9-0.15)*1	0.44
		거푸집	합판3회	(《(0.4+0.4)*2*(2.9-0.15)》 =4.4)*1	4.4
		주근	H19	《8*2.9*1》 =23.2+ 《6*0.38'후크'*1》 =2.28	25.5
		대근(상)	H10	《((2.9-0.15)*0.167)/(125/1000)》 =4* 《(0.4+0.4)*2》 =1.6*1	6.4
		대근(중)	H10	《((2.9-0.15)*0.666)/(250/1000)》 =7* 《(0.4+0.4)*2》 =1.6*1	11.2
		대근(하)	H10	《(((2.9-0.15)*0.167))/(125/1000)》 =4* 《(0.4+0.4)*2》 =1.6*1	6.4
		보조대근	H10	《(2.9-0.15)/(500/1000)》 =6*0.8*1	4.8
1 층	B1C3	[비 고]		X : 5, Y : E	
		콘크리트	25-240-15	0.4*0.4*(2.9-0.15)*1	0.44
		거푸집	합판3회	(《(0.4+0.4)*2*(2.9-0.15)》 =4.4)*1	4.4
		주근	H19	《8*2.9*1》 =23.2+ 《6*0.38'후크'*1》 =2.28	25.5
		대근(상)	H10	《((2.9-0.15)*0.167)/(125/1000)》 =4* 《(0.4+0.4)*2》 =1.6*1	6.4
		대근(중)	H10	《((2.9-0.15)*0.666)/(250/1000)》 =7* 《(0.4+0.4)*2》 =1.6*1	11.2
		대근(하)	H10	《(((2.9-0.15)*0.167))/(125/1000)》 =4* 《(0.4+0.4)*2》 =1.6*1	6.4
		보조대근	H10	《(2.9-0.15)/(500/1000)》 =6*0.8*1	4.8
1 층	B1C3A	[비 고]		X : 3, Y : E	
		콘크리트	25-240-15	1*0.4*(2.9-0.15)*1	1.1
		거푸집	합판3회	(《(1+0.4)*2*(2.9-0.15)》 =7.7)*1	7.7
		주근	H19	《12*2.9*1》 =34.8+ 《2*0.38'후크'*1》 =0.76	35.6

Koreasoft 고려전산(주)

부재별 산출서

[공사명] 석촌동 근린생활시설 [동명] 본동 기둥

층	부 호	명 칭	규 격	산 식	결 과 치
		대근(상)	H10	《((2.9-0.15)*0.167)/(125/1000)》=4*《(1+0.4)*2》=2.8*1	11.2
		대근(중)	H10	《((2.9-0.15)*0.666)/(250/1000)》=7*《(1+0.4)*2》=2.8*1	19.6
		대근(하)	H10	《(((2.9-0.15)*0.167))/(125/1000)》=4*《(1+0.4)*2》=2.8*1	11.2
		보조대근	H10	《(2.9-0.15)/(500/1000)》=6*1.8*1	10.8

Koreasoft 고려전산(주)

부재별 산출서

[공사명] 석촌동 근린생활시설　　　　[동명] 본동　　　　기둥

층	부 호	명 칭	규 격	산 식	결 과 치
2 층	-	[비 고]		□ D열	
2 층	-	[비 고]		■ 지상2층	
2 층	-	[비 고]		□ B열	
2 층	-	[비 고]		□ C열	
2 층	2C1	[비 고]		X : 4, Y : C	
		콘크리트	25-240-15	0.5*0.4*(3.3-0.15)*1	0.63
		거푸집	합판3회	(《(0.5+0.4)*2*(3.3-0.15)》 =5.67)*1	5.67
		주근	H19	《14*3.3*1》 =46.2+ 《14*0.98'일반이음'*1》 =13.72	59.9
		대근(상)	H10	《((3.3-0.15)*0.167)/(125/1000)》 =4* 《(0.5+0.4)*2》 =1.8*1	7.2
		대근(중)	H10	《((3.3-0.15)*0.666)/(250/1000)》 =8* 《(0.5+0.4)*2》 =1.8*1	14.4
		대근(하)	H10	《(((3.3-0.15)*0.167))/(125/1000)》 =4* 《(0.5+0.4)*2》 =1.8*1	7.2
		보조대근	H10	《(3.3-0.15)/(500/1000)》 =6*1.8*1	10.8
2 층	2C1	[비 고]		X : 4, Y : D	
		콘크리트	25-240-15	0.5*0.4*(3.3-0.15)*1	0.63
		거푸집	합판3회	(《(0.5+0.4)*2*(3.3-0.15)》 =5.67)*1	5.67
		주근	H19	《14*3.3*1》 =46.2+ 《14*0.98'일반이음'*1》 =13.72	59.9
		대근(상)	H10	《((3.3-0.15)*0.167)/(125/1000)》 =4* 《(0.5+0.4)*2》 =1.8*1	7.2
		대근(중)	H10	《((3.3-0.15)*0.666)/(250/1000)》 =8* 《(0.5+0.4)*2》 =1.8*1	14.4
		대근(하)	H10	《(((3.3-0.15)*0.167))/(125/1000)》 =4* 《(0.5+0.4)*2》 =1.8*1	7.2
		보조대근	H10	《(3.3-0.15)/(500/1000)》 =6*1.8*1	10.8
2 층	2C2	[비 고]		X : 2, Y : D	
		콘크리트	25-240-15	0.5*0.4*(3.3-0.15)*1	0.63
		거푸집	합판3회	(《(0.5+0.4)*2*(3.3-0.15)》 =5.67)*1	5.67
		주근	H19	《10*3.3*1》 =33+ 《10*0.98'일반이음'*1》 =9.8	42.8
		대근(상)	H10	《((3.3-0.15)*0.167)/(125/1000)》 =4* 《(0.5+0.4)*2》 =1.8*1	7.2
		대근(중)	H10	《((3.3-0.15)*0.666)/(250/1000)》 =8* 《(0.5+0.4)*2》 =1.8*1	14.4
		대근(하)	H10	《(((3.3-0.15)*0.167))/(125/1000)》 =4* 《(0.5+0.4)*2》 =1.8*1	7.2
		보조대근	H10	《(3.3-0.15)/(500/1000)》 =6*1.3*1	7.8
2 층	2C2	[비 고]		X : 5, Y : B	
		콘크리트	25-240-15	0.5*0.4*(3.3-0.15)*1	0.63
		거푸집	합판3회	(《(0.5+0.4)*2*(3.3-0.15)》 =5.67)*1	5.67
		주근	H19	《10*3.3*1》 =33+ 《10*0.98'일반이음'*1》 =9.8	42.8
		대근(상)	H10	《((3.3-0.15)*0.167)/(125/1000)》 =4* 《(0.5+0.4)*2》 =1.8*1	7.2
		대근(중)	H10	《((3.3-0.15)*0.666)/(250/1000)》 =8* 《(0.5+0.4)*2》 =1.8*1	14.4
		대근(하)	H10	《(((3.3-0.15)*0.167))/(125/1000)》 =4* 《(0.5+0.4)*2》 =1.8*1	7.2

Koreasoft 고려전산(주)

부재별 산출서

[공사명] 석촌동 근린생활시설 [동명] 본동 기둥

층	부 호	명 칭	규 격	산 식	결 과 치
		보조대근	H10	《(3.3-0.15)/(500/1000)》=6*1.3*1	7.8
2 층	2C2	[비 고]		X : 4, Y : B	
		콘크리트	25-240-15	0.5*0.4*(3.3-0.15)*1	0.63
		거푸집	합판3회	(《(0.5+0.4)*2*(3.3-0.15)》=5.67)*1	5.67
		주근	H19	《10*3.3*1》=33+《10*0.98'일반이음'*1》=9.8	42.8
		대근(상)	H10	《((3.3-0.15)*0.167)/(125/1000)》=4*《(0.5+0.4)*2》=1.8*1	7.2
		대근(중)	H10	《((3.3-0.15)*0.666)/(250/1000)》=8*《(0.5+0.4)*2》=1.8*1	14.4
		대근(하)	H10	《(((3.3-0.15)*0.167))/(125/1000)》=4*《(0.5+0.4)*2》=1.8*1	7.2
		보조대근	H10	《(3.3-0.15)/(500/1000)》=6*1.3*1	7.8
2 층	2C2	[비 고]		X : 3, Y : B	
		콘크리트	25-240-15	0.5*0.4*(3.3-0.15)*1	0.63
		거푸집	합판3회	(《(0.5+0.4)*2*(3.3-0.15)》=5.67)*1	5.67
		주근	H19	《10*3.3*1》=33+《10*0.98'일반이음'*1》=9.8	42.8
		대근(상)	H10	《((3.3-0.15)*0.167)/(125/1000)》=4*《(0.5+0.4)*2》=1.8*1	7.2
		대근(중)	H10	《((3.3-0.15)*0.666)/(250/1000)》=8*《(0.5+0.4)*2》=1.8*1	14.4
		대근(하)	H10	《(((3.3-0.15)*0.167))/(125/1000)》=4*《(0.5+0.4)*2》=1.8*1	7.2
		보조대근	H10	《(3.3-0.15)/(500/1000)》=6*1.3*1	7.8
2 층	2C2	[비 고]		X : 5, Y : C	
		콘크리트	25-240-15	0.5*0.4*(3.3-0.15)*1	0.63
		거푸집	합판3회	(《(0.5+0.4)*2*(3.3-0.15)》=5.67)*1	5.67
		주근	H19	《10*3.3*1》=33+《10*0.98'일반이음'*1》=9.8	42.8
		대근(상)	H10	《((3.3-0.15)*0.167)/(125/1000)》=4*《(0.5+0.4)*2》=1.8*1	7.2
		대근(중)	H10	《((3.3-0.15)*0.666)/(250/1000)》=8*《(0.5+0.4)*2》=1.8*1	14.4
		대근(하)	H10	《(((3.3-0.15)*0.167))/(125/1000)》=4*《(0.5+0.4)*2》=1.8*1	7.2
		보조대근	H10	《(3.3-0.15)/(500/1000)》=6*1.3*1	7.8
2 층	2C2	[비 고]		X : 5, Y : D	
		콘크리트	25-240-15	0.5*0.4*(3.3-0.15)*1	0.63
		거푸집	합판3회	(《(0.5+0.4)*2*(3.3-0.15)》=5.67)*1	5.67
		주근	H19	《10*3.3*1》=33+《10*0.98'일반이음'*1》=9.8	42.8
		대근(상)	H10	《((3.3-0.15)*0.167)/(125/1000)》=4*《(0.5+0.4)*2》=1.8*1	7.2
		대근(중)	H10	《((3.3-0.15)*0.666)/(250/1000)》=8*《(0.5+0.4)*2》=1.8*1	14.4
		대근(하)	H10	《(((3.3-0.15)*0.167))/(125/1000)》=4*《(0.5+0.4)*2》=1.8*1	7.2
		보조대근	H10	《(3.3-0.15)/(500/1000)》=6*1.3*1	7.8
2 층	2C2	[비 고]		X : 3, Y : D	
		콘크리트	25-240-15	0.5*0.4*(3.3-0.15)*1	0.63

Koreasoft 고려전산(주)

부재별 산출서

[공사명] 석촌동 근린생활시설 [동명] 본동 기둥

층	부 호	명 칭	규 격	산 식	결 과 치
		거푸집	합판3회	(《(0.5+0.4)*2*(3.3-0.15)》 =5.67)*1	5.67
		주근	H19	《10*3.3*1》 =33+ 《10*0.98'일반이음'*1》 =9.8	42.8
		대근(상)	H10	《((3.3-0.15)*0.167)/(125/1000)》 =4* 《(0.5+0.4)*2》 =1.8*1	7.2
		대근(중)	H10	《((3.3-0.15)*0.666)/(250/1000)》 =8* 《(0.5+0.4)*2》 =1.8*1	14.4
		대근(하)	H10	《(((3.3-0.15)*0.167))/(125/1000)》 =4* 《(0.5+0.4)*2》 =1.8*1	7.2
		보조대근	H10	《(3.3-0.15)/(500/1000)》 =6*1.3*1	7.8
2 층	2C2A	[비 고]		X : 3, Y : C	
		콘크리트	25-240-15	0.5*0.4*(3.3-0.15)*1	0.63
		거푸집	합판3회	(《(0.5+0.4)*2*(3.3-0.15)》 =5.67)*1	5.67
		주근	H19	《14*3.3*1》 =46.2+ 《14*0.98'일반이음'*1》 =13.72	59.9
		대근(상)	H10	《((3.3-0.15)*0.167)/(125/1000)》 =4* 《(0.5+0.4)*2》 =1.8*1	7.2
		대근(중)	H10	《((3.3-0.15)*0.666)/(250/1000)》 =8* 《(0.5+0.4)*2》 =1.8*1	14.4
		대근(하)	H10	《(((3.3-0.15)*0.167))/(125/1000)》 =4* 《(0.5+0.4)*2》 =1.8*1	7.2
		보조대근	H10	《(3.3-0.15)/(500/1000)》 =6*1.8*1	10.8

Koreasoft 고려전산(주)

부재별 산출서

[공사명] 석촌동 근린생활시설　　　[동명] 본동　　　기둥

층	부 호	명　칭	규 격	산　식	결 과 치
3 층	-	[비 고]		□ C열	
3 층	-	[비 고]		□ B열	
3 층	-	[비 고]		□ D열	
3 층	-	[비 고]		■ 지상3층	
3 층	3C1	[비 고]		X : 4, Y : D	
		콘크리트	25-240-15	0.5*0.4*(3.15-0.15)*1	0.6
		거푸집	합판3회	(《(0.5+0.4)*2*(3.15-0.15)》 =5.4)*1	5.4
		주근	H19	《14*3.15*1》 =44.1+ 《14*0.38'후크'*1》 =5.32	49.4
		대근(상)	H10	《((3.15-0.15)*0.167)/(125/1000)》 =4* 《(0.5+0.4)*2》 =1.8*1	7.2
		대근(중)	H10	《((3.15-0.15)*0.666)/(250/1000)》 =8* 《(0.5+0.4)*2》 =1.8*1	14.4
		대근(하)	H10	《(((3.15-0.15)*0.167))/(125/1000)》 =4* 《(0.5+0.4)*2》 =1.8*1	7.2
		보조대근	H10	《(3.15-0.15)/(500/1000)》 =6*1.8*1	10.8
3 층	3C1	[비 고]		X : 4, Y : C	
		콘크리트	25-240-15	0.5*0.4*(4.25-0.15)*1	0.82
		거푸집	합판3회	(《(0.5+0.4)*2*(4.25-0.15)》 =7.38)*1	7.38
		주근	H19	《14*4.25*1》 =59.5+ 《14*0.38'후크'*1》 =5.32	64.8
		대근(상)	H10	《((4.25-0.15)*0.167)/(125/1000)》 =5* 《(0.5+0.4)*2》 =1.8*1	9
		대근(중)	H10	《((4.25-0.15)*0.666)/(250/1000)》 =11* 《(0.5+0.4)*2》 =1.8*1	19.8
		대근(하)	H10	《(((4.25-0.15)*0.167))/(125/1000)》 =5* 《(0.5+0.4)*2》 =1.8*1	9
		보조대근	H10	《(4.25-0.15)/(500/1000)》 =8*1.8*1	14.4
3 층	3C2	[비 고]		X : 3, Y : B	
		콘크리트	25-240-15	0.5*0.4*(3.15-0.15)*1	0.6
		거푸집	합판3회	(《(0.5+0.4)*2*(3.15-0.15)》 =5.4)*1	5.4
		주근	H19	《10*3.15*1》 =31.5+ 《10*0.38'후크'*1》 =3.8	35.3
		대근(상)	H10	《((3.15-0.15)*0.167)/(125/1000)》 =4* 《(0.5+0.4)*2》 =1.8*1	7.2
		대근(중)	H10	《((3.15-0.15)*0.666)/(250/1000)》 =8* 《(0.5+0.4)*2》 =1.8*1	14.4
		대근(하)	H10	《(((3.15-0.15)*0.167))/(125/1000)》 =4* 《(0.5+0.4)*2》 =1.8*1	7.2
		보조대근	H10	《(3.15-0.15)/(500/1000)》 =6*1.3*1	7.8
3 층	3C2	[비 고]		X : 4, Y : B	
		콘크리트	25-240-15	0.5*0.4*(3.15-0.15)*1	0.6
		거푸집	합판3회	(《(0.5+0.4)*2*(3.15-0.15)》 =5.4)*1	5.4
		주근	H19	《10*3.15*1》 =31.5+ 《10*0.38'후크'*1》 =3.8	35.3
		대근(상)	H10	《((3.15-0.15)*0.167)/(125/1000)》 =4* 《(0.5+0.4)*2》 =1.8*1	7.2
		대근(중)	H10	《((3.15-0.15)*0.666)/(250/1000)》 =8* 《(0.5+0.4)*2》 =1.8*1	14.4
		대근(하)	H10	《(((3.15-0.15)*0.167))/(125/1000)》 =4* 《(0.5+0.4)*2》 =1.8*1	7.2

Koreasoft 고려전산(주)

부재별 산출서

[공사명] 석촌동 근린생활시설 [동명] 본동 기둥

층	부 호	명 칭	규 격	산 식	결 과 치
		보조대근	H10	《(3.15-0.15)/(500/1000)》=6*1.3*1	7.8
3 층	3C2	[비 고]		X : 5, Y : B	
		콘크리트	25-240-15	0.5*0.4*(3.15-0.15)*1	0.6
		거푸집	합판3회	(《(0.5+0.4)*2*(3.15-0.15)》=5.4)*1	5.4
		주근	H19	《10*3.15*1》=31.5+《10*0.38'후크'*1》=3.8	35.3
		대근(상)	H10	《((3.15-0.15)*0.167)/(125/1000)》=4*《(0.5+0.4)*2》=1.8*1	7.2
		대근(중)	H10	《((3.15-0.15)*0.666)/(250/1000)》=8*《(0.5+0.4)*2》=1.8*1	14.4
		대근(하)	H10	《(((3.15-0.15)*0.167))/(125/1000)》=4*《(0.5+0.4)*2》=1.8*1	7.2
		보조대근	H10	《(3.15-0.15)/(500/1000)》=6*1.3*1	7.8
3 층	3C2	[비 고]		X : 5, Y : C	
		콘크리트	25-240-15	0.5*0.4*(4.25-0.15)*1	0.82
		거푸집	합판3회	(《(0.5+0.4)*2*(4.25-0.15)》=7.38)*1	7.38
		주근	H19	《10*4.25*1》=42.5+《10*0.38'후크'*1》=3.8	46.3
		대근(상)	H10	《((4.25-0.15)*0.167)/(125/1000)》=5*《(0.5+0.4)*2》=1.8*1	9
		대근(중)	H10	《((4.25-0.15)*0.666)/(250/1000)》=11*《(0.5+0.4)*2》=1.8*1	19.8
		대근(하)	H10	《(((4.25-0.15)*0.167))/(125/1000)》=5*《(0.5+0.4)*2》=1.8*1	9
		보조대근	H10	《(4.25-0.15)/(500/1000)》=8*1.3*1	10.4
3 층	3C2	[비 고]		X : 2, Y : D	
		콘크리트	25-240-15	0.5*0.4*(3.15-0.15)*1	0.6
		거푸집	합판3회	(《(0.5+0.4)*2*(3.15-0.15)》=5.4)*1	5.4
		주근	H19	《10*3.15*1》=31.5+《10*0.38'후크'*1》=3.8	35.3
		대근(상)	H10	《((3.15-0.15)*0.167)/(125/1000)》=4*《(0.5+0.4)*2》=1.8*1	7.2
		대근(중)	H10	《((3.15-0.15)*0.666)/(250/1000)》=8*《(0.5+0.4)*2》=1.8*1	14.4
		대근(하)	H10	《(((3.15-0.15)*0.167))/(125/1000)》=4*《(0.5+0.4)*2》=1.8*1	7.2
		보조대근	H10	《(3.15-0.15)/(500/1000)》=6*1.3*1	7.8
3 층	3C2	[비 고]		X : 3, Y : D	
		콘크리트	25-240-15	0.5*0.4*(3.15-0.15)*1	0.6
		거푸집	합판3회	(《(0.5+0.4)*2*(3.15-0.15)》=5.4)*1	5.4
		주근	H19	《10*3.15*1》=31.5+《10*0.38'후크'*1》=3.8	35.3
		대근(상)	H10	《((3.15-0.15)*0.167)/(125/1000)》=4*《(0.5+0.4)*2》=1.8*1	7.2
		대근(중)	H10	《((3.15-0.15)*0.666)/(250/1000)》=8*《(0.5+0.4)*2》=1.8*1	14.4
		대근(하)	H10	《(((3.15-0.15)*0.167))/(125/1000)》=4*《(0.5+0.4)*2》=1.8*1	7.2
		보조대근	H10	《(3.15-0.15)/(500/1000)》=6*1.3*1	7.8
3 층	3C2	[비 고]		X : 5, Y : D	
		콘크리트	25-240-15	0.5*0.4*(3.15-0.15)*1	0.6

Koreasoft 고려전산(주)

부재별 산출서

[공사명] 석촌동 근린생활시설 [동명] 본동 기둥

층	부 호	명 칭	규 격	산 식	결 과 치
		거푸집	합판3회	(《(0.5+0.4)*2*(3.15-0.15)》 =5.4)*1	5.4
		주근	H19	《10*3.15*1》 =31.5+ 《10*0.38'후크'*1》 =3.8	35.3
		대근(상)	H10	《((3.15-0.15)*0.167)/(125/1000)》 =4* 《(0.5+0.4)*2》 =1.8*1	7.2
		대근(중)	H10	《((3.15-0.15)*0.666)/(250/1000)》 =8* 《(0.5+0.4)*2》 =1.8*1	14.4
		대근(하)	H10	《(((3.15-0.15)*0.167))/(125/1000)》 =4* 《(0.5+0.4)*2》 =1.8*1	7.2
		보조대근	H10	《(3.15-0.15)/(500/1000)》 =6*1.3*1	7.8
3 층	3C2A	[비 고]		X : 3, Y : C	
		콘크리트	25-240-15	0.5*0.4*(4.25-0.15)*1	0.82
		거푸집	합판3회	(《(0.5+0.4)*2*(4.25-0.15)》 =7.38)*1	7.38
		주근	H19	《14*4.25*1》 =59.5+ 《14*0.38'후크'*1》 =5.32	64.8
		대근(상)	H10	《((4.25-0.15)*0.167)/(125/1000)》 =5* 《(0.5+0.4)*2》 =1.8*1	9
		대근(중)	H10	《((4.25-0.15)*0.666)/(250/1000)》 =11* 《(0.5+0.4)*2》 =1.8*1	19.8
		대근(하)	H10	《(((4.25-0.15)*0.167))/(125/1000)》 =5* 《(0.5+0.4)*2》 =1.8*1	9
		보조대근	H10	《(4.25-0.15)/(500/1000)》 =8*1.8*1	14.4

Koreasoft 고려전산(주)

부재별 산출서

[공사명] 석촌동 근린생활시설 [동명] 본동 보

층	부 호	명 칭	규 격	산 식	결 과 치
B1 층	1B1	[비 고]		X : C', Y : 3~4	
		콘크리트	25-240-15	(0.55-0.15)*0.4*7*1	1.12
		거푸집	합판3회	(0.55-0.15)*7*1	2.8
		거푸집	합판3회	(0.55-0.15)*7*1	2.8
		상부주근	H19	《3*7*1》=21+《5*0.97'상부정착'+0*0.97'상부정착'》=4.85	25.9
		상부근 연장	H19	(《3*0.35》=1.05)*1	1.1
		하부주근	H19	《3*7*1》=21+《3*0.75'일반정착'+1*0.75'일반정착'》=3	24
		하부근 연장	H19	(《2*0.35》=0.7)*1	0.7
		1/2근(하부)	H19	2*《7*0.75》=5.25*1	10.5
		1/4근(상부)	H19	《2》=2*《7*0.3》=2.1*1	4.2
		늑근(내단)	H10	《((7*0.25))/(200/1000)+1》=10*《(0.4+0.55)*2》=1.9*1	19
		늑근(중앙)	H10	《(7*0.5)/(300/1000)+1》=13*《(0.4+0.55)*2》=1.9*1	24.7
		늑근(외단)	H10	《(7*0.25)/(200/1000)+1》=10*《(0.4+0.55)*2》=1.9*1	19
B1 층	1B2	[비 고]		X : C', Y : 4~5	
		콘크리트	25-240-15	(0.55-0.15)*0.4*4.9*1	0.784
		거푸집(1)	합판3회	(0.55-0.15)*4.9*1	1.96
		거푸집(2)	합판3회	(0.55-0.15)*4.9*1	1.96
		상부근	H19	《3*4.9*1》=14.7+《0*0.97'상부정착'+3*0.97'상부정착'》=2.91	17.6
		상부근 연장	H19	(《3*0.05》=0.15)*1	0.2
		하부근	H19	《2*4.9*1》=9.8+《0*0.75'일반정착'+2*0.75'일반정착'》=1.5	11.3
		하부근 연장	H19	(《2*0.05》=0.1)*1	0.1
		늑근	H10	《(4.9)/(200/1000)+1》=26*《(0.4+0.55)*2》=1.9*1	49.4
B1 층	1B4	[비 고]		X : D', Y : 1~3	
		콘크리트	25-240-15	(0.55-0.15)*0.4*5.55*1	0.888
		거푸집(1)	합판3회	(0.55-0.15)*5.55*1	2.22
		거푸집(2)	합판3회	(0.55-0.15)*5.55*1	2.22
		상부주근	H19	《4*5.55*1》=22.2+《7*0.97'상부정착'+0*0.97'상부정착'》=6.79	29
		상부근 연장	H19	(《7*0.15》=1.05)*1	1.1
		하부주근	H19	《4*5.55*1》=22.2+《4*0.75'일반정착'+0*0.75'일반정착'》=3	25.2
		하부근 연장	H19	(《4*0.15》=0.6)*1	0.6
		1/2근(하부)	H19	3*《5.55*0.75》=4.163*1	12.5
		1/4근(상부)	H19	《3+3》=6*《5.55*0.3》=1.665*1	10
		늑근(양단)	H10	《((5.55*0.25)+(0/2))/(200/1000)*2+1》=15*《(0.4+0.55)*2》=1	28.5
				.9*1	
		늑근(중앙)	H10	《(5.55*0.5)/(250/1000)+1》=13*《(0.4+0.55)*2》=1.9*1	24.7

Koreasoft 고려전산(주)

부재별 산출서

[공사명] 석촌동 근린생활시설　　　[동명] 본동　　　보

층	부 호	명 칭	규 격	산 식	결 과 치
B1 층	1B4	[비 고]		X : D', Y : 3~4	
		콘크리트	25-240-15	(0.55-0.15)*0.4*7*1	1.12
		거푸집(1)	합판3회	(0.55-0.15)*7*1	2.8
		거푸집(2)	합판3회	(0.55-0.15)*7*1	2.8
		상부주근	H19	4*7*1	28
		상부근 연장	H19	(《7*0.15》=1.05+ 《7*0.35》=2.45)*1	3.5
		하부주근	H19	4*7*1	28
		하부근 연장	H19	(《4*0.15》=0.6+ 《4*0.35》=1.4)*1	2
		1/2근(하부)	H19	3* 《7*0.75》=5.25*1	15.8
		1/4근(상부)	H19	《3+3》=6* 《7*0.3》=2.1*1	12.6
		늑근(양단)	H10	《((7*0.25)+(0/2))/(200/1000)*2+1》=19* 《(0.4+0.55)*2》=1.9*	36.1
				1	
		늑근(중앙)	H10	《(7*0.5)/(250/1000)+1》=15* 《(0.4+0.55)*2》=1.9*1	28.5
B1 층	1B4	[비 고]		X : D', Y : 4~5	
		콘크리트	25-240-15	(0.55-0.15)*0.4*4.9*1	0.784
		거푸집(1)	합판3회	(0.55-0.15)*4.9*1	1.96
		거푸집(2)	합판3회	(0.55-0.15)*4.9*1	1.96
		상부주근	H19	《4*4.9*1》=19.6+ 《0*0.97'상부정착'+7*0.97'상부정착'》=6.79	26.4
		상부근 연장	H19	(《7*0.05》=0.35)*1	0.4
		하부주근	H19	《4*4.9*1》=19.6+ 《0*0.75'일반정착'+4*0.75'일반정착'》=3	22.6
		하부근 연장	H19	(《4*0.05》=0.2)*1	0.2
		1/2근(하부)	H19	3* 《4.9*0.75》=3.675*1	11
		1/4근(상부)	H19	《3+3》=6* 《4.9*0.3》=1.47*1	8.8
		늑근(양단)	H10	《((4.9*0.25)+(0/2))/(200/1000)*2+1》=14* 《(0.4+0.55)*2》=1.	26.6
				9*1	
		늑근(중앙)	H10	《(4.9*0.5)/(250/1000)+1》=11* 《(0.4+0.55)*2》=1.9*1	20.9
B1 층	1B5	[비 고]		X : B, Y : 1~2	
		콘크리트	25-240-15	(0.55-0.15)*0.4*2.5*1	0.4
		거푸집(1)	합판3회	(0.55-0.15)*2.5*1	1
		거푸집(2)	합판3회	(0.55-0.15)*2.5*1	1
		상부근	H19	《5*2.5*1》=12.5+ 《5*0.97'상부정착'+5*0.97'상부정착'》=9.7	22.2
		하부근	H19	《5*2.5*1》=12.5+ 《5*0.75'일반정착'+5*0.75'일반정착'》=7.5	20
		늑근	H13	《(2.5)/(250/1000)+1》=11* 《(0.4+0.55)*2》=1.9*1	20.9
B1 층	1G1	[비 고]		X : D, Y : 3~4	
		콘크리트	25-240-15	(0.55-0.15)*0.4*7*1	1.12

Koreasoft 고려전산(주)

부재별 산출서

[공사명] 석촌동 근린생활시설 [동명] 본동 보

층	부 호	명 칭	규 격	산 식	결 과 치
		거푸집(1)	합판3회	(0.55-0.15)*7*1	2.8
		거푸집(2)	합판3회	(0.55-0.15)*7*1	2.8
		상부주근	H19	《3*7*1》=21+《5*0.97'상부정착'+2*0.97'상부정착'》=6.79	27.8
		상부근 연장	H19	(《3*0.35》=1.05)*1	1.1
		하부주근	H19	《3*7*1》=21+《3*0.75'일반정착'+1*0.75'일반정착'》=3	24
		하부근 연장	H19	(《2*0.35》=0.7)*1	0.7
		1/2근(하부)	H19	2*《7*0.75》=5.25*1	10.5
		1/4근(상부)	H19	《2+2》=4*《7*0.3》=2.1*1	8.4
		늑근(양단)	H10	《((7*0.25)+(0/2))/(200/1000)*2+1》=19*《(0.4+0.55)*2》=1.9*	36.1
				1	
		늑근(중앙)	H10	《(7*0.5)/(300/1000)+1》=13*《(0.4+0.55)*2》=1.9*1	24.7
B1 층	1G1	[비 고]		X : B, Y : 3¯4	
		콘크리트	25-240-15	(0.55-0.15)*0.4*7*1	1.12
		거푸집(1)	합판3회	(0.55-0.15)*7*1	2.8
		거푸집(2)	합판3회	(0.55-0.15)*7*1	2.8
		상부주근	H19	《3*7*1》=21+《2*0.97'상부정착'+2*0.97'상부정착'》=3.88	24.9
		상부근 연장	H19	(《3*0.15》=0.45+《3*0.35》=1.05)*1	1.5
		하부주근	H19	《3*7*1》=21+《1*0.75'일반정착'+1*0.75'일반정착'》=1.5	22.5
		하부근 연장	H19	(《2*0.15》=0.3+《2*0.35》=0.7)*1	1
		1/2근(하부)	H19	2*《7*0.75》=5.25*1	10.5
		1/4근(상부)	H19	《2+2》=4*《7*0.3》=2.1*1	8.4
		늑근(양단)	H10	《((7*0.25)+(0/2))/(200/1000)*2+1》=19*《(0.4+0.55)*2》=1.9*	36.1
				1	
		늑근(중앙)	H10	《(7*0.5)/(300/1000)+1》=13*《(0.4+0.55)*2》=1.9*1	24.7
B1 층	1G1	[비 고]		X : C, Y : 3¯4	
		콘크리트	25-240-15	(0.55-0.15)*0.4*7*1	1.12
		거푸집(1)	합판3회	(0.55-0.15)*7*1	2.8
		거푸집(2)	합판3회	(0.55-0.15)*7*1	2.8
		상부주근	H19	《3*7*1》=21+《5*0.97'상부정착'+2*0.97'상부정착'》=6.79	27.8
		상부근 연장	H19	(《3*0.35》=1.05)*1	1.1
		하부주근	H19	《3*7*1》=21+《3*0.75'일반정착'+1*0.75'일반정착'》=3	24
		하부근 연장	H19	(《2*0.35》=0.7)*1	0.7
		1/2근(하부)	H19	2*《7*0.75》=5.25*1	10.5
		1/4근(상부)	H19	《2+2》=4*《7*0.3》=2.1*1	8.4
		늑근(양단)	H10	《((7*0.25)+(0/2))/(200/1000)*2+1》=19*《(0.4+0.55)*2》=1.9*	36.1
				1	

Koreasoft 고려전산(주)

부재별 산출서

[공사명] 석촌동 근린생활시설 [동명] 본동 보

층	부 호	명 칭	규 격	산 식	결 과 치
		늑근(중앙)	H10	《(7*0.5)/(300/1000)+1》=13*《(0.4+0.55)*2》=1.9*1	24.7
B1 층	1G2	[비 고]		X : C, Y : 4~5	
		콘크리트	25-240-15	(0.55-0.15)*0.4*4.7*1	0.752
		거푸집(1)	합판3회	(0.55-0.15)*4.7*1	1.88
		거푸집(2)	합판3회	(0.55-0.15)*4.7*1	1.88
		상부근	H19	《3*4.7*1》=14.1+《0*0.97'상부정착'+3*0.97'상부정착'》=2.91	17
		상부근 연장	H19	(《3*0.05》=0.15)*1	0.2
		하부근	H19	《2*4.7*1》=9.4+《0*0.75'일반정착'+2*0.75'일반정착'》=1.5	10.9
		하부근 연장	H19	(《2*0.05》=0.1)*1	0.1
		늑근	H10	《(4.7)/(200/1000)+1》=25*《(0.4+0.55)*2》=1.9*1	47.5
B1 층	1G2	[비 고]		X : D, Y : 4~5	
		콘크리트	25-240-15	(0.55-0.15)*0.4*4.7*1	0.752
		거푸집(1)	합판3회	(0.55-0.15)*4.7*1	1.88
		거푸집(2)	합판3회	(0.55-0.15)*4.7*1	1.88
		상부근	H19	《3*4.7*1》=14.1+《0*0.97'상부정착'+3*0.97'상부정착'》=2.91	17
		상부근 연장	H19	(《3*0.05》=0.15)*1	0.2
		하부근	H19	《2*4.7*1》=9.4+《0*0.75'일반정착'+2*0.75'일반정착'》=1.5	10.9
		하부근 연장	H19	(《2*0.05》=0.1)*1	0.1
		늑근	H10	《(4.7)/(200/1000)+1》=25*《(0.4+0.55)*2》=1.9*1	47.5
B1 층	1G2	[비 고]		X : B, Y : 4~5	
		콘크리트	25-240-15	(0.55-0.15)*0.4*4.7*1	0.752
		거푸집(1)	합판3회	(0.55-0.15)*4.7*1	1.88
		거푸집(2)	합판3회	(0.55-0.15)*4.7*1	1.88
		상부근	H19	《3*4.7*1》=14.1+《0*0.97'상부정착'+3*0.97'상부정착'》=2.91	17
		상부근 연장	H19	(《3*0.05》=0.15)*1	0.2
		하부근	H19	《2*4.7*1》=9.4+《0*0.75'일반정착'+2*0.75'일반정착'》=1.5	10.9
		하부근 연장	H19	(《2*0.05》=0.1)*1	0.1
		늑근	H10	《(4.7)/(200/1000)+1》=25*《(0.4+0.55)*2》=1.9*1	47.5
B1 층	1G2	[비 고]		X : C~B, Y : 4	
		콘크리트	25-240-15	(0.55-0.15)*0.4*2.8*1	0.448
		거푸집(1)	합판3회	(0.55-0.15)*2.8*1	1.12
		거푸집(2)	합판3회	(0.55-0.15)*2.8*1	1.12
		상부근	H19	3*2.8*1	8.4
		상부근 연장	H19	(《3*0.05》=0.15+《3*0.45》=1.35)*1	1.5
		하부근	H19	2*2.8*1	5.6

Koreasoft 고려전산(주)

부재별 산출서

[공사명] 석촌동 근린생활시설　　[동명] 본동　　보

층	부 호	명 칭	규 격	산 식	결 과 치
		하부근 연장	H19	(《2*0.05》 =0.1+ 《2*0.45》 =0.9)*1	1
		늑근	H10	《(2.8)/(200/1000)+1》 =15* 《(0.4+0.55)*2》 =1.9*1	28.5
B1 층	1G3	[비 고]		X : D‾C, Y : 4	
		콘크리트	25-240-15	(0.55-0.15)*0.4*6*1	0.96
		거푸집(1)	합판3회	(0.55-0.15)*6*1	2.4
		거푸집(2)	합판3회	(0.55-0.15)*6*1	2.4
		상부주근	H19	《3*6*1》 =18+ 《0*0.97'상부정착'+6*0.97'상부정착'》 =5.82	23.8
		상부근 연장	H19	(《9*0.45》 =4.05+ 《3*0.45》 =1.35)*1	5.4
		하부주근	H19	《3*6*1》 =18+ 《0*0.75'일반정착'+1*0.75'일반정착'》 =0.75	18.8
		하부근 연장	H19	(《3*0.45》 =1.35+ 《2*0.45》 =0.9)*1	2.3
		1/2근(하부)	H19	6* 《6*0.75》 =4.5*1	27
		1/4근(상부)	H19	《6+6》 =12* 《6*0.3》 =1.8*1	21.6
		늑근(양단)	H10	《((6*0.25)+(0/2))/(150/1000)*2+1》 =21* 《(0.4+0.55)*2》 =1.9*	39.9
				1	
		늑근(중앙)	H10	《(6*0.5)/(200/1000)+1》 =16* 《(0.4+0.55)*2》 =1.9*1	30.4
B1 층	1G3	[비 고]		X : D‾C, Y : 3	
		콘크리트	25-240-15	(0.55-0.15)*0.4*6*1	0.96
		거푸집(1)	합판3회	(0.55-0.15)*6*1	2.4
		거푸집(2)	합판3회	(0.55-0.15)*6*1	2.4
		상부주근	H19	《3*6*1》 =18+ 《6*0.97'상부정착'+6*0.97'상부정착'》 =11.64	29.6
		상부근 연장	H19	(《3*0.45》 =1.35+ 《3*0.45》 =1.35)*1	2.7
		하부주근	H19	《3*6*1》 =18+ 《1*0.75'일반정착'+1*0.75'일반정착'》 =1.5	19.5
		하부근 연장	H19	(《2*0.45》 =0.9+ 《2*0.45》 =0.9)*1	1.8
		1/2근(하부)	H19	6* 《6*0.75》 =4.5*1	27
		1/4근(상부)	H19	《6+6》 =12* 《6*0.3》 =1.8*1	21.6
		늑근(양단)	H10	《((6*0.25)+(0/2))/(150/1000)*2+1》 =21* 《(0.4+0.55)*2》 =1.9*	39.9
				1	
		늑근(중앙)	H10	《(6*0.5)/(200/1000)+1》 =16* 《(0.4+0.55)*2》 =1.9*1	30.4
B1 층	1G3A	[비 고]		X : E‾D, Y : 4	
		콘크리트	25-240-15	(0.55-0.15)*0.4*4.65*1	0.744
		거푸집(1)	합판3회	(0.55-0.15)*4.65*1	1.86
		거푸집(2)	합판3회	(0.55-0.15)*4.65*1	1.86
		상부주근	H19	《3*4.65*1》 =14+ 《9*0.97'상부정착'+0*0.97'상부정착'》 =8.73	22.7
		상부근 연장	H19	(《9*0.05》 =0.45)*1	0.5
		하부주근	H19	《3*4.65*1》 =14+ 《3*0.75'일반정착'+0*0.75'일반정착'》 =2.25	16.3

Koreasoft 고려전산(주)

부재별 산출서

[공사명] 석촌동 근린생활시설 [동명] 본동 보

층	부 호	명 칭	규 격	산 식	결 과 치
		하부근 연장	H19	(《3*0.05》 =0.15)*1	0.2
		1/2근(하부)	H19	6* 《4.65*0.75》 =3.488*1	20.9
		1/4근(상부)	H19	《6+6》 =12* 《4.65*0.3》 =1.395*1	16.7
		늑근(양단)	H13	《((4.65*0.25)+(0/2))/(150/1000)*2+1》 =17* 《(0.4+0.55)*2》 =1	32.3
				.9*1	
		늑근(중앙)	H13	《(4.65*0.5)/(200/1000)+1》 =13* 《(0.4+0.55)*2》 =1.9*1	24.7
		수직보조늑근(양	H13	《((4.65*0.25)+(0/2))/(150/1000)*2+1》 =17* 《0.55*1》 =0.55*1	9.4
		수평보조늑근(양	H13	《((4.65*0.25)+(0/2))/(450/1000)*2+1》 =7* 《0.4*1》 =0.4*1	2.8
		수직보조늑근(중	H13	《(4.65*0.5)/(200/1000)+1》 =13* 《0.55*1》 =0.55*1	7.2
		수평보조늑근(중	H13	《(4.65*0.5)/(600/1000)+1》 =5* 《0.4*1》 =0.4*1	2
B1 층	1G4	[비 고]		X : C¯B, Y : 3	
		콘크리트	25-240-15	(0.3-0.15)*0.375*2.8*1	0.158
		거푸집(1)	합판3회	(0.3-0.15)*2.8*1	0.42
		거푸집(2)	합판3회	(0.3-0.15)*2.8*1	0.42
		상부근	H19	3*2.8*1	8.4
		상부근 연장	H19	(《3*0.05》 =0.15+ 《3*0.45》 =1.35)*1	1.5
		하부근	H19	2*2.8*1	5.6
		하부근 연장	H19	(《2*0.05》 =0.1+ 《2*0.45》 =0.9)*1	1
		늑근	H10	《(2.8)/(250/1000)+1》 =13* 《(0.375+0.3)*2》 =1.35*1	17.6
B1 층	1G4	[비 고]		X : B¯A, Y : 4	
		콘크리트	25-240-15	(0.3-0.15)*0.375*1.2*1	0.068
		거푸집(1)	합판3회	(0.3-0.15)*1.2*1	0.18
		거푸집(2)	합판3회	(0.3-0.15)*1.2*1	0.18
		상부근	H19	《3*1.2*1》 =3.6+ 《0*0.97'상부정착'+3*0.97'상부정착'》 =2.91	6.5
		상부근 연장	H19	(《3*0.05》 =0.15)*1	0.2
		하부근	H19	《2*1.2*1》 =2.4+ 《0*0.75'일반정착'+2*0.75'일반정착'》 =1.5	3.9
		하부근 연장	H19	(《2*0.05》 =0.1)*1	0.1
		늑근	H10	《(1.2)/(250/1000)+1》 =6* 《(0.375+0.3)*2》 =1.35*1	8.1
B1 층	1G4	[비 고]		X : B¯A, Y : 3	
		콘크리트	25-240-15	(0.3-0.15)*0.375*1.2*1	0.068
		거푸집(1)	합판3회	(0.3-0.15)*1.2*1	0.18
		거푸집(2)	합판3회	(0.3-0.15)*1.2*1	0.18
		상부근	H19	《3*1.2*1》 =3.6+ 《0*0.97'상부정착'+3*0.97'상부정착'》 =2.91	6.5
		상부근 연장	H19	(《3*0.05》 =0.15)*1	0.2
		하부근	H19	《2*1.2*1》 =2.4+ 《0*0.75'일반정착'+2*0.75'일반정착'》 =1.5	3.9

Koreasoft 고려전산(주)

부재별 산출서

[공사명] 석촌동 근린생활시설　　[동명] 본동　　보

층	부 호	명 칭	규 격	산 식	결 과 치
		하부근 연장	H19	(《2*0.05》 =0.1)*1	0.1
		늑근	H10	《(1.2)/(250/1000)+1》 =6* 《(0.375+0.3)*2》 =1.35*1	8.1
B1 층	1G4	[비 고]		X : B, Y : 2~3	
		콘크리트	25-240-15	(0.3-0.15)*0.375*2.25*1	0.127
		거푸집(1)	합판3회	(0.3-0.15)*2.25*1	0.34
		거푸집(2)	합판3회	(0.3-0.15)*2.25*1	0.34
		상부근	H19	《3*2.25*1》 =6.8+ 《3*0.97'상부정착'+0*0.97'상부정착'》 =2.91	9.7
		상부근 연장	H19	(《3*0.25》 =0.75)*1	0.8
		하부근	H19	《2*2.25*1》 =4.5+ 《2*0.75'일반정착'+0*0.75'일반정착'》 =1.5	6
		하부근 연장	H19	(《2*0.25》 =0.5)*1	0.5
		늑근	H10	《(2.25)/(250/1000)+1》 =10* 《(0.375+0.3)*2》 =1.35*1	13.5
B1 층	1WG1	[비 고]		X : B~A, Y : 5	
		콘크리트	25-240-15	(0.55-0.15)*0.3*1.2*1	0.144
		거푸집(1)	합판3회	(0.55-0.15)*1.2*1	0.48
		거푸집(2)	합판3회	(0.55-0.15)*1.2*1	0.48
		상부근	H19	《3*1.2*1》 =3.6+ 《0*0.97'상부정착'+3*0.97'상부정착'》 =2.91	6.5
		상부근 연장	H19	(《3*0.05》 =0.15)*1	0.2
		하부근	H19	《2*1.2*1》 =2.4+ 《0*0.75'일반정착'+2*0.75'일반정착'》 =1.5	3.9
		하부근 연장	H19	(《2*0.05》 =0.1)*1	0.1
		늑근	H10	《(1.2)/(250/1000)+1》 =6* 《(0.3+0.55)*2》 =1.7*1	10.2
B1 층	1WG1	[비 고]		X : E, Y : 3~4	
		콘크리트	25-240-15	(0.55-0.15)*0.3*7*1	0.84
		거푸집(1)	합판3회	(0.55-0.15)*7*1	2.8
		거푸집(2)	합판3회	(0.55-0.15)*7*1	2.8
		상부근	H19	《3*7*1》 =21+ 《3*0.97'상부정착'+0*0.97'상부정착'》 =2.91	23.9
		상부근 연장	H19	(《3*0.35》 =1.05)*1	1.1
		하부근	H19	《2*7*1》 =14+ 《2*0.75'일반정착'+0*0.75'일반정착'》 =1.5	15.5
		하부근 연장	H19	(《2*0.35》 =0.7)*1	0.7
		늑근	H10	《(7)/(250/1000)+1》 =29* 《(0.3+0.55)*2》 =1.7*1	49.3
B1 층	1WG1	[비 고]		X : E, Y : 4~5	
		콘크리트	25-240-15	(0.55-0.15)*0.3*4.7*1	0.564
		거푸집(1)	합판3회	(0.55-0.15)*4.7*1	1.88
		거푸집(2)	합판3회	(0.55-0.15)*4.7*1	1.88
		상부근	H19	《3*4.7*1》 =14.1+ 《0*0.97'상부정착'+3*0.97'상부정착'》 =2.91	17
		상부근 연장	H19	(《3*0.05》 =0.15)*1	0.2

Koreasoft 고려전산(주)

부재별 산출서

[공사명] 석촌동 근린생활시설 [동명] 본동 보

층	부 호	명 칭	규 격	산 식	결 과 치
		하부근	H19	《2*4.7*1》=9.4+《0*0.75'일반정착'+2*0.75'일반정착'》=1.5	10.9
		하부근 연장	H19	(《2*0.05》=0.1)*1	0.1
		늑근	H10	《(4.7)/(250/1000)+1》=20*《(0.3+0.55)*2》=1.7*1	34
B1 층	1WG1	[비 고]		X : E~D, Y : 3	
		콘크리트	25-240-15	(0.55-0.15)*0.3*3.99*1	0.479
		거푸집(1)	합판3회	(0.55-0.15)*3.99*1	1.6
		거푸집(2)	합판3회	(0.55-0.15)*3.99*1	1.6
		상부근	H19	《3*3.99*1》=12+《3*0.97'상부정착'+0*0.97'상부정착'》=2.91	14.9
		상부근 연장	H19	(《3*0.05》=0.15)*1	0.2
		하부근	H19	《2*3.99*1》=8+《2*0.75'일반정착'+0*0.75'일반정착'》=1.5	9.5
		하부근 연장	H19	(《2*0.05》=0.1)*1	0.1
		늑근	H10	《(3.99)/(250/1000)+1》=17*《(0.3+0.55)*2》=1.7*1	28.9
B1 층	1WG1	[비 고]		X : A, Y : 2~5	
		콘크리트	25-240-15	(0.55-0.15)*0.3*15.4*1	1.848
		거푸집(1)	합판3회	(0.55-0.15)*15.4*1	6.16
		거푸집(2)	합판3회	(0.55-0.15)*15.4*1	6.16
		상부근	H19	《《3*15.4*1》=46.2+《0*0.97'상부정착'+3*0.97'상부정착'》=2.	52.9
				91》=49.1+《3*1*1.27'상부이음'*1》=3.81	
		하부근	H19	《《2*15.4*1》=30.8+《0*0.75'일반정착'+2*0.75'일반정착'》=1.	34.3
				5》=32.3+《2*1*0.98'일반이음'*1》=1.96	
		늑근	H10	《(15.4)/(250/1000)+1》=63*《(0.3+0.55)*2》=1.7*1	107.1
B1 층	1WG1	[비 고]		X : D~E, Y : 1	
		콘크리트	25-240-15	(0.55-0.15)*0.3*4.2*1	0.504
		거푸집(1)	합판3회	(0.55-0.15)*4.2*1	1.68
		거푸집(2)	합판3회	(0.55-0.15)*4.2*1	1.68
		상부근	H19	《3*4.2*1》=12.6+《3*0.97'상부정착'+3*0.97'상부정착'》=5.82	18.4
		하부근	H19	《2*4.2*1》=8.4+《2*0.75'일반정착'+2*0.75'일반정착'》=3	11.4
		늑근	H10	《(4.2)/(250/1000)+1》=18*《(0.3+0.55)*2》=1.7*1	30.6
B1 층	1WG1	[비 고]		X : D, Y : 1~2	
		콘크리트	25-240-15	(0.55-0.15)*0.3*2.95*1	0.354
		거푸집(1)	합판3회	(0.55-0.15)*2.95*1	1.18
		거푸집(2)	합판3회	(0.55-0.15)*2.95*1	1.18
		상부근	H19	《3*2.95*1》=8.9+《3*0.97'상부정착'+3*0.97'상부정착'》=5.82	14.7
		하부근	H19	《2*2.95*1》=5.9+《2*0.75'일반정착'+2*0.75'일반정착'》=3	8.9
		늑근	H10	《(2.95)/(250/1000)+1》=13*《(0.3+0.55)*2》=1.7*1	22.1

Koreasoft 고려전산(주)

부재별 산출서

[공사명] 석촌동 근린생활시설　　[동명] 본동　　보

층	부 호	명 칭	규 격	산 식	결 과 치
B1 층	1WG1	[비 고]		X : D, Y : 0~1	
		콘크리트	25-240-15	(0.55-0.15)*0.3*3.55*1	0.426
		거푸집(1)	합판3회	(0.55-0.15)*3.55*1	1.42
		거푸집(2)	합판3회	(0.55-0.15)*3.55*1	1.42
		상부근	H19	《3*3.55*1》=10.7+《3*0.97'상부정착'+3*0.97'상부정착'》=5.82	16.5
		하부근	H19	《2*3.55*1》=7.1+《2*0.75'일반정착'+2*0.75'일반정착'》=3	10.1
		늑근	H10	《(3.55)/(250/1000)+1》=16*《(0.3+0.55)*2》=1.7*1	27.2
B1 층	1WG1	[비 고]		X : E~D, Y : 5	
		콘크리트	25-240-15	(0.55-0.15)*0.3*4.65*1	0.558
		거푸집(1)	합판3회	(0.55-0.15)*4.65*1	1.86
		거푸집(2)	합판3회	(0.55-0.15)*4.65*1	1.86
		상부근	H19	《3*4.65*1》=14+《3*0.97'상부정착'+0*0.97'상부정착'》=2.91	16.9
		상부근 연장	H19	(《3*0.05》=0.15)*1	0.2
		하부근	H19	《2*4.65*1》=9.3+《2*0.75'일반정착'+0*0.75'일반정착'》=1.5	10.8
		하부근 연장	H19	(《2*0.05》=0.1)*1	0.1
		늑근	H10	《(4.65)/(250/1000)+1》=20*《(0.3+0.55)*2》=1.7*1	34
B1 층	1WG1	[비 고]		X : D~C, Y : 5	
		콘크리트	25-240-15	(0.55-0.15)*0.3*6*1	0.72
		거푸집(1)	합판3회	(0.55-0.15)*6*1	2.4
		거푸집(2)	합판3회	(0.55-0.15)*6*1	2.4
		상부근	H19	3*6*1	18
		상부근 연장	H19	(《3*0.45》=1.35+《3*0.45》=1.35)*1	2.7
		하부근	H19	2*6*1	12
		하부근 연장	H19	(《2*0.45》=0.9+《2*0.45》=0.9)*1	1.8
		늑근	H10	《(6)/(250/1000)+1》=25*《(0.3+0.55)*2》=1.7*1	42.5
B1 층	1WG1	[비 고]		X : C', Y : 1~3	
		콘크리트	25-240-15	(0.55-0.15)*0.3*5.3*1	0.636
		거푸집(1)	합판3회	(0.55-0.15)*5.3*1	2.12
		거푸집(2)	합판3회	(0.55-0.15)*5.3*1	2.12
		상부근	H19	《3*5.3*1》=15.9+《3*0.97'상부정착'+3*0.97'상부정착'》=5.82	21.7
		하부근	H19	《2*5.3*1》=10.6+《2*0.75'일반정착'+2*0.75'일반정착'》=3	13.6
		늑근	H10	《(5.3)/(250/1000)+1》=23*《(0.3+0.55)*2》=1.7*1	39.1
B1 층	1WG1	[비 고]		X : C', Y : 0~1	
		콘크리트	25-240-15	(0.55-0.2)*0.3*4.78*1	0.502
		거푸집(1)	합판3회	(0.55-0.2)*4.78*1	1.67

Koreasoft 고려전산(주)

부재별 산출서

[공사명] 석촌동 근린생활시설 [동명] 본동 보

층	부 호	명 칭	규 격	산 식	결 과 치
		거푸집(2)	합판3회	(0.55-0.2)*4.78*1	1.67
		상부근	H19	《3*4.78*1》=14.3+《3*0.97'상부정착'+3*0.97'상부정착'》=5.82	20.1
		하부근	H19	《2*4.78*1》=9.6+《2*0.75'일반정착'+2*0.75'일반정착'》=3	12.6
		늑근	H10	《(4.78)/(250/1000)+1》=21*《(0.3+0.55)*2》=1.7*1	35.7
B1 층	1WG1	[비 고]		X : C~B, Y : 5	
		콘크리트	25-240-15	(0.55-0.15)*0.3*2.8*1	0.336
		거푸집(1)	합판3회	(0.55-0.15)*2.8*1	1.12
		거푸집(2)	합판3회	(0.55-0.15)*2.8*1	1.12
		상부근	H19	3*2.8*1	8.4
		상부근 연장	H19	(《3*0.05》=0.15+《3*0.45》=1.35)*1	1.5
		하부근	H19	2*2.8*1	5.6
		하부근 연장	H19	(《2*0.05》=0.1+《2*0.45》=0.9)*1	1
		늑근	H10	《(2.8)/(250/1000)+1》=13*《(0.3+0.55)*2》=1.7*1	22.1
B1 층	1WG2	[비 고]		X : A, Y : 1~2	
		콘크리트	25-240-15	(0.55-0.2)*0.4*3.4*1	0.476
		거푸집(1)	합판3회	(0.55-0.2)*3.4*1	1.19
		거푸집(2)	합판3회	(0.55-0.2)*3.4*1	1.19
		상부근	H19	《3*3.4*1》=10.2+《3*0.97'상부정착'+0*0.97'상부정착'》=2.91	13.1
		하부근	H19	《3*3.4*1》=10.2+《3*0.75'일반정착'+1*0.75'일반정착'》=3	13.2
		늑근	H10	《(3.4)/(250/1000)+1》=15*《(0.4+0.55)*2》=1.9*1	28.5
B1 층	1WG2	[비 고]		X : E, Y : 1~3	
		콘크리트	25-240-15	(0.55-0.15)*0.4*5.76*1	0.922
		거푸집(1)	합판3회	(0.55-0.15)*5.76*1	2.3
		거푸집(2)	합판3회	(0.55-0.15)*5.76*1	2.3
		상부근	H19	《3*5.76*1》=17.3+《3*0.97'상부정착'+3*0.97'상부정착'》=5.82	23.1
		하부근	H19	《3*5.76*1》=17.3+《3*0.75'일반정착'+3*0.75'일반정착'》=4.5	21.8
		늑근	H10	《(5.76)/(250/1000)+1》=25*《(0.4+0.55)*2》=1.9*1	47.5
B1 층	1WG2	[비 고]		X : E, Y : 0~1	
		콘크리트	25-240-15	(0.55-0.15)*0.4*3.55*1	0.568
		거푸집(1)	합판3회	(0.55-0.15)*3.55*1	1.42
		거푸집(2)	합판3회	(0.55-0.15)*3.55*1	1.42
		상부근	H19	《3*3.55*1》=10.7+《3*0.97'상부정착'+3*0.97'상부정착'》=5.82	16.5
		하부근	H19	《3*3.55*1》=10.7+《3*0.75'일반정착'+3*0.75'일반정착'》=4.5	15.2
		늑근	H10	《(3.55)/(250/1000)+1》=16*《(0.4+0.55)*2》=1.9*1	30.4
B1 층	1WG2	[비 고]		X : D~E, Y : 0	

부재별 산출서

[공사명] 석촌동 근린생활시설 [동명] 본동 보

층	부 호	명 칭	규 격	산 식	결 과 치
		콘크리트	25-240-15	(0.55-0.15)*0.4*4.8*1	0.768
		거푸집(1)	합판3회	(0.55-0.15)*4.8*1	1.92
		거푸집(2)	합판3회	(0.55-0.15)*4.8*1	1.92
		상부근	H19	《3*4.8*1》=14.4+《3*0.97'상부정착'+3*0.97'상부정착'》=5.82	20.2
		하부근	H19	《3*4.8*1》=14.4+《3*0.75'일반정착'+3*0.75'일반정착'》=4.5	18.9
		늑근	H10	《(4.8)/(250/1000)+1》=21*《(0.4+0.55)*2》=1.9*1	39.9
B1 층	1WG2	[비 고]		X : C'¯C, Y : 0	
		콘크리트	25-240-15	(0.55-0.15)*0.4*2*1	0.32
		거푸집(1)	합판3회	(0.55-0.15)*2*1	0.8
		거푸집(2)	합판3회	(0.55-0.15)*2*1	0.8
		상부근	H19	《3*2*1》=6+《3*0.97'상부정착'+3*0.97'상부정착'》=5.82	11.8
		하부근	H19	《3*2*1》=6+《3*0.75'일반정착'+3*0.75'일반정착'》=4.5	10.5
		늑근	H10	《(2)/(250/1000)+1》=9*《(0.4+0.55)*2》=1.9*1	17.1
B1 층	1WG2	[비 고]		X : C¯A, Y : 0	
		콘크리트	25-240-15	(0.55-0.15)*0.4*6.28*1	1.005
		거푸집(1)	합판3회	(0.55-0.15)*6.28*1	2.51
		거푸집(2)	합판3회	(0.55-0.15)*6.28*1	2.51
		상부근	H19	《3*6.28*1》=18.8+《3*0.97'상부정착'+3*0.97'상부정착'》=5.82	24.6
		하부근	H19	《3*6.28*1》=18.8+《3*0.75'일반정착'+3*0.75'일반정착'》=4.5	23.3
		늑근	H10	《(6.28)/(250/1000)+1》=27*《(0.4+0.55)*2》=1.9*1	51.3
B1 층	B3/3400	[비 고]		X : C'¯C, Y : 2	
		콘크리트	25-240-15	(1.3-0.15)*0.2*1.7*1	0.391
		거푸집(1)	합판3회	(1.3-0.15)*1.7*1	1.96
		거푸집(2)	합판3회	(1.3-0.15)*1.7*1	1.96
		상부근	H16	《2*1.7*1》=3.4+《2*0.82'상부정착'+2*0.82'상부정착'》=3.28	6.7
		하부근	H16	《2*1.7*1》=3.4+《2*0.63'일반정착'+2*0.63'일반정착'》=2.52	5.9
		늑근	H10	《(1.7)/(150/1000)+1》=13*《(0.2+1.3)*2》=3*1	39
		보조근(1)	H10	《12*1.7*1》=20.4+《12*0.4'일반정착'+12*0.4'일반정착'》=9.6	30

Koreasoft 고려전산(주)

부재별 산출서

[공사명] 석촌동 근린생활시설 [동명] 본동 보

층	부 호	명 칭	규 격	산 식	결 과 치
1 층	2B1	[비 고]		X : C', Y : 3‾4	
		콘크리트	25-240-15	(0.55-0.15)*0.4*7*1	1.12
		거푸집	합판3회	(0.55-0.15)*7*1	2.8
		거푸집	합판3회	(0.55-0.15)*7*1	2.8
		상부주근	H19	《3*7*1》=21+《5*0.97'상부정착'+0*0.97'상부정착'》=4.85	25.9
		상부근 연장	H19	(《3*0.35》=1.05)*1	1.1
		하부주근	H19	《3*7*1》=21+《3*0.75'일반정착'+1*0.75'일반정착'》=3	24
		하부근 연장	H19	(《2*0.35》=0.7)*1	0.7
		1/2근(하부)	H19	2*《7*0.75》=5.25*1	10.5
		1/4근(상부)	H19	《2》=2*《7*0.3》=2.1*1	4.2
		늑근(내단)	H10	《((7*0.25))/(200/1000)+1》=10*《(0.4+0.55)*2》=1.9*1	19
		늑근(중앙)	H10	《(7*0.5)/(300/1000)+1》=13*《(0.4+0.55)*2》=1.9*1	24.7
		늑근(외단)	H10	《(7*0.25)/(200/1000)+1》=10*《(0.4+0.55)*2》=1.9*1	19
1 층	2B2	[비 고]		X : C', Y : 4‾5	
		콘크리트	25-240-15	(0.55-0.15)*0.4*4.9*1	0.784
		거푸집(1)	합판3회	(0.55-0.15)*4.9*1	1.96
		거푸집(2)	합판3회	(0.55-0.15)*4.9*1	1.96
		상부근	H19	《3*4.9*1》=14.7+《0*0.97'상부정착'+3*0.97'상부정착'》=2.91	17.6
		상부근 연장	H19	(《3*0.05》=0.15)*1	0.2
		하부근	H19	《2*4.9*1》=9.8+《0*0.75'일반정착'+2*0.75'일반정착'》=1.5	11.3
		하부근 연장	H19	(《2*0.05》=0.1)*1	0.1
		늑근	H10	《(4.9)/(200/1000)+1》=26*《(0.4+0.55)*2》=1.9*1	49.4
1 층	2CG1	[비 고]		X : E‾D, Y : 3	
		콘크리트	25-240-15	(0.55-0.15)*0.4*1.3*1	0.208
		거푸집	합판3회	(0.55-0.15)*1.3*1	0.52
		거푸집	합판3회	(0.55-0.15)*1.3*1	0.52
		상부주근	H19	《3*1.3*1》=3.9+《6*0.97'상부정착'+3*0.97'상부정착'》=8.73	12.6
		하부주근	H19	《3*1.3*1》=3.9+《3*0.75'일반정착'+3*0.75'일반정착'》=4.5	8.4
		3/4근(상부)	H19	《1》=1*《1.3*0.875》=1.138*1	1.1
		1/4근(상부)	H19	《2》=2*《1.3*0.3》=0.39*1	0.8
		늑근(내단)	H10	《((1.3*0.25))/(250/1000)+1》=3*《(0.4+0.55)*2》=1.9*1	5.7
		늑근(중앙)	H10	《(1.3*0.5)/(250/1000)+1》=4*《(0.4+0.55)*2》=1.9*1	7.6
		늑근(외단)	H10	《(1.3*0.25)/(250/1000)+1》=3*《(0.4+0.55)*2》=1.9*1	5.7
1 층	2CG1	[비 고]		X : E‾D, Y : 4	
		콘크리트	25-240-15	(0.55-0.15)*0.4*1.3*1	0.208

Koreasoft 고려전산(주)

부재별 산출서

[공사명] 석촌동 근린생활시설　　　　[동명] 본동　　　　보

층	부 호	명 칭	규 격	산 식	결 과 치
		거푸집	합판3회	(0.55-0.15)*1.3*1	0.52
		거푸집	합판3회	(0.55-0.15)*1.3*1	0.52
		상부주근	H19	《3*1.3*1》=3.9+《6*0.97'상부정착'+0*0.97'상부정착'》=5.82	9.7
		상부근 연장	H19	(《3*0.05》=0.15)*1	0.2
		하부주근	H19	《3*1.3*1》=3.9+《3*0.75'일반정착'+0*0.75'일반정착'》=2.25	6.2
		하부근 연장	H19	(《3*0.05》=0.15)*1	0.2
		3/4근(상부)	H19	《1》=1*《1.3*0.875》=1.138*1	1.1
		1/4근(상부)	H19	《2》=2*《1.3*0.3》=0.39*1	0.8
		늑근(내단)	H10	《((1.3*0.25))/(250/1000)+1》=3*《(0.4+0.55)*2》=1.9*1	5.7
		늑근(중앙)	H10	《(1.3*0.5)/(250/1000)+1》=4*《(0.4+0.55)*2》=1.9*1	7.6
		늑근(외단)	H10	《(1.3*0.25)/(250/1000)+1》=3*《(0.4+0.55)*2》=1.9*1	5.7
1 층	2G1	[비 고]		X : B, Y : 3~4	
		콘크리트	25-240-15	(0.55-0.15)*0.4*7*1	1.12
		거푸집(1)	합판3회	(0.55-0.15)*7*1	2.8
		거푸집(2)	합판3회	(0.55-0.15)*7*1	2.8
		상부주근	H19	《3*7*1》=21+《2*0.97'상부정착'+2*0.97'상부정착'》=3.88	24.9
		상부근 연장	H19	(《3*0.15》=0.45+《3*0.35》=1.05)*1	1.5
		하부주근	H19	《3*7*1》=21+《1*0.75'일반정착'+1*0.75'일반정착'》=1.5	22.5
		하부근 연장	H19	(《2*0.15》=0.3+《2*0.35》=0.7)*1	1
		1/2근(하부)	H19	2*《7*0.75》=5.25*1	10.5
		1/4근(상부)	H19	《2+2》=4*《7*0.3》=2.1*1	8.4
		늑근(양단)	H10	《((7*0.25)+(0/2))/(200/1000)*2+1》=19*《(0.4+0.55)*2》=1.9*	36.1
				1	
		늑근(중앙)	H10	《(7*0.5)/(300/1000)+1》=13*《(0.4+0.55)*2》=1.9*1	24.7
1 층	2G1	[비 고]		X : C, Y : 3~4	
		콘크리트	25-240-15	(0.55-0.15)*0.4*7*1	1.12
		거푸집(1)	합판3회	(0.55-0.15)*7*1	2.8
		거푸집(2)	합판3회	(0.55-0.15)*7*1	2.8
		상부주근	H19	《3*7*1》=21+《2*0.97'상부정착'+2*0.97'상부정착'》=3.88	24.9
		상부근 연장	H19	(《3*0.15》=0.45+《3*0.35》=1.05)*1	1.5
		하부주근	H19	《3*7*1》=21+《1*0.75'일반정착'+1*0.75'일반정착'》=1.5	22.5
		하부근 연장	H19	(《2*0.15》=0.3+《2*0.35》=0.7)*1	1
		1/2근(하부)	H19	2*《7*0.75》=5.25*1	10.5
		1/4근(상부)	H19	《2+2》=4*《7*0.3》=2.1*1	8.4
		늑근(양단)	H10	《((7*0.25)+(0/2))/(200/1000)*2+1》=19*《(0.4+0.55)*2》=1.9*	36.1
				1	

Koreasoft 고려전산(주)

부재별 산출서

[공사명] 석촌동 근린생활시설 [동명] 본동 보

층	부 호	명 칭	규 격	산 식	결 과 치
		늑근(중앙)	H10	《(7*0.5)/(300/1000)+1》=13*《(0.4+0.55)*2》=1.9*1	24.7
1 층	2G1	[비 고]		X : D, Y : 2~3	
		콘크리트	25-240-15	(0.55-0.15)*0.4*2.1*1	0.336
		거푸집(1)	합판3회	(0.55-0.15)*2.1*1	0.84
		거푸집(2)	합판3회	(0.55-0.15)*2.1*1	0.84
		상부주근	H19	《3*2.1*1》=6.3+《5*0.97'상부정착'+0*0.97'상부정착'》=4.85	11.2
		상부근 연장	H19	(《5*0.25》=1.25)*1	1.3
		하부주근	H19	《3*2.1*1》=6.3+《3*0.75'일반정착'+0*0.75'일반정착'》=2.25	8.6
		하부근 연장	H19	(《3*0.25》=0.75)*1	0.8
		1/2근(하부)	H19	2*《2.1*0.75》=1.575*1	3.2
		1/4근(상부)	H19	《2+2》=4*《2.1*0.3》=0.63*1	2.5
		늑근(양단)	H10	《((2.1*0.25)+(0/2))/(200/1000)*2+1》=7*《(0.4+0.55)*2》=1.9	13.3
				*1	
		늑근(중앙)	H10	《(2.1*0.5)/(300/1000)+1》=5*《(0.4+0.55)*2》=1.9*1	9.5
1 층	2G1	[비 고]		X : D, Y : 3~4	
		콘크리트	25-240-15	(0.55-0.15)*0.4*7*1	1.12
		거푸집(1)	합판3회	(0.55-0.15)*7*1	2.8
		거푸집(2)	합판3회	(0.55-0.15)*7*1	2.8
		상부주근	H19	《3*7*1》=21+《0*0.97'상부정착'+2*0.97'상부정착'》=1.94	22.9
		상부근 연장	H19	(《5*0.15》=0.75+《3*0.35》=1.05)*1	1.8
		하부주근	H19	《3*7*1》=21+《0*0.75'일반정착'+1*0.75'일반정착'》=0.75	21.8
		하부근 연장	H19	(《3*0.15》=0.45+《2*0.35》=0.7)*1	1.2
		1/2근(하부)	H19	2*《7*0.75》=5.25*1	10.5
		1/4근(상부)	H19	《2+2》=4*《7*0.3》=2.1*1	8.4
		늑근(양단)	H10	《((7*0.25)+(0/2))/(200/1000)*2+1》=19*《(0.4+0.55)*2》=1.9*	36.1
				1	
		늑근(중앙)	H10	《(7*0.5)/(300/1000)+1》=13*《(0.4+0.55)*2》=1.9*1	24.7
1 층	2G1	[비 고]		X : D~C, Y : 2	
		콘크리트	25-240-15	(0.55-0.15)*0.4*6*1	0.96
		거푸집(1)	합판3회	(0.55-0.15)*6*1	2.4
		거푸집(2)	합판3회	(0.55-0.15)*6*1	2.4
		상부주근	H19	《3*6*1》=18+《5*0.97'상부정착'+5*0.97'상부정착'》=9.7	27.7
		하부주근	H19	《3*6*1》=18+《3*0.75'일반정착'+3*0.75'일반정착'》=4.5	22.5
		1/2근(하부)	H19	2*《6*0.75》=4.5*1	9
		1/4근(상부)	H19	《2+2》=4*《6*0.3》=1.8*1	7.2

Koreasoft 고려전산(주)

부재별 산출서

[공사명] 석촌동 근린생활시설 [동명] 본동 보

층	부 호	명 칭	규 격	산 식	결 과 치
		늑근(양단)	H10	《((6*0.25)+(0/2))/(200/1000)*2+1》=16*《(0.4+0.55)*2》=1.9*	30.4
				1	
		늑근(중앙)	H10	《(6*0.5)/(300/1000)+1》=11*《(0.4+0.55)*2》=1.9*1	20.9
1 층	2G2	[비 고]		X : C, Y : 4~5	
		콘크리트	25-240-15	(0.55-0.15)*0.4*4.7*1	0.752
		거푸집(1)	합판3회	(0.55-0.15)*4.7*1	1.88
		거푸집(2)	합판3회	(0.55-0.15)*4.7*1	1.88
		상부근	H19	《3*4.7*1》=14.1+《0*0.97'상부정착'+3*0.97'상부정착'》=2.91	17
		상부근 연장	H19	(《3*0.05》=0.15)*1	0.2
		하부근	H19	《2*4.7*1》=9.4+《0*0.75'일반정착'+2*0.75'일반정착'》=1.5	10.9
		하부근 연장	H19	(《2*0.05》=0.1)*1	0.1
		늑근	H10	《(4.7)/(200/1000)+1》=25*《(0.4+0.55)*2》=1.9*1	47.5
1 층	2G2	[비 고]		X : D, Y : 4~5	
		콘크리트	25-240-15	(0.55-0.15)*0.4*4.7*1	0.752
		거푸집(1)	합판3회	(0.55-0.15)*4.7*1	1.88
		거푸집(2)	합판3회	(0.55-0.15)*4.7*1	1.88
		상부근	H19	《3*4.7*1》=14.1+《0*0.97'상부정착'+3*0.97'상부정착'》=2.91	17
		상부근 연장	H19	(《3*0.05》=0.15)*1	0.2
		하부근	H19	《2*4.7*1》=9.4+《0*0.75'일반정착'+2*0.75'일반정착'》=1.5	10.9
		하부근 연장	H19	(《2*0.05》=0.1)*1	0.1
		늑근	H10	《(4.7)/(200/1000)+1》=25*《(0.4+0.55)*2》=1.9*1	47.5
1 층	2G2	[비 고]		X : B, Y : 4~5	
		콘크리트	25-240-15	(0.55-0.15)*0.4*4.7*1	0.752
		거푸집(1)	합판3회	(0.55-0.15)*4.7*1	1.88
		거푸집(2)	합판3회	(0.55-0.15)*4.7*1	1.88
		상부근	H19	《3*4.7*1》=14.1+《0*0.97'상부정착'+3*0.97'상부정착'》=2.91	17
		상부근 연장	H19	(《3*0.05》=0.15)*1	0.2
		하부근	H19	《2*4.7*1》=9.4+《0*0.75'일반정착'+2*0.75'일반정착'》=1.5	10.9
		하부근 연장	H19	(《2*0.05》=0.1)*1	0.1
		늑근	H10	《(4.7)/(200/1000)+1》=25*《(0.4+0.55)*2》=1.9*1	47.5
1 층	2G3	[비 고]		X : D~C, Y : 4	
		콘크리트	25-240-15	(0.55-0.15)*0.4*6*1	0.96
		거푸집(1)	합판3회	(0.55-0.15)*6*1	2.4
		거푸집(2)	합판3회	(0.55-0.15)*6*1	2.4
		상부주근	H19	《3*6*1》=18+《6*0.97'상부정착'+6*0.97'상부정착'》=11.64	29.6

Koreasoft 고려전산(주)

부재별 산출서

[공사명] 석촌동 근린생활시설 [동명] 본동 보

층	부 호	명 칭	규 격	산 식	결 과 치
		상부근 연장	H19	(《3*0.45》 =1.35+ 《3*0.45》 =1.35)*1	2.7
		하부주근	H19	《3*6*1》 =18+ 《0*0.75'일반정착'+1*0.75'일반정착'》 =0.75	18.8
		하부근 연장	H19	(《3*0.45》 =1.35+ 《2*0.45》 =0.9)*1	2.3
		1/2근(하부)	H19	6* 《6*0.75》 =4.5*1	27
		1/4근(상부)	H19	《6+6》 =12* 《6*0.3》 =1.8*1	21.6
		늑근(양단)	H10	《((6*0.25)+(0/2))/(150/1000)*2+1》 =21* 《(0.4+0.55)*2》 =1.9*	39.9
				1	
		늑근(중앙)	H10	《(6*0.5)/(200/1000)+1》 =16* 《(0.4+0.55)*2》 =1.9*1	30.4
1 층	2G3	[비 고]		X : D¯C, Y : 3	
		콘크리트	25-240-15	(0.55-0.15)*0.4*6*1	0.96
		거푸집(1)	합판3회	(0.55-0.15)*6*1	2.4
		거푸집(2)	합판3회	(0.55-0.15)*6*1	2.4
		상부주근	H19	《3*6*1》 =18+ 《9*0.97'상부정착'+6*0.97'상부정착'》 =14.55	32.6
		상부근 연장	H19	(《3*0.45》 =1.35)*1	1.4
		하부주근	H19	《3*6*1》 =18+ 《3*0.75'일반정착'+1*0.75'일반정착'》 =3	21
		하부근 연장	H19	(《2*0.45》 =0.9)*1	0.9
		1/2근(하부)	H19	6* 《6*0.75》 =4.5*1	27
		1/4근(상부)	H19	《6+6》 =12* 《6*0.3》 =1.8*1	21.6
		늑근(양단)	H10	《((6*0.25)+(0/2))/(150/1000)*2+1》 =21* 《(0.4+0.55)*2》 =1.9*	39.9
				1	
		늑근(중앙)	H10	《(6*0.5)/(200/1000)+1》 =16* 《(0.4+0.55)*2》 =1.9*1	30.4
1 층	2G4	[비 고]		X : C¯B, Y : 3	
		콘크리트	25-240-15	(0.3-0.15)*0.375*2.8*1	0.158
		거푸집(1)	합판3회	(0.3-0.15)*2.8*1	0.42
		거푸집(2)	합판3회	(0.3-0.15)*2.8*1	0.42
		상부근	H19	3*2.8*1	8.4
		상부근 연장	H19	(《3*0.05》 =0.15+ 《3*0.45》 =1.35)*1	1.5
		하부근	H19	2*2.8*1	5.6
		하부근 연장	H19	(《2*0.05》 =0.1+ 《2*0.45》 =0.9)*1	1
		늑근	H10	《(2.8)/(250/1000)+1》 =13* 《(0.375+0.3)*2》 =1.35*1	17.6
1 층	2G4	[비 고]		X : B¯A, Y : 3	
		콘크리트	25-240-15	(0.3-0.15)*0.375*1.2*1	0.068
		거푸집(1)	합판3회	(0.3-0.15)*1.2*1	0.18
		거푸집(2)	합판3회	(0.3-0.15)*1.2*1	0.18
		상부근	H19	《3*1.2*1》 =3.6+ 《0*0.97'상부정착'+3*0.97'상부정착'》 =2.91	6.5

Koreasoft 고려전산(주)

부재별 산출서

[공사명] 석촌동 근린생활시설 [동명] 본동 보

층	부 호	명 칭	규 격	산 식	결 과 치
		상부근 연장	H19	(《3*0.05》 =0.15)*1	0.2
		하부근	H19	《2*1.2*1》 =2.4+ 《0*0.75'일반정착'+2*0.75'일반정착'》 =1.5	3.9
		하부근 연장	H19	(《2*0.05》 =0.1)*1	0.1
		늑근	H10	《(1.2)/(250/1000)+1》 =6* 《(0.375+0.3)*2》 =1.35*1	8.1
1 층	2G4	[비 고]		X : C~B, Y : 4	
		콘크리트	25-240-15	(0.3-0.15)*0.375*2.8*1	0.158
		거푸집(1)	합판3회	(0.3-0.15)*2.8*1	0.42
		거푸집(2)	합판3회	(0.3-0.15)*2.8*1	0.42
		상부근	H19	3*2.8*1	8.4
		상부근 연장	H19	(《3*0.05》 =0.15+ 《3*0.45》 =1.35)*1	1.5
		하부근	H19	2*2.8*1	5.6
		하부근 연장	H19	(《2*0.05》 =0.1+ 《2*0.45》 =0.9)*1	1
		늑근	H10	《(2.8)/(250/1000)+1》 =13* 《(0.375+0.3)*2》 =1.35*1	17.6
1 층	2G4	[비 고]		X : B~A, Y : 4	
		콘크리트	25-240-15	(0.3-0.15)*0.375*1.2*1	0.068
		거푸집(1)	합판3회	(0.3-0.15)*1.2*1	0.18
		거푸집(2)	합판3회	(0.3-0.15)*1.2*1	0.18
		상부근	H19	《3*1.2*1》 =3.6+ 《0*0.97'상부정착'+3*0.97'상부정착'》 =2.91	6.5
		상부근 연장	H19	(《3*0.05》 =0.15)*1	0.2
		하부근	H19	《2*1.2*1》 =2.4+ 《0*0.75'일반정착'+2*0.75'일반정착'》 =1.5	3.9
		하부근 연장	H19	(《2*0.05》 =0.1)*1	0.1
		늑근	H10	《(1.2)/(250/1000)+1》 =6* 《(0.375+0.3)*2》 =1.35*1	8.1
1 층	2G4	[비 고]		X : B, Y : 2~3	
		콘크리트	25-240-15	(0.3-0.15)*0.375*2.25*1	0.127
		거푸집(1)	합판3회	(0.3-0.15)*2.25*1	0.34
		거푸집(2)	합판3회	(0.3-0.15)*2.25*1	0.34
		상부근	H19	《3*2.25*1》 =6.8+ 《3*0.97'상부정착'+0*0.97'상부정착'》 =2.91	9.7
		상부근 연장	H19	(《3*0.25》 =0.75)*1	0.8
		하부근	H19	《2*2.25*1》 =4.5+ 《2*0.75'일반정착'+0*0.75'일반정착'》 =1.5	6
		하부근 연장	H19	(《2*0.25》 =0.5)*1	0.5
		늑근	H10	《(2.25)/(250/1000)+1》 =10* 《(0.375+0.3)*2》 =1.35*1	13.5
1 층	2G4	[비 고]		X : C, Y : 2~3	
		콘크리트	25-240-15	(0.3-0.15)*0.375*2.25*1	0.127
		거푸집(1)	합판3회	(0.3-0.15)*2.25*1	0.34
		거푸집(2)	합판3회	(0.3-0.15)*2.25*1	0.34

Koreasoft 고려전산(주)

부재별 산출서

[공사명] 석촌동 근린생활시설　　　[동명] 본동　　　보

층	부 호	명 칭	규 격	산 식	결 과 치
		상부근	H19	《3*2.25*1》=6.8+《3*0.97'상부정착'+0*0.97'상부정착'》=2.91	9.7
		상부근 연장	H19	(《3*0.25》=0.75)*1	0.8
		하부근	H19	《2*2.25*1》=4.5+《2*0.75'일반정착'+0*0.75'일반정착'》=1.5	6
		하부근 연장	H19	(《2*0.25》=0.5)*1	0.5
		늑근	H10	《(2.25)/(250/1000)+1》=10*《(0.375+0.3)*2》=1.35*1	13.5
1 층	2WG1	[비 고]		X : B¯A, Y : 2	
		콘크리트	25-240-15	(0.55-0.15)*0.3*1.2*1	0.144
		거푸집(1)	합판3회	(0.55-0.15)*1.2*1	0.48
		거푸집(2)	합판3회	(0.55-0.15)*1.2*1	0.48
		상부근	H19	《3*1.2*1》=3.6+《3*0.97'상부정착'+3*0.97'상부정착'》=5.82	9.4
		하부근	H19	《2*1.2*1》=2.4+《2*0.75'일반정착'+2*0.75'일반정착'》=3	5.4
		늑근	H10	《(1.2)/(250/1000)+1》=6*《(0.3+0.55)*2》=1.7*1	10.2
1 층	2WG1	[비 고]		X : E¯D, Y : 5	
		콘크리트	25-240-15	(0.55-0.15)*0.3*1.3*1	0.156
		거푸집(1)	합판3회	(0.55-0.15)*1.3*1	0.52
		거푸집(2)	합판3회	(0.55-0.15)*1.3*1	0.52
		상부근	H19	《3*1.3*1》=3.9+《3*0.97'상부정착'+0*0.97'상부정착'》=2.91	6.8
		상부근 연장	H19	(《3*0.05》=0.15)*1	0.2
		하부근	H19	《2*1.3*1》=2.6+《2*0.75'일반정착'+0*0.75'일반정착'》=1.5	4.1
		하부근 연장	H19	(《2*0.05》=0.1)*1	0.1
		늑근	H10	《(1.3)/(250/1000)+1》=7*《(0.3+0.55)*2》=1.7*1	11.9
1 층	2WG1	[비 고]		X : D¯C, Y : 5	
		콘크리트	25-240-15	(0.55-0.15)*0.3*6*1	0.72
		거푸집(1)	합판3회	(0.55-0.15)*6*1	2.4
		거푸집(2)	합판3회	(0.55-0.15)*6*1	2.4
		상부근	H19	3*6*1	18
		상부근 연장	H19	(《3*0.45》=1.35+《3*0.45》=1.35)*1	2.7
		하부근	H19	2*6*1	12
		하부근 연장	H19	(《2*0.45》=0.9+《2*0.45》=0.9)*1	1.8
		늑근	H10	《(6)/(250/1000)+1》=25*《(0.3+0.55)*2》=1.7*1	42.5
1 층	2WG1	[비 고]		X : C¯B, Y : 5	
		콘크리트	25-240-15	(0.55-0.15)*0.3*2.8*1	0.336
		거푸집(1)	합판3회	(0.55-0.15)*2.8*1	1.12
		거푸집(2)	합판3회	(0.55-0.15)*2.8*1	1.12
		상부근	H19	3*2.8*1	8.4

Koreasoft 고려전산(주)

부재별 산출서

[공사명] 석촌동 근린생활시설　　[동명] 본동　　보

층	부 호	명 칭	규 격	산 식	결 과 치
		상부근 연장	H19	(《3*0.05》 =0.15+ 《3*0.45》 =1.35)*1	1.5
		하부근	H19	2*2.8*1	5.6
		하부근 연장	H19	(《2*0.05》 =0.1+ 《2*0.45》 =0.9)*1	1
		늑근	H10	《(2.8)/(250/1000)+1》 =13* 《(0.3+0.55)*2》 =1.7*1	22.1
1 층	2WG1	[비 고]		X : B¯A, Y : 5	
		콘크리트	25-240-15	(0.55-0.15)*0.3*1.2*1	0.144
		거푸집(1)	합판3회	(0.55-0.15)*1.2*1	0.48
		거푸집(2)	합판3회	(0.55-0.15)*1.2*1	0.48
		상부근	H19	《3*1.2*1》 =3.6+ 《0*0.97'상부정착'+3*0.97'상부정착'》 =2.91	6.5
		상부근 연장	H19	(《3*0.05》 =0.15)*1	0.2
		하부근	H19	《2*1.2*1》 =2.4+ 《0*0.75'일반정착'+2*0.75'일반정착'》 =1.5	3.9
		하부근 연장	H19	(《2*0.05》 =0.1)*1	0.1
		늑근	H10	《(1.2)/(250/1000)+1》 =6* 《(0.3+0.55)*2》 =1.7*1	10.2
1 층	2WG1	[비 고]		X : A, Y : 2¯5	
		콘크리트	25-240-15	(0.55-0.15)*0.3*15.4*1	1.848
		거푸집(1)	합판3회	(0.55-0.15)*15.4*1	6.16
		거푸집(2)	합판3회	(0.55-0.15)*15.4*1	6.16
		상부근	H19	《 《3*15.4*1》 =46.2+ 《3*0.97'상부정착'+3*0.97'상부정착'》 =5.	55.8
				82》 =52+ 《3*1*1.27'상부이음'*1》 =3.81	
		하부근	H19	《 《2*15.4*1》 =30.8+ 《2*0.75'일반정착'+2*0.75'일반정착'》 =3	35.8
				》 =33.8+ 《2*1*0.98'일반이음'*1》 =1.96	
		늑근	H10	《(15.4)/(250/1000)+1》 =63* 《(0.3+0.55)*2》 =1.7*1	107.1
1 층	B3/3300	[비 고]		X : D', Y : 4¯5	
		콘크리트	25-240-15	(1.65-0.15)*0.2*3.6*1	1.08
		거푸집(1)	합판3회	(1.65-0.15)*3.6*1	5.4
		거푸집(2)	합판3회	(1.65-0.15)*3.6*1	5.4
		상부근	H16	《2*3.6*1》 =7.2+ 《2*0.82'상부정착'+2*0.82'상부정착'》 =3.28	10.5
		하부근	H16	《2*3.6*1》 =7.2+ 《2*0.63'일반정착'+2*0.63'일반정착'》 =2.52	9.7
		늑근	H10	《(3.6)/(150/1000)+1》 =25* 《(0.2+1.65)*2》 =3.7*1	92.5
		보조근(1)	H10	《14*3.6*1》 =50.4+ 《14*0.4'일반정착'+14*0.4'일반정착'》 =11.2	61.6
1 층	B3/3300	[비 고]		X : D', Y : 3¯4	
		콘크리트	25-240-15	(1.65-0.15)*0.2*3.6*1	1.08
		거푸집(1)	합판3회	(1.65-0.15)*3.6*1	5.4
		거푸집(2)	합판3회	(1.65-0.15)*3.6*1	5.4
		상부근	H16	《2*3.6*1》 =7.2+ 《2*0.82'상부정착'+2*0.82'상부정착'》 =3.28	10.5

Koreasoft 고려전산(주)

부재별 산출서

[공사명] 석촌동 근린생활시설　　　[동명] 본동　　　보

층	부 호	명　칭	규 격	산　식	결 과 치
		하부근	H16	《2*3.6*1》=7.2+《2*0.63'일반정착'+2*0.63'일반정착'》=2.52	9.7
		늑근	H10	《(3.6)/(150/1000)+1》=25*《(0.2+1.65)*2》=3.7*1	92.5
		보조근(1)	H10	《14*3.6*1》=50.4+《14*0.4'일반정착'+14*0.4'일반정착'》=11.2	61.6

Koreasoft 고려전산(주)

부재별 산출서

[공사명] 석촌동 근린생활시설 [동명] 본동 보

층	부 호	명 칭	규 격	산 식	결 과 치
2 층	3B1	[비 고]		X : C', Y : 3~4	
		콘크리트	25-240-15	(0.55-0.15)*0.4*7*1	1.12
		거푸집	합판3회	(0.55-0.15)*7*1	2.8
		거푸집	합판3회	(0.55-0.15)*7*1	2.8
		상부주근	H19	《3*7*1》=21+《5*0.97'상부정착'+0*0.97'상부정착'》=4.85	25.9
		상부근 연장	H19	(《3*0.35》=1.05)*1	1.1
		하부주근	H19	《3*7*1》=21+《3*0.75'일반정착'+1*0.75'일반정착'》=3	24
		하부근 연장	H19	(《2*0.35》=0.7)*1	0.7
		1/2근(하부)	H19	2*《7*0.75》=5.25*1	10.5
		1/4근(상부)	H19	《2》=2*《7*0.3》=2.1*1	4.2
		늑근(내단)	H10	《((7*0.25))/(200/1000)+1》=10*《(0.4+0.55)*2》=1.9*1	19
		늑근(중앙)	H10	《(7*0.5)/(300/1000)+1》=13*《(0.4+0.55)*2》=1.9*1	24.7
		늑근(외단)	H10	《(7*0.25)/(200/1000)+1》=10*《(0.4+0.55)*2》=1.9*1	19
2 층	3B2	[비 고]		X : C', Y : 4~5	
		콘크리트	25-240-15	(0.55-0.15)*0.4*4.9*1	0.784
		거푸집(1)	합판3회	(0.55-0.15)*4.9*1	1.96
		거푸집(2)	합판3회	(0.55-0.15)*4.9*1	1.96
		상부근	H19	《3*4.9*1》=14.7+《0*0.97'상부정착'+3*0.97'상부정착'》=2.91	17.6
		상부근 연장	H19	(《3*0.05》=0.15)*1	0.2
		하부근	H19	《2*4.9*1》=9.8+《0*0.75'일반정착'+2*0.75'일반정착'》=1.5	11.3
		하부근 연장	H19	(《2*0.05》=0.1)*1	0.1
		늑근	H10	《(4.9)/(200/1000)+1》=26*《(0.4+0.55)*2》=1.9*1	49.4
2 층	3CG1	[비 고]		X : E~D, Y : 4	
		콘크리트	25-240-15	(0.55-0.15)*0.4*1.3*1	0.208
		거푸집	합판3회	(0.55-0.15)*1.3*1	0.52
		거푸집	합판3회	(0.55-0.15)*1.3*1	0.52
		상부주근	H19	《3*1.3*1》=3.9+《6*0.97'상부정착'+0*0.97'상부정착'》=5.82	9.7
		상부근 연장	H19	(《3*0.05》=0.15)*1	0.2
		하부주근	H19	《3*1.3*1》=3.9+《3*0.75'일반정착'+0*0.75'일반정착'》=2.25	6.2
		하부근 연장	H19	(《3*0.05》=0.15)*1	0.2
		3/4근(상부)	H19	《1》=1*《1.3*0.875》=1.138*1	1.1
		1/4근(상부)	H19	《2》=2*《1.3*0.3》=0.39*1	0.8
		늑근(내단)	H10	《((1.3*0.25))/(250/1000)+1》=3*《(0.4+0.55)*2》=1.9*1	5.7
		늑근(중앙)	H10	《(1.3*0.5)/(250/1000)+1》=4*《(0.4+0.55)*2》=1.9*1	7.6
		늑근(외단)	H10	《(1.3*0.25)/(250/1000)+1》=3*《(0.4+0.55)*2》=1.9*1	5.7

Koreasoft 고려전산(주)

부재별 산출서

[공사명] 석촌동 근린생활시설 [동명] 본동 보

층	부 호	명 칭	규 격	산 식	결 과 치
2 층	3CG1	[비 고]		X : E-D, Y : 3	
		콘크리트	25-240-15	(0.55-0.15)*0.4*1.3*1	0.208
		거푸집	합판3회	(0.55-0.15)*1.3*1	0.52
		거푸집	합판3회	(0.55-0.15)*1.3*1	0.52
		상부주근	H19	《3*1.3*1》=3.9+《6*0.97'상부정착'+3*0.97'상부정착'》=8.73	12.6
		하부주근	H19	《3*1.3*1》=3.9+《3*0.75'일반정착'+3*0.75'일반정착'》=4.5	8.4
		3/4근(상부)	H19	《1》=1*《1.3*0.875》=1.138*1	1.1
		1/4근(상부)	H19	《2》=2*《1.3*0.3》=0.39*1	0.8
		늑근(내단)	H10	《((1.3*0.25))/(250/1000)+1》=3*《(0.4+0.55)*2》=1.9*1	5.7
		늑근(중앙)	H10	《(1.3*0.5)/(250/1000)+1》=4*《(0.4+0.55)*2》=1.9*1	7.6
		늑근(외단)	H10	《(1.3*0.25)/(250/1000)+1》=3*《(0.4+0.55)*2》=1.9*1	5.7
2 층	3G1	[비 고]		X : B, Y : 3-4	
		콘크리트	25-240-15	(0.55-0.15)*0.4*7*1	1.12
		거푸집(1)	합판3회	(0.55-0.15)*7*1	2.8
		거푸집(2)	합판3회	(0.55-0.15)*7*1	2.8
		상부주근	H19	《3*7*1》=21+《2*0.97'상부정착'+2*0.97'상부정착'》=3.88	24.9
		상부근 연장	H19	(《3*0.15》=0.45+《3*0.35》=1.05)*1	1.5
		하부주근	H19	《3*7*1》=21+《1*0.75'일반정착'+1*0.75'일반정착'》=1.5	22.5
		하부근 연장	H19	(《2*0.15》=0.3+《2*0.35》=0.7)*1	1
		1/2근(하부)	H19	2*《7*0.75》=5.25*1	10.5
		1/4근(상부)	H19	《2+2》=4*《7*0.3》=2.1*1	8.4
		늑근(양단)	H10	《((7*0.25)+(0/2))/(200/1000)*2+1》=19*《(0.4+0.55)*2》=1.9*	36.1
				1	
		늑근(중앙)	H10	《(7*0.5)/(300/1000)+1》=13*《(0.4+0.55)*2》=1.9*1	24.7
2 층	3G1	[비 고]		X : C, Y : 3-4	
		콘크리트	25-240-15	(0.55-0.15)*0.4*7*1	1.12
		거푸집(1)	합판3회	(0.55-0.15)*7*1	2.8
		거푸집(2)	합판3회	(0.55-0.15)*7*1	2.8
		상부주근	H19	《3*7*1》=21+《2*0.97'상부정착'+2*0.97'상부정착'》=3.88	24.9
		상부근 연장	H19	(《3*0.15》=0.45+《3*0.35》=1.05)*1	1.5
		하부주근	H19	《3*7*1》=21+《1*0.75'일반정착'+1*0.75'일반정착'》=1.5	22.5
		하부근 연장	H19	(《2*0.15》=0.3+《2*0.35》-0.7)*1	1
		1/2근(하부)	H19	2*《7*0.75》=5.25*1	10.5
		1/4근(상부)	H19	《2+2》=4*《7*0.3》=2.1*1	8.4
		늑근(양단)	H10	《((7*0.25)+(0/2))/(200/1000)*2+1》=19*《(0.4+0.55)*2》=1.9*	36.1
				1	

부재별 산출서

[공사명] 석촌동 근린생활시설 　　[동명] 본동 　　보

층	부 호	명 칭	규 격	산 식	결 과 치
		늑근(중앙)	H10	《(7*0.5)/(300/1000)+1》=13*《(0.4+0.55)*2》=1.9*1	24.7
2 층	3G1	[비 고]		X : D~C, Y : 2	
		콘크리트	25-240-15	(0.55-0.15)*0.4*6*1	0.96
		거푸집(1)	합판3회	(0.55-0.15)*6*1	2.4
		거푸집(2)	합판3회	(0.55-0.15)*6*1	2.4
		상부주근	H19	《3*6*1》=18+《5*0.97'상부정착'+5*0.97'상부정착'》=9.7	27.7
		하부주근	H19	《3*6*1》=18+《3*0.75'일반정착'+3*0.75'일반정착'》=4.5	22.5
		1/2근(하부)	H19	2*《6*0.75》=4.5*1	9
		1/4근(상부)	H19	《2+2》=4*《6*0.3》=1.8*1	7.2
		늑근(양단)	H10	《((6*0.25)+(0/2))/(200/1000)*2+1》=16*《(0.4+0.55)*2》=1.9*	30.4
				1	
		늑근(중앙)	H10	《(6*0.5)/(300/1000)+1》=11*《(0.4+0.55)*2》=1.9*1	20.9
2 층	3G1	[비 고]		X : D, Y : 3~4	
		콘크리트	25-240-15	(0.55-0.15)*0.4*7*1	1.12
		거푸집(1)	합판3회	(0.55-0.15)*7*1	2.8
		거푸집(2)	합판3회	(0.55-0.15)*7*1	2.8
		상부주근	H19	《3*7*1》=21+《2*0.97'상부정착'+2*0.97'상부정착'》=3.88	24.9
		상부근 연장	H19	(《3*0.15》=0.45+《3*0.35》=1.05)*1	1.5
		하부주근	H19	《3*7*1》=21+《1*0.75'일반정착'+1*0.75'일반정착'》=1.5	22.5
		하부근 연장	H19	(《2*0.15》=0.3+《2*0.35》=0.7)*1	1
		1/2근(하부)	H19	2*《7*0.75》=5.25*1	10.5
		1/4근(상부)	H19	《2+2》=4*《7*0.3》=2.1*1	8.4
		늑근(양단)	H10	《((7*0.25)+(0/2))/(200/1000)*2+1》=19*《(0.4+0.55)*2》=1.9*	36.1
				1	
		늑근(중앙)	H10	《(7*0.5)/(300/1000)+1》=13*《(0.4+0.55)*2》=1.9*1	24.7
2 층	3G2	[비 고]		X : D, Y : 4~5	
		콘크리트	25-240-15	(0.55-0.15)*0.4*4.7*1	0.752
		거푸집(1)	합판3회	(0.55-0.15)*4.7*1	1.88
		거푸집(2)	합판3회	(0.55-0.15)*4.7*1	1.88
		상부근	H19	《3*4.7*1》=14.1+《0*0.97'상부정착'+3*0.97'상부정착'》=2.91	17
		상부근 연장	H19	(《3*0.05》=0.15)*1	0.2
		하부근	H19	《2*4.7*1》=9.4+《0*0.75'일반정착'+2*0.75'일반정착'》=1.5	10.9
		하부근 연장	H19	(《2*0.05》=0.1)*1	0.1
		늑근	H10	《(4.7)/(200/1000)+1》=25*《(0.4+0.55)*2》=1.9*1	47.5
2 층	3G2	[비 고]		X : B, Y : 4~5	

Koreasoft 고려전산(주)

부재별 산출서

[공사명] 석촌동 근린생활시설 [동명] 본동 보

층	부 호	명 칭	규 격	산 식	결 과 치
		콘크리트	25-240-15	(0.55-0.15)*0.4*4.7*1	0.752
		거푸집(1)	합판3회	(0.55-0.15)*4.7*1	1.88
		거푸집(2)	합판3회	(0.55-0.15)*4.7*1	1.88
		상부근	H19	《3*4.7*1》=14.1+《0*0.97'상부정착'+3*0.97'상부정착'》=2.91	17
		상부근 연장	H19	(《3*0.05》=0.15)*1	0.2
		하부근	H19	《2*4.7*1》=9.4+《0*0.75'일반정착'+2*0.75'일반정착'》=1.5	10.9
		하부근 연장	H19	(《2*0.05》=0.1)*1	0.1
		늑근	H10	《(4.7)/(200/1000)+1》=25*《(0.4+0.55)*2》=1.9*1	47.5
2 층	3G2	[비 고]		X : C, Y : 4~5	
		콘크리트	25-240-15	(0.55-0.15)*0.4*4.7*1	0.752
		거푸집(1)	합판3회	(0.55-0.15)*4.7*1	1.88
		거푸집(2)	합판3회	(0.55-0.15)*4.7*1	1.88
		상부근	H19	《3*4.7*1》=14.1+《0*0.97'상부정착'+3*0.97'상부정착'》=2.91	17
		상부근 연장	H19	(《3*0.05》=0.15)*1	0.2
		하부근	H19	《2*4.7*1》=9.4+《0*0.75'일반정착'+2*0.75'일반정착'》=1.5	10.9
		하부근 연장	H19	(《2*0.05》=0.1)*1	0.1
		늑근	H10	《(4.7)/(200/1000)+1》=25*《(0.4+0.55)*2》=1.9*1	47.5
2 층	3G3	[비 고]		X : D~C, Y : 4	
		콘크리트	25-240-15	(0.55-0.15)*0.4*6*1	0.96
		거푸집(1)	합판3회	(0.55-0.15)*6*1	2.4
		거푸집(2)	합판3회	(0.55-0.15)*6*1	2.4
		상부주근	H19	《3*6*1》=18+《6*0.97'상부정착'+6*0.97'상부정착'》=11.64	29.6
		상부근 연장	H19	(《3*0.45》=1.35+《3*0.45》=1.35)*1	2.7
		하부주근	H19	《3*6*1》=18+《0*0.75'일반정착'+1*0.75'일반정착'》=0.75	18.8
		하부근 연장	H19	(《3*0.45》=1.35+《2*0.45》=0.9)*1	2.3
		1/2근(하부)	H19	6*《6*0.75》=4.5*1	27
		1/4근(상부)	H19	《6+6》=12*《6*0.3》=1.8*1	21.6
		늑근(양단)	H10	《((6*0.25)+(0/2))/(150/1000)*2+1》=21*《(0.4+0.55)*2》=1.9*	39.9
				1	
		늑근(중앙)	H10	《(6*0.5)/(200/1000)+1》=16*《(0.4+0.55)*2》=1.9*1	30.4
2 층	3G3	[비 고]		X : D~C, Y : 3	
		콘크리트	25-240-15	(0.55-0.15)*0.4*6*1	0.96
		거푸집(1)	합판3회	(0.55-0.15)*6*1	2.4
		거푸집(2)	합판3회	(0.55-0.15)*6*1	2.4
		상부주근	H19	《3*6*1》=18+《9*0.97'상부정착'+6*0.97'상부정착'》=14.55	32.6

Koreasoft 고려전산(주)

부재별 산출서

[공사명] 석촌동 근린생활시설 [동명] 본동 보

층	부 호	명 칭	규 격	산 식	결 과 치
		상부근 연장	H19	(《3*0.45》 =1.35)*1	1.4
		하부주근	H19	《3*6*1》 =18+ 《3*0.75'일반정착'+1*0.75'일반정착'》 =3	21
		하부근 연장	H19	(《2*0.45》 =0.9)*1	0.9
		1/2근(하부)	H19	6* 《6*0.75》 =4.5*1	27
		1/4근(상부)	H19	《6+6》 =12* 《6*0.3》 =1.8*1	21.6
		늑근(양단)	H10	《((6*0.25)+(0/2))/(150/1000)*2+1》 =21* 《(0.4+0.55)*2》 =1.9*	39.9
				1	
		늑근(중앙)	H10	《(6*0.5)/(200/1000)+1》 =16* 《(0.4+0.55)*2》 =1.9*1	30.4
2 층	3G4	[비 고]		X : D, Y : 2~3	
		콘크리트	25-240-15	(0.3-0.15)*0.375*2.1*1	0.118
		거푸집(1)	합판3회	(0.3-0.15)*2.1*1	0.32
		거푸집(2)	합판3회	(0.3-0.15)*2.1*1	0.32
		상부근	H19	《3*2.1*1》 =6.3+ 《3*0.97'상부정착'+0*0.97'상부정착'》 =2.91	9.2
		상부근 연장	H19	(《3*0.25》 =0.75)*1	0.8
		하부근	H19	《2*2.1*1》 =4.2+ 《2*0.75'일반정착'+0*0.75'일반정착'》 =1.5	5.7
		하부근 연장	H19	(《2*0.25》 =0.5)*1	0.5
		늑근	H10	《(2.1)/(250/1000)+1》 =10* 《(0.375+0.3)*2》 =1.35*1	13.5
2 층	3G4	[비 고]		X : C~B, Y : 3	
		콘크리트	25-240-15	(0.3-0.15)*0.375*2.8*1	0.158
		거푸집(1)	합판3회	(0.3-0.15)*2.8*1	0.42
		거푸집(2)	합판3회	(0.3-0.15)*2.8*1	0.42
		상부근	H19	3*2.8*1	8.4
		상부근 연장	H19	(《3*0.05》 =0.15+ 《3*0.45》 =1.35)*1	1.5
		하부근	H19	2*2.8*1	5.6
		하부근 연장	H19	(《2*0.05》 =0.1+ 《2*0.45》 =0.9)*1	1
		늑근	H10	《(2.8)/(250/1000)+1》 =13* 《(0.375+0.3)*2》 =1.35*1	17.6
2 층	3G4	[비 고]		X : B~A, Y : 3	
		콘크리트	25-240-15	(0.3-0.15)*0.375*1.2*1	0.068
		거푸집(1)	합판3회	(0.3-0.15)*1.2*1	0.18
		거푸집(2)	합판3회	(0.3-0.15)*1.2*1	0.18
		상부근	H19	《3*1.2*1》 =3.6+ 《0*0.97'상부정착'+3*0.97'상부정착'》 =2.91	6.5
		상부근 연장	H19	(《3*0.05》 =0.15)*1	0.2
		하부근	H19	《2*1.2*1》 =2.4+ 《0*0.75'일반정착'+2*0.75'일반정착'》 =1.5	3.9
		하부근 연장	H19	(《2*0.05》 =0.1)*1	0.1
		늑근	H10	《(1.2)/(250/1000)+1》 =6* 《(0.375+0.3)*2》 =1.35*1	8.1

Koreasoft 고려전산(주)

부재별 산출서

[공사명] 석촌동 근린생활시설 [동명] 본동 보

층	부 호	명 칭	규 격	산 식	결 과 치
2 층	3G4	[비 고]		X : C~B, Y : 4	
		콘크리트	25-240-15	(0.3-0.15)*0.375*2.8*1	0.158
		거푸집(1)	합판3회	(0.3-0.15)*2.8*1	0.42
		거푸집(2)	합판3회	(0.3-0.15)*2.8*1	0.42
		상부근	H19	3*2.8*1	8.4
		상부근 연장	H19	(《3*0.05》=0.15+《3*0.45》=1.35)*1	1.5
		하부근	H19	2*2.8*1	5.6
		하부근 연장	H19	(《2*0.05》=0.1+《2*0.45》=0.9)*1	1
		늑근	H10	《(2.8)/(250/1000)+1》=13*《(0.375+0.3)*2》=1.35*1	17.6
2 층	3G4	[비 고]		X : B~A, Y : 4	
		콘크리트	25-240-15	(0.3-0.15)*0.375*1.2*1	0.068
		거푸집(1)	합판3회	(0.3-0.15)*1.2*1	0.18
		거푸집(2)	합판3회	(0.3-0.15)*1.2*1	0.18
		상부근	H19	《3*1.2*1》=3.6+《0*0.97'상부정착'+3*0.97'상부정착'》=2.91	6.5
		상부근 연장	H19	(《3*0.05》=0.15)*1	0.2
		하부근	H19	《2*1.2*1》=2.4+《0*0.75'일반정착'+2*0.75'일반정착'》=1.5	3.9
		하부근 연장	H19	(《2*0.05》=0.1)*1	0.1
		늑근	H10	《(1.2)/(250/1000)+1》=6*《(0.375+0.3)*2》=1.35*1	8.1
2 층	3G4	[비 고]		X : C, Y : 2~3	
		콘크리트	25-240-15	(0.3-0.15)*0.375*2.25*1	0.127
		거푸집(1)	합판3회	(0.3-0.15)*2.25*1	0.34
		거푸집(2)	합판3회	(0.3-0.15)*2.25*1	0.34
		상부근	H19	《3*2.25*1》=6.8+《3*0.97'상부정착'+0*0.97'상부정착'》=2.91	9.7
		상부근 연장	H19	(《3*0.25》=0.75)*1	0.8
		하부근	H19	《2*2.25*1》=4.5+《2*0.75'일반정착'+0*0.75'일반정착'》=1.5	6
		하부근 연장	H19	(《2*0.25》=0.5)*1	0.5
		늑근	H10	《(2.25)/(250/1000)+1》=10*《(0.375+0.3)*2》=1.35*1	13.5
2 층	3G4	[비 고]		X : B, Y : 2~3	
		콘크리트	25-240-15	(0.3-0.15)*0.375*2.25*1	0.127
		거푸집(1)	합판3회	(0.3-0.15)*2.25*1	0.34
		거푸집(2)	합판3회	(0.3-0.15)*2.25*1	0.34
		상부근	H19	《3*2.25*1》=6.8+《3*0.97'상부정착'+0*0.97'상부정착'》=2.91	9.7
		상부근 연장	H19	(《3*0.25》=0.75)*1	0.8
		하부근	H19	《2*2.25*1》=4.5+《2*0.75'일반정착'+0*0.75'일반정착'》=1.5	6
		하부근 연장	H19	(《2*0.25》=0.5)*1	0.5

Koreasoft 고려전산(주)

부재별 산출서

[공사명] 석촌동 근린생활시설　　　　[동명] 본동　　　　보

층	부 호	명　　칭	규 격	산　　식	결 과 치
		늑근	H10	《(2.25)/(250/1000)+1》=10*《(0.375+0.3)*2》=1.35*1	13.5
2 층	3WG1	[비 고]		X : E‾D, Y : 5	
		콘크리트	25-240-15	(0.55-0.15)*0.3*1.3*1	0.156
		거푸집(1)	합판3회	(0.55-0.15)*1.3*1	0.52
		거푸집(2)	합판3회	(0.55-0.15)*1.3*1	0.52
		상부근	H19	《3*1.3*1》=3.9+《3*0.97'상부정착'+0*0.97'상부정착'》=2.91	6.8
		상부근 연장	H19	(《3*0.05》=0.15)*1	0.2
		하부근	H19	《2*1.3*1》=2.6+《2*0.75'일반정착'+0*0.75'일반정착'》=1.5	4.1
		하부근 연장	H19	(《2*0.05》=0.1)*1	0.1
		늑근	H10	《(1.3)/(250/1000)+1》=7*《(0.3+0.55)*2》=1.7*1	11.9
2 층	3WG1	[비 고]		X : D‾C, Y : 5	
		콘크리트	25-240-15	(0.55-0.15)*0.3*6*1	0.72
		거푸집(1)	합판3회	(0.55-0.15)*6*1	2.4
		거푸집(2)	합판3회	(0.55-0.15)*6*1	2.4
		상부근	H19	3*6*1	18
		상부근 연장	H19	(《3*0.45》=1.35+《3*0.45》=1.35)*1	2.7
		하부근	H19	2*6*1	12
		하부근 연장	H19	(《2*0.45》=0.9+《2*0.45》=0.9)*1	1.8
		늑근	H10	《(6)/(250/1000)+1》=25*《(0.3+0.55)*2》=1.7*1	42.5
2 층	3WG1	[비 고]		X : C‾B, Y : 5	
		콘크리트	25-240-15	(0.55-0.15)*0.3*2.8*1	0.336
		거푸집(1)	합판3회	(0.55-0.15)*2.8*1	1.12
		거푸집(2)	합판3회	(0.55-0.15)*2.8*1	1.12
		상부근	H19	3*2.8*1	8.4
		상부근 연장	H19	(《3*0.05》=0.15+《3*0.45》=1.35)*1	1.5
		하부근	H19	2*2.8*1	5.6
		하부근 연장	H19	(《2*0.05》=0.1+《2*0.45》=0.9)*1	1
		늑근	H10	《(2.8)/(250/1000)+1》=13*《(0.3+0.55)*2》=1.7*1	22.1
2 층	3WG1	[비 고]		X : B‾A, Y : 5	
		콘크리트	25-240-15	(0.55-0.15)*0.3*1.2*1	0.144
		거푸집(1)	합판3회	(0.55-0.15)*1.2*1	0.48
		거푸집(2)	합판3회	(0.55-0.15)*1.2*1	0.48
		상부근	H19	《3*1.2*1》=3.6+《0*0.97'상부정착'+3*0.97'상부정착'》=2.91	6.5
		상부근 연장	H19	(《3*0.05》=0.15)*1	0.2
		하부근	H19	《2*1.2*1》=2.4+《0*0.75'일반정착'+2*0.75'일반정착'》=1.5	3.9

Koreasoft 고려전산(주)

부재별 산출서

[공사명] 석촌동 근린생활시설　　[동명] 본동　　보

층	부 호	명 칭	규 격	산 식	결 과 치
		하부근 연장	H19	(《2*0.05》=0.1)*1	0.1
		늑근	H10	《(1.2)/(250/1000)+1》=6*《(0.3+0.55)*2》=1.7*1	10.2
2 층	3WG1	[비 고]		X : B~A, Y : 2	
		콘크리트	25-240-15	(0.55-0.15)*0.3*1.2*1	0.144
		거푸집(1)	합판3회	(0.55-0.15)*1.2*1	0.48
		거푸집(2)	합판3회	(0.55-0.15)*1.2*1	0.48
		상부근	H19	《3*1.2*1》=3.6+《3*0.97'상부정착'+3*0.97'상부정착'》=5.82	9.4
		하부근	H19	《2*1.2*1》=2.4+《2*0.75'일반정착'+2*0.75'일반정착'》=3	5.4
		늑근	H10	《(1.2)/(250/1000)+1》=6*《(0.3+0.55)*2》=1.7*1	10.2
2 층	3WG1	[비 고]		X : A, Y : 2~5	
		콘크리트	25-240-15	(0.55-0.15)*0.3*15.4*1	1.848
		거푸집(1)	합판3회	(0.55-0.15)*15.4*1	6.16
		거푸집(2)	합판3회	(0.55-0.15)*15.4*1	6.16
		상부근	H19	《《3*15.4*1》=46.2+《3*0.97'상부정착'+3*0.97'상부정착'》=5.	55.8
				82》=52+《3*1*1.27'상부이음'*1》=3.81	
		하부근	H19	《《2*15.4*1》=30.8+《2*0.75'일반정착'+2*0.75'일반정착'》=3	35.8
				》=33.8+《2*1*0.98'일반이음'*1》=1.96	
		늑근	H10	《(15.4)/(250/1000)+1》=63*《(0.3+0.55)*2》=1.7*1	107.1

Koreasoft 고려전산(주)

부재별 산출서

[공사명] 석촌동 근린생활시설 [동명] 본동 보

층	부 호	명 칭	규 격	산 식	결 과 치
3 층	B3/2700	[비 고]		X : C~B, Y : 1	
		콘크리트	25-240-15	(0.6-0.15)*0.2*0.9*1	0.081
		거푸집(1)	합판3회	(0.6-0.15)*0.9*1	0.41
		거푸집(2)	합판3회	(0.6-0.15)*0.9*1	0.41
		상부근	H16	《2*0.9*1》=1.8+《2*0.82'상부정착'+2*0.82'상부정착'》=3.28	5.1
		하부근	H16	《2*0.9*1》=1.8+《2*0.63'일반정착'+2*0.63'일반정착'》=2.52	4.3
		늑근	H10	《(0.9)/(150/1000)+1》=7*《(0.2+0.6)*2》=1.6*1	11.2
3 층	B3/2700	[비 고]		X : D~C, Y : 1	
		콘크리트	25-240-15	(0.6-0.15)*0.2*0.9*1	0.081
		거푸집(1)	합판3회	(0.6-0.15)*0.9*1	0.41
		거푸집(2)	합판3회	(0.6-0.15)*0.9*1	0.41
		상부근	H16	《2*0.9*1》=1.8+《2*0.82'상부정착'+2*0.82'상부정착'》=3.28	5.1
		하부근	H16	《2*0.9*1》=1.8+《2*0.63'일반정착'+2*0.63'일반정착'》=2.52	4.3
		늑근	H10	《(0.9)/(150/1000)+1》=7*《(0.2+0.6)*2》=1.6*1	11.2
3 층	B3/2700	[비 고]		X : C, Y : 1~2	
		콘크리트	25-240-15	(0.6-0.15)*0.2*2.7*1	0.243
		거푸집(1)	합판3회	(0.6-0.15)*2.7*1	1.22
		거푸집(2)	합판3회	(0.6-0.15)*2.7*1	1.22
		상부근	H16	《2*2.7*1》=5.4+《2*0.82'상부정착'+2*0.82'상부정착'》=3.28	8.7
		하부근	H16	《2*2.7*1》=5.4+《2*0.63'일반정착'+2*0.63'일반정착'》=2.52	7.9
		늑근	H10	《(2.7)/(150/1000)+1》=19*《(0.2+0.6)*2》=1.6*1	30.4
3 층	B3/2700	[비 고]		X : B, Y : 1~2	
		콘크리트	25-240-15	(0.6-0.15)*0.2*1.4*1	0.126
		거푸집(1)	합판3회	(0.6-0.15)*1.4*1	0.63
		거푸집(2)	합판3회	(0.6-0.15)*1.4*1	0.63
		상부근	H16	《2*1.4*1》=2.8+《2*0.82'상부정착'+2*0.82'상부정착'》=3.28	6.1
		하부근	H16	《2*1.4*1》=2.8+《2*0.63'일반정착'+2*0.63'일반정착'》=2.52	5.3
		늑근	H10	《(1.4)/(150/1000)+1》=11*《(0.2+0.6)*2》=1.6*1	17.6
3 층	RB1	[비 고]		X : C', Y : 3~4	
		콘크리트	25-240-15	(0.55-0.15)*0.4*7*1	1.12
		거푸집	합판3회	(0.55-0.15)*7*1	2.8
		거푸집	합판3회	(0.55-0.15)*7*1	2.8
		상부주근	H19	《3*7*1》=21+《5*0.97'상부정착'+0*0.97'상부정착'》=4.85	25.9
		상부근 연장	H19	(《3*0.35》=1.05)*1	1.1
		하부주근	H19	《3*7*1》=21+《3*0.75'일반정착'+1*0.75'일반정착'》=3	24

Koreasoft 고려전산(주)

부재별 산출서

[공사명] 석촌동 근린생활시설 [동명] 본동 보

층	부 호	명 칭	규 격	산 식	결 과 치
		하부근 연장	H19	(《2*0.35》 =0.7)*1	0.7
		1/2근(하부)	H19	2* 《7*0.75》 =5.25*1	10.5
		1/4근(상부)	H19	《2》 =2* 《7*0.3》 =2.1*1	4.2
		늑근(내단)	H10	《((7*0.25))/(200/1000)+1》 =10* 《(0.4+0.55)*2》 =1.9*1	19
		늑근(중앙)	H10	《(7*0.5)/(300/1000)+1》 =13* 《(0.4+0.55)*2》 =1.9*1	24.7
		늑근(외단)	H10	《(7*0.25)/(200/1000)+1》 =10* 《(0.4+0.55)*2》 =1.9*1	19
3 층	RB2	[비 고]		X : C', Y : 4~5	
		콘크리트	25-240-15	(0.55-0.15)*0.4*4.9*1	0.784
		거푸집(1)	합판3회	(0.55-0.15)*4.9*1	1.96
		거푸집(2)	합판3회	(0.55-0.15)*4.9*1	1.96
		상부근	H19	《3*4.9*1》 =14.7+ 《0*0.97'상부정착'+3*0.97'상부정착'》 =2.91	17.6
		상부근 연장	H19	(《3*0.05》 =0.15)*1	0.2
		하부근	H19	《2*4.9*1》 =9.8+ 《0*0.75'일반정착'+2*0.75'일반정착'》 =1.5	11.3
		하부근 연장	H19	(《2*0.05》 =0.1)*1	0.1
		늑근	H10	《(4.9)/(200/1000)+1》 =26* 《(0.4+0.55)*2》 =1.9*1	49.4
3 층	RG1	[비 고]		X : D~C, Y : 2	
		콘크리트	25-240-15	(0.55-0.15)*0.4*6*1	0.96
		거푸집(1)	합판3회	(0.55-0.15)*6*1	2.4
		거푸집(2)	합판3회	(0.55-0.15)*6*1	2.4
		상부주근	H19	《3*6*1》 =18+ 《5*0.97'상부정착'+5*0.97'상부정착'》 =9.7	27.7
		하부주근	H19	《3*6*1》 =18+ 《3*0.75'일반정착'+3*0.75'일반정착'》 =4.5	22.5
		1/2근(하부)	H19	2* 《6*0.75》 =4.5*1	9
		1/4근(상부)	H19	《2+2》 =4* 《6*0.3》 =1.8*1	7.2
		늑근(양단)	H10	《((6*0.25)+(0/2))/(200/1000)*2+1》 =16* 《(0.4+0.55)*2》 =1.9*	30.4
				1	
		늑근(중앙)	H10	《(6*0.5)/(300/1000)+1》 =11* 《(0.4+0.55)*2》 =1.9*1	20.9
3 층	RG1	[비 고]		X : C, Y : 3~4	
		콘크리트	25-240-15	(0.55-0.15)*0.4*7*1	1.12
		거푸집(1)	합판3회	(0.55-0.15)*7*1	2.8
		거푸집(2)	합판3회	(0.55-0.15)*7*1	2.8
		상부주근	H19	《3*7*1》 =21+ 《2*0.97'상부정착'+2*0.97'상부정착'》 =3.88	24.9
		상부근 연장	H19	(《3*0.15》 =0.45+ 《3*0.35》 =1.05)*1	1.5
		하부주근	H19	《3*7*1》 =21+ 《1*0.75'일반정착'+1*0.75'일반정착'》 =1.5	22.5
		하부근 연장	H19	(《2*0.15》 =0.3+ 《2*0.35》 =0.7)*1	1
		1/2근(하부)	H19	2* 《7*0.75》 =5.25*1	10.5

Koreasoft 고려전산(주)

부재별 산출서

[공사명] 석촌동 근린생활시설　　　　　　[동명] 본동　　　　　　보

층	부 호	명 칭	규 격	산 식	결 과 치
		1/4근(상부)	H19	《2+2》=4*《7*0.3》=2.1*1	8.4
		늑근(양단)	H10	《((7*0.25)+(0/2))/(200/1000)*2+1》=19*《(0.4+0.55)*2》=1.9*	36.1
				1	
		늑근(중앙)	H10	《(7*0.5)/(300/1000)+1》=13*《(0.4+0.55)*2》=1.9*1	24.7
3 층	RG1	[비 고]		X : D, Y : 3~4	
		콘크리트	25-240-15	(0.55-0.15)*0.4*7*1	1.12
		거푸집(1)	합판3회	(0.55-0.15)*7*1	2.8
		거푸집(2)	합판3회	(0.55-0.15)*7*1	2.8
		상부주근	H19	《3*7*1》=21+《2*0.97'상부정착'+2*0.97'상부정착'》=3.88	24.9
		상부근 연장	H19	(《3*0.15》=0.45+《3*0.35》=1.05)*1	1.5
		하부주근	H19	《3*7*1》=21+《1*0.75'일반정착'+1*0.75'일반정착'》=1.5	22.5
		하부근 연장	H19	(《2*0.15》=0.3+《2*0.35》=0.7)*1	1
		1/2근(하부)	H19	2*《7*0.75》=5.25*1	10.5
		1/4근(상부)	H19	《2+2》=4*《7*0.3》=2.1*1	8.4
		늑근(양단)	H10	《((7*0.25)+(0/2))/(200/1000)*2+1》=19*《(0.4+0.55)*2》=1.9*	36.1
				1	
		늑근(중앙)	H10	《(7*0.5)/(300/1000)+1》=13*《(0.4+0.55)*2》=1.9*1	24.7
3 층	RG1	[비 고]		X : B, Y : 3~4	
		콘크리트	25-240-15	(0.55-0.15)*0.4*7*1	1.12
		거푸집(1)	합판3회	(0.55-0.15)*7*1	2.8
		거푸집(2)	합판3회	(0.55-0.15)*7*1	2.8
		상부주근	H19	《3*7*1》=21+《2*0.97'상부정착'+2*0.97'상부정착'》=3.88	24.9
		상부근 연장	H19	(《3*0.15》=0.45+《3*0.35》=1.05)*1	1.5
		하부주근	H19	《3*7*1》=21+《1*0.75'일반정착'+1*0.75'일반정착'》=1.5	22.5
		하부근 연장	H19	(《2*0.15》=0.3+《2*0.35》=0.7)*1	1
		1/2근(하부)	H19	2*《7*0.75》=5.25*1	10.5
		1/4근(상부)	H19	《2+2》=4*《7*0.3》=2.1*1	8.4
		늑근(양단)	H10	《((7*0.25)+(0/2))/(200/1000)*2+1》=19*《(0.4+0.55)*2》=1.9*	36.1
				1	
		늑근(중앙)	H10	《(7*0.5)/(300/1000)+1》=13*《(0.4+0.55)*2》=1.9*1	24.7
3 층	RG2	[비 고]		X : D, Y : 4~5	
		콘크리트	25-240-15	(0.55-0.15)*0.4*4.7*1	0.752
		거푸집(1)	합판3회	(0.55-0.15)*4.7*1	1.88
		거푸집(2)	합판3회	(0.55-0.15)*4.7*1	1.88
		상부근	H19	《3*4.7*1》=14.1+《0*0.97'상부정착'+3*0.97'상부정착'》=2.91	17

Koreasoft 고려전산(주)

부재별 산출서

[공사명] 석촌동 근린생활시설 [동명] 본동 보

층	부 호	명 칭	규 격	산 식	결 과 치
		상부근 연장	H19	(《3*0.05》 =0.15)*1	0.2
		하부근	H19	《2*4.7*1》 =9.4+ 《0*0.75'일반정착'+2*0.75'일반정착'》 =1.5	10.9
		하부근 연장	H19	(《2*0.05》 =0.1)*1	0.1
		늑근	H10	《(4.7)/(200/1000)+1》 =25* 《(0.4+0.55)*2》 =1.9*1	47.5
3 층	RG2	[비 고]		X : B, Y : 4~5	
		콘크리트	25-240-15	(0.55-0.15)*0.4*4.7*1	0.752
		거푸집(1)	합판3회	(0.55-0.15)*4.7*1	1.88
		거푸집(2)	합판3회	(0.55-0.15)*4.7*1	1.88
		상부근	H19	《3*4.7*1》 =14.1+ 《0*0.97'상부정착'+3*0.97'상부정착'》 =2.91	17
		상부근 연장	H19	(《3*0.05》 =0.15)*1	0.2
		하부근	H19	《2*4.7*1》 =9.4+ 《0*0.75'일반정착'+2*0.75'일반정착'》 =1.5	10.9
		하부근 연장	H19	(《2*0.05》 =0.1)*1	0.1
		늑근	H10	《(4.7)/(200/1000)+1》 =25* 《(0.4+0.55)*2》 =1.9*1	47.5
3 층	RG2	[비 고]		X : C, Y : 4~5	
		콘크리트	25-240-15	(0.55-0.15)*0.4*4.7*1	0.752
		거푸집(1)	합판3회	(0.55-0.15)*4.7*1	1.88
		거푸집(2)	합판3회	(0.55-0.15)*4.7*1	1.88
		상부근	H19	《3*4.7*1》 =14.1+ 《0*0.97'상부정착'+3*0.97'상부정착'》 =2.91	17
		상부근 연장	H19	(《3*0.05》 =0.15)*1	0.2
		하부근	H19	《2*4.7*1》 =9.4+ 《0*0.75'일반정착'+2*0.75'일반정착'》 =1.5	10.9
		하부근 연장	H19	(《2*0.05》 =0.1)*1	0.1
		늑근	H10	《(4.7)/(200/1000)+1》 =25* 《(0.4+0.55)*2》 =1.9*1	47.5
3 층	RG3	[비 고]		X : D~C, Y : 3	
		콘크리트	25-240-15	(0.55-0.15)*0.4*6*1	0.96
		거푸집(1)	합판3회	(0.55-0.15)*6*1	2.4
		거푸집(2)	합판3회	(0.55-0.15)*6*1	2.4
		상부주근	H19	《4*6*1》 =24+ 《6*0.97'상부정착'+3*0.97'상부정착'》 =8.73	32.7
		상부근 연장	H19	(《3*0.45》 =1.35)*1	1.4
		하부주근	H19	《4*6*1》 =24+ 《4*0.75'일반정착'+2*0.75'일반정착'》 =4.5	28.5
		하부근 연장	H19	(《2*0.45》 =0.9)*1	0.9
		1/2근(하부)	H19	2* 《6*0.75》 =4.5*1	9
		1/4근(상부)	H19	《2+2》 =4* 《6*0.3》 =1.8*1	7.2
		늑근(양단)	H10	《((6*0.25)+(0/2))/(200/1000)*2+1》 =16* 《(0.4+0.55)*2》 =1.9*	30.4
				1	
		늑근(중앙)	H10	《(6*0.5)/(250/1000)+1》 =13* 《(0.4+0.55)*2》 =1.9*1	24.7

부재별 산출서

[공사명] 석촌동 근린생활시설 [동명] 본동 보

층	부 호	명 칭	규 격	산 식	결 과 치
3 층	RG3	[비 고]		X : D~C, Y : 4	
		콘크리트	25-240-15	(0.55-0.15)*0.4*6*1	0.96
		거푸집(1)	합판3회	(0.55-0.15)*6*1	2.4
		거푸집(2)	합판3회	(0.55-0.15)*6*1	2.4
		상부주근	H19	《4*6*1》=24+《6*0.97'상부정착'+3*0.97'상부정착'》=8.73	32.7
		상부근 연장	H19	(《3*0.45》=1.35)*1	1.4
		하부주근	H19	《4*6*1》=24+《4*0.75'일반정착'+2*0.75'일반정착'》=4.5	28.5
		하부근 연장	H19	(《2*0.45》=0.9)*1	0.9
		1/2근(하부)	H19	2*《6*0.75》=4.5*1	9
		1/4근(상부)	H19	《2+2》=4*《6*0.3》=1.8*1	7.2
		늑근(양단)	H10	《((6*0.25)+(0/2))/(200/1000)*2+1》=16*《(0.4+0.55)*2》=1.9*	30.4
				1	
		늑근(중앙)	H10	《(6*0.5)/(250/1000)+1》=13*《(0.4+0.55)*2》=1.9*1	24.7
3 층	RG4	[비 고]		X : D, Y : 2~3	
		콘크리트	25-240-15	(0.3-0.15)*0.375*2.1*1	0.118
		거푸집(1)	합판3회	(0.3-0.15)*2.1*1	0.32
		거푸집(2)	합판3회	(0.3-0.15)*2.1*1	0.32
		상부근	H19	《3*2.1*1》=6.3+《3*0.97'상부정착'+0*0.97'상부정착'》=2.91	9.2
		상부근 연장	H19	(《3*0.25》=0.75)*1	0.8
		하부근	H19	《2*2.1*1》=4.2+《2*0.75'일반정착'+0*0.75'일반정착'》=1.5	5.7
		하부근 연장	H19	(《2*0.25》=0.5)*1	0.5
		늑근	H10	《(2.1)/(250/1000)+1》=10*《(0.375+0.3)*2》=1.35*1	13.5
3 층	RG4	[비 고]		X : C~B, Y : 3	
		콘크리트	25-240-15	(0.3-0.15)*0.375*2.8*1	0.158
		거푸집(1)	합판3회	(0.3-0.15)*2.8*1	0.42
		거푸집(2)	합판3회	(0.3-0.15)*2.8*1	0.42
		상부근	H19	《3*2.8*1》=8.4+《0*0.97'상부정착'+3*0.97'상부정착'》=2.91	11.3
		상부근 연장	H19	(《3*0.05》=0.15)*1	0.2
		하부근	H19	《2*2.8*1》=5.6+《0*0.75'일반정착'+2*0.75'일반정착'》=1.5	7.1
		하부근 연장	H19	(《2*0.05》=0.1)*1	0.1
		늑근	H10	《(2.8)/(250/1000)+1》=13*《(0.375+0.3)*2》=1.35*1	17.6
3 층	RG4	[비 고]		X : C, Y : 2~3	
		콘크리트	25-240-15	(0.3-0.15)*0.375*2.25*1	0.127
		거푸집(1)	합판3회	(0.3-0.15)*2.25*1	0.34
		거푸집(2)	합판3회	(0.3-0.15)*2.25*1	0.34

Koreasoft 고려전산(주)

부재별 산출서

[공사명] 석촌동 근린생활시설 [동명] 본동 보

층	부 호	명 칭	규 격	산 식	결 과 치
		상부근	H19	《3*2.25*1》=6.8+《3*0.97'상부정착'+0*0.97'상부정착'》=2.91	9.7
		상부근 연장	H19	(《3*0.25》=0.75)*1	0.8
		하부근	H19	《2*2.25*1》=4.5+《2*0.75'일반정착'+0*0.75'일반정착'》=1.5	6
		하부근 연장	H19	(《2*0.25》=0.5)*1	0.5
		늑근	H10	《(2.25)/(250/1000)+1》=10*《(0.375+0.3)*2》=1.35*1	13.5
3 층	RG4	[비 고]		X : C~B, Y : 4	
		콘크리트	25-240-15	(0.3-0.15)*0.375*2.8*1	0.158
		거푸집(1)	합판3회	(0.3-0.15)*2.8*1	0.42
		거푸집(2)	합판3회	(0.3-0.15)*2.8*1	0.42
		상부근	H19	《3*2.8*1》=8.4+《0*0.97'상부정착'+3*0.97'상부정착'》=2.91	11.3
		상부근 연장	H19	(《3*0.05》=0.15)*1	0.2
		하부근	H19	《2*2.8*1》=5.6+《0*0.75'일반정착'+2*0.75'일반정착'》=1.5	7.1
		하부근 연장	H19	(《2*0.05》=0.1)*1	0.1
		늑근	H10	《(2.8)/(250/1000)+1》=13*《(0.375+0.3)*2》=1.35*1	17.6
3 층	RG4	[비 고]		X : B, Y : 2~3	
		콘크리트	25-240-15	(0.3-0.15)*0.375*2.25*1	0.127
		거푸집(1)	합판3회	(0.3-0.15)*2.25*1	0.34
		거푸집(2)	합판3회	(0.3-0.15)*2.25*1	0.34
		상부근	H19	《3*2.25*1》=6.8+《3*0.97'상부정착'+0*0.97'상부정착'》=2.91	9.7
		상부근 연장	H19	(《3*0.25》=0.75)*1	0.8
		하부근	H19	《2*2.25*1》=4.5+《2*0.75'일반정착'+0*0.75'일반정착'》=1.5	6
		하부근 연장	H19	(《2*0.25》=0.5)*1	0.5
		늑근	H10	《(2.25)/(250/1000)+1》=10*《(0.375+0.3)*2》=1.35*1	13.5
3 층	RWG1	[비 고]		X : D~C, Y : 5	
		콘크리트	25-240-15	(0.55-0.15)*0.3*6*1	0.72
		거푸집(1)	합판3회	(0.55-0.15)*6*1	2.4
		거푸집(2)	합판3회	(0.55-0.15)*6*1	2.4
		상부근	H19	《3*6*1》=18+《3*0.97'상부정착'+0*0.97'상부정착'》=2.91	20.9
		상부근 연장	H19	(《3*0.45》=1.35)*1	1.4
		하부근	H19	《2*6*1》=12+《2*0.75'일반정착'+0*0.75'일반정착'》=1.5	13.5
		하부근 연장	H19	(《2*0.45》=0.9)*1	0.9
		늑근	H10	《(6)/(250/1000)+1》=25*《(0.3+0.55)*2》=1.7*1	42.5
3 층	RWG1	[비 고]		X : C~B, Y : 5	
		콘크리트	25-240-15	(0.55-0.15)*0.3*2.8*1	0.336
		거푸집(1)	합판3회	(0.55-0.15)*2.8*1	1.12

Koreasoft 고려전산(주)

부재별 산출서

[공사명] 석촌동 근린생활시설 [동명] 본동 보

층	부 호	명 칭	규 격	산 식	결 과 치
		거푸집(2)	합판3회	(0.55-0.15)*2.8*1	1.12
		상부근	H19	《3*2.8*1》=8.4+《0*0.97'상부정착'+3*0.97'상부정착'》=2.91	11.3
		상부근 연장	H19	(《3*0.05》=0.15)*1	0.2
		하부근	H19	《2*2.8*1》=5.6+《0*0.75'일반정착'+2*0.75'일반정착'》=1.5	7.1
		하부근 연장	H19	(《2*0.05》=0.1)*1	0.1
		늑근	H10	《(2.8)/(250/1000)+1》=13*《(0.3+0.55)*2》=1.7*1	22.1

Koreasoft 고려전산(주)

부재별 산출서

[공사명] 석촌동 근린생활시설　　[동명] 본동　　슬라브

층	부 호	명 칭	규 격	산 식	결과치
B1 층	1S1	[비 고]		X : 4¯5, Y : D¯D'	
		콘크리트	25-240-15	(1.7*5.15*0.15)*1	1.313
		거푸집	합판3회	1.7*5.15*1	8.76
		중앙CUT주근	H10	《(5.15-(0.425*2))/(400/1000)》=11*《0.425*2+0.3'Cut여장'》=	12.7
				1.15*1	
		중앙밴드주근	H10	《(5.15-(0.425*2))/(400/1000)》=11*《1.7+0.06》=1.76*1	19.4
		중앙하부주근	H10	《(5.15-(0.425*2))/(400/1000)》=11*1.7*1	18.7
		단부상부주근	H10	《0.425/(200/1000)*2》=4*1.7*1	6.8
		단부하부주근	H10	《0.425/(200/1000)*2》=4*1.7*1	6.8
		중앙CUT부근	H10	《(1.7-(0.425*2))/(500/1000)》=2*《0.425*2+0.3'Cut여장'+0.4'	3.1
				일반정착'》=1.55*1	
		중앙밴드부근	H10	《(1.7-(0.425*2))/(500/1000)》=2*《5.15+0.06+0.4'일반정착'》	11.2
				=5.61*1	
		중앙하부부근	H10	《(1.7-(0.425*2))/(500/1000)》=2*《5.15+0.4'일반정착'》=5.55	11.1
				*1	
		단부상부부근	H10	《0.425/(300/1000)*2》=2*《5.15+0.4'일반정착'》=5.55*1	11.1
		단부하부부근	H10	《0.425/(300/1000)*2》=2*《5.15+0.4'일반정착'》=5.55*1	11.1
B1 층	1S1	[비 고]		X : 4¯5, Y : C'¯D	
		콘크리트	25-240-15	(3.3*5.15*0.15)*1	2.549
		거푸집	합판3회	3.3*5.15*1	17
		중앙CUT주근	H10	《(5.15-(0.825*2))/(400/1000)》=9*《0.825*2+0.3'Cut여장'》=1	17.6
				.95*1	
		중앙밴드주근	H10	《(5.15-(0.825*2))/(400/1000)》=9*《3.3+0.06》=3.36*1	30.2
		중앙하부주근	H10	《(5.15-(0.825*2))/(400/1000)》=9*3.3*1	29.7
		단부상부주근	H10	《0.825/(200/1000)*2》=8*3.3*1	26.4
		단부하부주근	H10	《0.825/(200/1000)*2》=8*3.3*1	26.4
		중앙CUT부근	H10	《(3.3-(0.825*2))/(500/1000)》=3*《0.825*2+0.3'Cut여장'+0.4'	7.1
				일반정착'》=2.35*1	
		중앙밴드부근	H10	《(3.3-(0.825*2))/(500/1000)》=4*《5.15+0.06+0.4'일반정착'》	22.4
				=5.61*1	
		중앙하부부근	H10	《(3.3-(0.825*2))/(500/1000)》=4*《5.15+0.4'일반정착'》=5.55	22.2
				*1	
		단부상부부근	H10	《0.825/(300/1000)*2》=5*《5.15+0.4'일반정착'》=5.55*1	27.8
		단부하부부근	H10	《0.825/(300/1000)*2》=5*《5.15+0.4'일반정착'》=5.55*1	27.8
B1 층	1S1	[비 고]		X : 4¯5, Y : C¯C'	

Koreasoft 고려전산(주)

부재별 산출서

[공사명] 석촌동 근린생활시설　　　　[동명] 본동　　　　슬라브

층	부 호	명 칭	규 격	산 식	결 과 치
		콘크리트	25-240-15	(3.25*5.15*0.15)*1	2.511
		거푸집	합판3회	3.25*5.15*1	16.74
		중앙CUT주근	H10	《(5.15-(0.8125*2))/(400/1000)》=9*《0.8125*2+0.3'Cut여장'》	17.3
				=1.925*1	
		중앙밴드주근	H10	《(5.15-(0.8125*2))/(400/1000)》=9*《3.25+0.06》=3.31*1	29.8
		중앙하부주근	H10	《(5.15-(0.8125*2))/(400/1000)》=9*3.25*1	29.3
		단부상부주근	H10	《0.8125/(200/1000)*2》=8*3.25*1	26
		단부하부주근	H10	《0.8125/(200/1000)*2》=8*3.25*1	26
		중앙CUT부근	H10	《(3.25-(0.8125*2))/(500/1000)》=3*《0.8125*2+0.3'Cut여장'+0	7
				.4'일반정착'》=2.325*1	
		중앙밴드부근	H10	《(3.25-(0.8125*2))/(500/1000)》=4*《5.15+0.06+0.4'일반정착'	22.4
				》=5.61*1	
		중앙하부부근	H10	《(3.25-(0.8125*2))/(500/1000)》=4*《5.15+0.4'일반정착'》=5.	22.2
				55*1	
		단부상부부근	H10	《0.8125/(300/1000)*2》=5*《5.15+0.4'일반정착'》=5.55*1	27.8
		단부하부부근	H10	《0.8125/(300/1000)*2》=5*《5.15+0.4'일반정착'》=5.55*1	27.8
B1 층	1S1	[비 고]		X : 4~5, Y : B~C	
		콘크리트	25-240-15	(3.5*5.15*0.15)*1	2.704
		거푸집	합판3회	3.5*5.15*1	18.02
		중앙CUT주근	H10	《(5.15-(0.875*2))/(400/1000)》=9*《0.875*2+0.3'Cut여장'》=2	18.5
				.05*1	
		중앙밴드주근	H10	《(5.15-(0.875*2))/(400/1000)》=9*《3.5+0.06》=3.56*1	32
		중앙하부주근	H10	《(5.15-(0.875*2))/(400/1000)》=9*3.5*1	31.5
		단부상부주근	H10	《0.875/(200/1000)*2》=8*3.5*1	28
		단부하부주근	H10	《0.875/(200/1000)*2》=8*3.5*1	28
		중앙CUT부근	H10	《(3.5-(0.875*2))/(500/1000)》=4*《0.875*2+0.3'Cut여장'+0.4'	9.8
				일반정착'》=2.45*1	
		중앙밴드부근	H10	《(3.5-(0.875*2))/(500/1000)》=4*《5.15+0.06+0.4'일반정착'》	22.4
				=5.61*1	
		중앙하부부근	H10	《(3.5-(0.875*2))/(500/1000)》=4*《5.15+0.4'일반정착'》=5.55	22.2
				*1	
		단부상부부근	H10	《0.875/(300/1000)*2》=5*《5.15+0.4'일반정착'》=5.55*1	27.8
		단부하부부근	H10	《0.875/(300/1000)*2》=5*《5.15+0.4'일반정착'》=5.55*1	27.8
B1 층	1S1	[비 고]		X : 4~5, Y : A~B	
		콘크리트	25-240-15	(1.55*5.15*0.15)*1	1.197

Koreasoft 고려전산(주)

부재별 산출서

[공사명] 석촌동 근린생활시설 [동명] 본동 슬라브

층	부 호	명 칭	규 격	산 식	결 과 치
		거푸집	합판3회	1.55*5.15*1	7.98
		중앙CUT주근	H10	《(5.15-(0.3875*2))/(400/1000)》=11*《0.3875*2+0.3'Cut여장'+	16.2
				0.4'일반정착'》=1.475*1	
		중앙밴드주근	H10	《(5.15-(0.3875*2))/(400/1000)》=11*《1.55+0.06+0.4'일반정착	22.1
				'》=2.01*1	
		중앙하부주근	H10	《(5.15-(0.3875*2))/(400/1000)》=11*《1.55+0.4'일반정착'》=1	21.5
				.95*1	
		단부상부주근	H10	《0.3875/(200/1000)*2》=3*《1.55+0.4'일반정착'》=1.95*1	5.9
		단부하부주근	H10	《0.3875/(200/1000)*2》=3*《1.55+0.4'일반정착'》=1.95*1	5.9
		중앙CUT부근	H10	《(1.55-(0.3875*2))/(500/1000)》=2*《0.3875*2+0.3'Cut여장'+0	3
				.4'일반정착'》=1.475*1	
		중앙밴드부근	H10	《(1.55-(0.3875*2))/(500/1000)》=2*《5.15+0.06+0.4'일반정착'	11.2
				》=5.61*1	
		중앙하부부근	H10	《(1.55-(0.3875*2))/(500/1000)》=2*《5.15+0.4'일반정착'》=5.	11.1
				55*1	
		단부상부부근	H10	《0.3875/(300/1000)*2》=2*《5.15+0.4'일반정착'》=5.55*1	11.1
		단부하부부근	H10	《0.3875/(300/1000)*2》=2*《5.15+0.4'일반정착'》=5.55*1	11.1
B1 층	1S1	[비 고]		X : 3~4, Y : D~D'	
		콘크리트	25-240-15	(1.7*7.5*0.15)*1	1.913
		거푸집	합판3회	1.7*7.5*1	12.75
		중앙CUT주근	H10	《(7.5-(0.425*2))/(400/1000)》=17*《0.425*2+0.3'Cut여장'》=1	19.6
				.15*1	
		중앙밴드주근	H10	《(7.5-(0.425*2))/(400/1000)》=17*《1.7+0.06》=1.76*1	29.9
		중앙하부주근	H10	《(7.5-(0.425*2))/(400/1000)》=17*1.7*1	28.9
		단부상부주근	H10	《0.425/(200/1000)*2》=4*1.7*1	6.8
		단부하부주근	H10	《0.425/(200/1000)*2》=4*1.7*1	6.8
		중앙CUT부근	H10	《(1.7-(0.425*2))/(500/1000)》=2*《0.425*2+0.3'Cut여장'》=1.	2.3
				15*1	
		중앙밴드부근	H10	《(1.7-(0.425*2))/(500/1000)》=2*《7.5+0.06》=7.56*1	15.1
		중앙하부부근	H10	《(1.7-(0.425*2))/(500/1000)》=2*7.5*1	15
		단부상부부근	H10	《0.425/(300/1000)*2》=2*7.5*1	15
		단부하부부근	H10	《0.425/(300/1000)*2》=2*7.5*1	15
		단차이 H=50	25-240-15	0.15*0.05*(1.7)	0.013
		거푸집	합판3회	0.05*2*1.7	0.17
		수직철근	H10	(1.8/0.4+1)*(0.2*2+(0.15+0.05))	3.3

Koreasoft 고려전산(주)

부재별 산출서

[공사명] 석촌동 근린생활시설 [동명] 본동 슬라브

층	부 호	명 칭	규 격	산 식	결 과 치
		수평철근	H10	((0.15+0.05)/0.2+1)*(0.2*2+(2.75))	6.3
B1 층	1S1	[비 고]		X : 3¯4, Y : C'¯D	
		콘크리트	25-240-15	(3.3*7.5*0.15)*1	3.713
		거푸집	합판3회	3.3*7.5*1	24.75
		중앙CUT주근	H10	《(7.5-(0.825*2))/(400/1000)》=15*《0.825*2+0.3'Cut여장'》=1	29.3
				.95*1	
		중앙밴드주근	H10	《(7.5-(0.825*2))/(400/1000)》=15*《3.3+0.06》=3.36*1	50.4
		중앙하부주근	H10	《(7.5-(0.825*2))/(400/1000)》=15*3.3*1	49.5
		단부상부주근	H10	《0.825/(200/1000)*2》=8*3.3*1	26.4
		단부하부주근	H10	《0.825/(200/1000)*2》=8*3.3*1	26.4
		중앙CUT부근	H10	《(3.3-(0.825*2))/(500/1000)》=3*《0.825*2+0.3'Cut여장'》=1.	5.9
				95*1	
		중앙밴드부근	H10	《(3.3-(0.825*2))/(500/1000)》=4*《7.5+0.06》=7.56*1	30.2
		중앙하부부근	H10	《(3.3-(0.825*2))/(500/1000)》=4*7.5*1	30
		단부상부부근	H10	《0.825/(300/1000)*2》=5*7.5*1	37.5
		단부하부부근	H10	《0.825/(300/1000)*2》=5*7.5*1	37.5
B1 층	1S1	[비 고]		X : 3¯4, Y : C¯C'	
		콘크리트	25-240-15	(3.25*7.5*0.15)*1	3.656
		거푸집	합판3회	3.25*7.5*1	24.38
		중앙CUT주근	H10	《(7.5-(0.8125*2))/(400/1000)》=15*《0.8125*2+0.3'Cut여장'》	28.9
				=1.925*1	
		중앙밴드주근	H10	《(7.5-(0.8125*2))/(400/1000)》=15*《3.25+0.06》=3.31*1	49.7
		중앙하부주근	H10	《(7.5-(0.8125*2))/(400/1000)》=15*3.25*1	48.8
		단부상부주근	H10	《0.8125/(200/1000)*2》=8*3.25*1	26
		단부하부주근	H10	《0.8125/(200/1000)*2》=8*3.25*1	26
		중앙CUT부근	H10	《(3.25-(0.8125*2))/(500/1000)》=3*《0.8125*2+0.3'Cut여장'》	5.8
				=1.925*1	
		중앙밴드부근	H10	《(3.25-(0.8125*2))/(500/1000)》=4*《7.5+0.06》=7.56*1	30.2
		중앙하부부근	H10	《(3.25-(0.8125*2))/(500/1000)》=4*7.5*1	30
		단부상부부근	H10	《0.8125/(300/1000)*2》=5*7.5*1	37.5
		단부하부부근	H10	《0.8125/(300/1000)*2》=5*7.5*1	37.5
B1 층	1S1	[비 고]		X : 3¯4, Y : B¯C	
		콘크리트	25-240-15	(3.5*7.5*0.15)*1	3.938
		거푸집	합판3회	3.5*7.5*1	26.25
		중앙CUT주근	H10	《(7.5-(0.875*2))/(400/1000)》=14*《0.875*2+0.3'Cut여장'》=2	28.7
				.05*1	

Koreasoft 고려전산(주)

부재별 산출서

[공사명] 석촌동 근린생활시설 [동명] 본동 슬라브

층	부 호	명 칭	규 격	산 식	결 과 치
		중앙밴드주근	H10	《(7.5-(0.875*2))/(400/1000)》=15*《3.5+0.06》=3.56*1	53.4
		중앙하부주근	H10	《(7.5-(0.875*2))/(400/1000)》=15*3.5*1	52.5
		단부상부주근	H10	《0.875/(200/1000)*2》=8*3.5*1	28
		단부하부주근	H10	《0.875/(200/1000)*2》=8*3.5*1	28
		중앙CUT부근	H10	《(3.5-(0.875*2))/(500/1000)》=4*《0.875*2+0.3'Cut여장'》=2.	8.2
				05*1	
		중앙밴드부근	H10	《(3.5-(0.875*2))/(500/1000)》=4*《7.5+0.06》=7.56*1	30.2
		중앙하부부근	H10	《(3.5-(0.875*2))/(500/1000)》=4*7.5*1	30
		단부상부부근	H10	《0.875/(300/1000)*2》=5*7.5*1	37.5
		단부하부부근	H10	《0.875/(300/1000)*2》=5*7.5*1	37.5
B1 층	1S1	[비 고]		X : 3~4, Y : A~B	
		콘크리트	25-240-15	(1.55*7.5*0.15)*1	1.744
		거푸집	합판3회	1.55*7.5*1	11.63
		중앙CUT주근	H10	《(7.5-(0.3875*2))/(400/1000)》=17*《0.3875*2+0.3'Cut여장'+0	25.1
				.4'일반정착'》=1.475*1	
		중앙밴드주근	H10	《(7.5-(0.3875*2))/(400/1000)》=17*《1.55+0.06+0.4'일반정착'	34.2
				》=2.01*1	
		중앙하부주근	H10	《(7.5-(0.3875*2))/(400/1000)》=17*《1.55+0.4'일반정착'》=1.	33.2
				95*1	
		단부상부주근	H10	《0.3875/(200/1000)*2》=3*《1.55+0.4'일반정착'》=1.95*1	5.9
		단부하부주근	H10	《0.3875/(200/1000)*2》=3*《1.55+0.4'일반정착'》=1.95*1	5.9
		중앙CUT부근	H10	《(1.55-(0.3875*2))/(500/1000)》=2*《0.3875*2+0.3'Cut여장'》	2.2
				=1.075*1	
		중앙밴드부근	H10	《(1.55-(0.3875*2))/(500/1000)》=2*《7.5+0.06》=7.56*1	15.1
		중앙하부부근	H10	《(1.55-(0.3875*2))/(500/1000)》=2*7.5*1	15
		단부상부부근	H10	《0.3875/(300/1000)*2》=2*7.5*1	15
		단부하부부근	H10	《0.3875/(300/1000)*2》=2*7.5*1	15
B1 층	1S1A	[비 고]		X : 2~3, Y : C~D	
		콘크리트	25-240-15	(2.75*4.35*0.15)*1	1.794
		거푸집	합판3회	2.75*4.35*1	11.96
		상부주근	H13	《4.35/(200/1000)》=22*《2.75+0.51'일반정착'》=3.26*1	71.7
		하부주근	H13	《4.35/(200/1000)》=22*《2.75+0.51'일반정착'》=3.26*1	71.7
		상부부근	H13	《2.75/(200/1000)》=14*4.35*1	60.9
		하부부근	H13	《2.75/(200/1000)》=14*4.35*1	60.9
		보강근(T&B)	H13	3*2*(5.8)	34.8

Koreasoft 고려전산(주)

부재별 산출서

[공사명] 석촌동 근린생활시설 [동명] 본동 슬라브

층	부 호	명 칭	규 격	산 식	결 과 치
B1 층	1S2	[비 고]		X : 2¯3, Y : A¯B	
		콘크리트	25-240-15	(1.55*2.75*0.15)*1	0.639
		거푸집	합판3회	1.55*2.75*1	4.26
		상부주근	H10	《2.75/(200/1000)》=14*《1.55+0.4'일반정착'》=1.95*1	27.3
		하부주근	H10	《2.75/(200/1000)》=14*《1.55+0.4'일반정착'》=1.95*1	27.3
		상부부근	H10	《1.55/(300/1000)》=6*2.75*1	16.5
		하부부근	H10	《1.55/(300/1000)》=6*2.75*1	16.5
B1 층	1S2	[비 고]		X : 2¯3, Y : B¯C	
		콘크리트	25-240-15	(2.75*5.6*0.15)*1-《0.15*0.42'개구부'》=0.063	2.247
		거푸집	합판3회	2.75*5.6*1+《3.4*0.15'개구부'》=0.51-0.42	15.49
		상부주근	H10	《5.6/(200/1000)》=28*2.75*1-《0.3/(200/1000)*1.4'개구부'》=	74.9
				2.1	
		하부주근	H10	《5.6/(200/1000)》=28*2.75*1-《0.3/(200/1000)*1.4'개구부'》=	74.9
				2.1	
		상부부근	H10	《2.75/(300/1000)》=10*5.6*1-《1.4/(300/1000)*0.3'개구부'》=	54.6
				1.4	
		하부부근	H10	《2.75/(300/1000)》=10*5.6*1-《1.4/(300/1000)*0.3'개구부'》=	54.6
				1.4	
		개구부 보강(T&B)	H13	2*2*(2.27)	9.08
		개구부 보강(T&B)	H13	2*2*(0.93)	3.72
B1 층	1S3	[비 고]		X : 0¯1, Y : D¯E	
		콘크리트	25-240-15	(3.95*4.8*0.15)*1	2.844
		거푸집	합판3회	3.95*4.8*1	18.96
		중앙상부주근	H13	《(4.8-(0.9875*2))/(400/1000)》=8*《3.95+(0.51*2)'일반정착'	39.8
				》=4.97*1	
		중앙밴드주근	H10	《(4.8-(0.9875*2))/(400/1000)》=8*《3.95+0.06+(0.4*2)'일반정	38.5
				착'》=4.81*1	
		중앙하부주근	H10	《(4.8-(0.9875*2))/(400/1000)》=8*《3.95+(0.4*2)'일반정착'》	38
				=4.75*1	
		단부상부주근	H10	《0.9875/(400/1000)*2》=4*《3.95+(0.4*2)'일반정착'》=4.75*1	19
			H13	《0.9875/(400/1000)*2》=4*《3.95+(0.51*2)'일반정착'》=4.97*1	19.9
		단부하부주근	H10	《0.9875/(400/1000)*2》=4*《3.95+(0.4*2)'일반정착'》=4.75*1	19
			H13	《0.9875/(400/1000)*2》=4*《3.95+(0.51*2)'일반정착'》=4.97*1	19.9
		중앙상부부근	H13	《(3.95-(0.9875*2))/(600/1000)》=4*《4.8+(0.51*2)'일반정착'	23.3
				》=5.82*1	

Koreasoft 고려전산(주)

부재별 산출서

[공사명] 석촌동 근린생활시설 [동명] 본동 슬라브

층	부 호	명 칭	규 격	산 식	결 과 치
		중앙밴드부근	H10	《(3.95-(0.9875*2))/(600/1000)》=4*《4.8+0.06+(0.4*2)'일반정	22.6
				착'》=5.66*1	
		중앙하부부근	H10	《(3.95-(0.9875*2))/(600/1000)》=4*《4.8+(0.4*2)'일반정착'》	22.4
				=5.6*1	
		단부상부부근	H10	《0.9875/(300/1000)*2》=6*《4.8+(0.4*2)'일반정착'》=5.6*1	33.6
		단부하부부근	H10	《0.9875/(300/1000)*2》=6*《4.8+(0.4*2)'일반정착'》=5.6*1	33.6
		마구리거푸집	유로폼	74.28*0.15	11.14
B1 층	1S3	[비 고]		X : 4~5, Y : D'~E	
		콘크리트	25-240-15	(3.55*5.15*0.15)*1	2.742
		거푸집	합판3회	3.55*5.15*1	18.28
		중앙상부주근	H13	《(5.15-(0.8875*2))/(400/1000)》=9*《3.55+0.51'일반정착'》=4	36.5
				.06*1	
		중앙밴드주근	H10	《(5.15-(0.8875*2))/(400/1000)》=9*《3.55+0.06+0.4'일반정착'	36.1
				》=4.01*1	
		중앙하부주근	H10	《(5.15-(0.8875*2))/(400/1000)》=9*《3.55+0.4'일반정착'》=3.	35.6
				95*1	
		단부상부주근	H10	《0.8875/(400/1000)*2》=4*《3.55+0.4'일반정착'》=3.95*1	15.8
			H13	《0.8875/(400/1000)*2》=4*《3.55+0.51'일반정착'》=4.06*1	16.2
		단부하부주근	H10	《0.8875/(400/1000)*2》=4*《3.55+0.4'일반정착'》=3.95*1	15.8
			H13	《0.8875/(400/1000)*2》=4*《3.55+0.51'일반정착'》=4.06*1	16.2
		중앙상부부근	H13	《(3.55-(0.8875*2))/(600/1000)》=3*《5.15+0.51'일반정착'》=5	17
				.66*1	
		중앙밴드부근	H10	《(3.55-(0.8875*2))/(600/1000)》=3*《5.15+0.06+0.4'일반정착'	16.8
				》=5.61*1	
		중앙하부부근	H10	《(3.55-(0.8875*2))/(600/1000)》=3*《5.15+0.4'일반정착'》=5.	16.7
				55*1	
		단부상부부근	H10	《0.8875/(300/1000)*2》=5*《5.15+0.4'일반정착'》=5.55*1	27.8
		단부하부부근	H10	《0.8875/(300/1000)*2》=5*《5.15+0.4'일반정착'》=5.55*1	27.8
B1 층	1S3	[비 고]		X : 3~4, Y : D'~E	
		콘크리트	25-240-15	(3.55*7.5*0.15)*1	3.994
		거푸집	합판3회	3.55*7.5*1	26.63
		중앙상부주근	H13	《(7.5-(0.8875*2))/(400/1000)》=15*《3.55+0.51'일반정착'》=4	60.9
				.06*1	
		중앙밴드주근	H10	《(7.5-(0.8875*2))/(400/1000)》=15*《3.55+0.06+0.4'일반정착'	60.2
				》=4.01*1	

Koreasoft 고려전산(주)

부재별 산출서

[공사명] 석촌동 근린생활시설 [동명] 본동 슬라브

층	부 호	명 칭	규 격	산 식	결 과 치
		중앙하부주근	H10	《(7.5-(0.8875*2))/(400/1000)》=15*《3.55+0.4'일반정착'》=3.	59.3
				95*1	
		단부상부주근	H10	《0.8875/(400/1000)*2》=4*《3.55+0.4'일반정착'》=3.95*1	15.8
			H13	《0.8875/(400/1000)*2》=4*《3.55+0.51'일반정착'》=4.06*1	16.2
		단부하부주근	H10	《0.8875/(400/1000)*2》=4*《3.55+0.4'일반정착'》=3.95*1	15.8
			H13	《0.8875/(400/1000)*2》=4*《3.55+0.51'일반정착'》=4.06*1	16.2
		중앙상부부근	H13	《(3.55-(0.8875*2))/(600/1000)》=3*7.5*1	22.5
		중앙밴드부근	H10	《(3.55-(0.8875*2))/(600/1000)》=3*《7.5+0.06》=7.56*1	22.7
		중앙하부부근	H10	《(3.55-(0.8875*2))/(600/1000)》=3*7.5*1	22.5
		단부상부부근	H10	《0.8875/(300/1000)*2》=5*7.5*1	37.5
		단부하부부근	H10	《0.8875/(300/1000)*2》=5*7.5*1	37.5
B1 층	1S4	[비 고]		A=22.52M2, X : 0~1, Y : A~C	
		콘크리트	25-240-15	(3.085*7.3*0.2)*1	4.504
		거푸집	합판3회	3.085*7.3*1	22.52
		중앙상부주근	H13	《(7.3-(0.77125*2))/(300/1000)》=20*《3.085+0.51'일반정착'》	71.9
				=3.595*1	
		중앙밴드주근	H13	《(7.3-(0.77125*2))/(300/1000)》=20*《3.085+0.1+0.51'일반정	73.9
				착'》=3.695*1	
		중앙하부주근	H13	《(7.3-(0.77125*2))/(300/1000)》=20*《3.085+0.51'일반정착'》	71.9
				=3.595*1	
		단부상부주근	H13	《0.77125/(200/1000)*2》=7*《3.085+0.51'일반정착'》=3.595*1	25.2
		단부하부주근	H13	《0.77125/(200/1000)*2》=7*《3.085+0.51'일반정착'》=3.595*1	25.2
		중앙상부부근	H13	《《(3.085-(0.77125*2))/(500/1000)》=4*《7.3+(0.51*2)'일반정	36
				착'》=8.32*1》=33.3+《4*1*0.67'이음'》=2.68	
		중앙밴드부근	H13	《《(3.085-(0.77125*2))/(500/1000)》=4*《7.3+0.1+(0.51*2)'일	36.4
				반정착'》=8.42*1》=33.7+《4*1*0.67'이음'》=2.68	
		중앙하부부근	H13	《《(3.085-(0.77125*2))/(500/1000)》=4*《7.3+(0.51*2)'일반정	36
				착'》=8.32*1》=33.3+《4*1*0.67'일반이음'》=2.68	
		단부상부부근	H13	《《0.77125/(300/1000)*2》=5*《7.3+(0.51*2)'일반정착'》=8.32	45
				*1》=41.6+《5*1*0.67'이음'》=3.35	
		단부하부부근	H13	《《0.77125/(300/1000)*2》=5*《7.3+(0.51*2)'일반정착'》=8.32	45
				*1》=41.6+《5*1*0.67'일반이음'》=3.35	
		마구리거푸집	유로폼	(14.44*0.2)	2.89
B1 층	1S5	[비 고]		X : 1~2, Y : A~B	
		콘크리트	25-240-15	(1.7*2.7*0.15)*1	0.689

Koreasoft 고려전산(주)

부재별 산출서

[공사명] 석촌동 근린생활시설　　[동명] 본동　　슬라브

층	부 호	명 칭	규 격	산 식	결 과 치
		거푸집	합판3회	1.7*2.7*1	4.59
		중앙상부주근	H13	《(2.7-(0.425*2))/(400/1000)》=5*《1.7+0.51'일반정착'》=2.21	11.1
				*1	
		중앙밴드주근	H10	《(2.7-(0.425*2))/(400/1000)》=5*《1.7+0.06+0.4'일반정착'》=	10.8
				2.16*1	
		중앙하부주근	H10	《(2.7-(0.425*2))/(400/1000)》=5*《1.7+0.4'일반정착'》=2.1*1	10.5
		단부상부주근	H10	《0.425/(200/1000)*2》=4*《1.7+0.4'일반정착'》=2.1*1	8.4
		단부하부주근	H10	《0.425/(200/1000)*2》=4*《1.7+0.4'일반정착'》=2.1*1	8.4
		중앙상부부근	H10	《(1.7-(0.425*2))/(500/1000)》=2*2.7*1	5.4
		중앙밴드부근	H10	《(1.7-(0.425*2))/(500/1000)》=2*《2.7+0.06》=2.76*1	5.5
		중앙하부부근	H10	《(1.7-(0.425*2))/(500/1000)》=2*2.7*1	5.4
		단부상부부근	H10	《0.425/(300/1000)*2》=2*2.7*1	5.4
		단부하부부근	H10	《0.425/(300/1000)*2》=2*2.7*1	5.4
B1 층	1S5	[비 고]		X : 2~3, Y : D~E	
		콘크리트	25-240-15	(1.75*2.75*0.15)*1	0.722
		거푸집	합판3회	1.75*2.75*1	4.81
		중앙상부주근	H13	《(2.75-(0.4375*2))/(400/1000)》=5*1.75*1	8.8
		중앙밴드주근	H10	《(2.75-(0.4375*2))/(400/1000)》=5*《1.75+0.06》=1.81*1	9.1
		중앙하부주근	H10	《(2.75-(0.4375*2))/(400/1000)》=5*1.75*1	8.8
		단부상부주근	H10	《0.4375/(200/1000)*2》=4*1.75*1	7
		단부하부주근	H10	《0.4375/(200/1000)*2》=4*1.75*1	7
		중앙상부부근	H10	《(1.75-(0.4375*2))/(500/1000)》=2*2.75*1	5.5
		중앙밴드부근	H10	《(1.75-(0.4375*2))/(500/1000)》=2*《2.75+0.06》=2.81*1	5.6
		중앙하부부근	H10	《(1.75-(0.4375*2))/(500/1000)》=2*2.75*1	5.5
		단부상부부근	H10	《0.4375/(300/1000)*2》=2*2.75*1	5.5
		단부하부부근	H10	《0.4375/(300/1000)*2》=2*2.75*1	5.5
		단차이 H=350	25-240-15	0.15*0.35*(1.75)	0.092
		거푸집	합판3회	0.35*2*1.75	1.23
		수직철근	H10	(1.8/0.4+1)*(0.2*2+(0.15+0.35))	4.95
		수평철근	H10	((0.15+0.45)/0.2+1)*(0.2*2+(1.75))	8.6
B1 층	1S5	[비 고]		X : 1~2, Y : D~E	
		콘크리트	25-240-15	(2*3.2*0.15)*1	0.96
		거푸집	합판3회	2*3.2*1	6.4
		중앙상부주근	H13	《(3.2-(0.5*2))/(400/1000)》=6*《2+0.51'일반정착'》=2.51*1	15.1
		중앙밴드주근	H10	《(3.2-(0.5*2))/(400/1000)》=6*《2+0.06+0.4'일반정착'》=2.46	14.8
				*1	

부재별 산출서

[공사명] 석촌동 근린생활시설　　[동명] 본동　　슬라브

층	부 호	명 칭	규 격	산 식	결 과 치
		중앙하부주근	H10	《(3.2-(0.5*2))/(400/1000)》=6*《2+0.4'일반정착'》=2.4*1	14.4
		단부상부주근	H10	《0.5/(200/1000)*2》=5*《2+0.4'일반정착'》=2.4*1	12
		단부하부주근	H10	《0.5/(200/1000)*2》=5*《2+0.4'일반정착'》=2.4*1	12
		중앙상부부근	H10	《(2-(0.5*2))/(500/1000)》=2*3.2*1	6.4
		중앙밴드부근	H10	《(2-(0.5*2))/(500/1000)》=2*《3.2+0.06》=3.26*1	6.5
		중앙하부부근	H10	《(2-(0.5*2))/(500/1000)》=2*3.2*1	6.4
		단부상부부근	H10	《0.5/(300/1000)*2》=3*3.2*1	9.6
		단부하부부근	H10	《0.5/(300/1000)*2》=3*3.2*1	9.6
B1 층	1S5	[비 고]		X : 1~3, Y : D~E	
		콘크리트	25-240-15	(2.8*3.6*0.15)*1	1.512
		거푸집	합판3회	2.8*3.6*1	10.08
		중앙상부주근	H13	《(3.6-(0.7*2))/(400/1000)》=6*《2.8+0.51'일반정착'》=3.31*1	19.9
		중앙밴드주근	H10	《(3.6-(0.7*2))/(400/1000)》=6*《2.8+0.06+0.4'일반정착'》=3.	19.6
				26*1	
		중앙하부주근	H10	《(3.6-(0.7*2))/(400/1000)》=6*《2.8+0.4'일반정착'》=3.2*1	19.2
		단부상부주근	H10	《0.7/(200/1000)*2》=7*《2.8+0.4'일반정착'》=3.2*1	22.4
		단부하부주근	H10	《0.7/(200/1000)*2》=7*《2.8+0.4'일반정착'》=3.2*1	22.4
		중앙상부부근	H10	《(2.8-(0.7*2))/(500/1000)》=3*3.6*1	10.8
		중앙밴드부근	H10	《(2.8-(0.7*2))/(500/1000)》=3*《3.6+0.06》=3.66*1	11
		중앙하부부근	H10	《(2.8-(0.7*2))/(500/1000)》=3*3.6*1	10.8
		단부상부부근	H10	《0.7/(300/1000)*2》=4*3.6*1	14.4
		단부하부부근	H10	《0.7/(300/1000)*2》=4*3.6*1	14.4
B1 층	BS1	[비 고]		이중슬라브, X : 1~3, Y : D~E	
		콘크리트	25-240-15	(4.8*6.15*0.15)*1	4.428
		거푸집	합판3회	4.8*6.15*1	29.52
		좌변마구리 거푸	유로폼	4.8*0.15*1	0.72
		우변마구리 거푸	유로폼	4.8*0.15*1	0.72
		상변마구리 거푸	유로폼	6.15*0.15*1	0.92
		하변마구리 거푸	유로폼	6.15*0.15*1	0.92
		상부주근	H10	《6.15/(200/1000)》=31*《4.8+(0.4*2)'일반정착'》=5.6*1	173.6
		하부주근	H10	《6.15/(200/1000)》=31*《4.8+(0.4*2)'일반정착'》=5.6*1	173.6
		상부부근	H10	《4.8/(300/1000)》=16*《6.15+(0.4*2)'일반정착'》=6.95*1	111.2
		하부부근	H10	《4.8/(300/1000)》=16*《6.15+(0.4*2)'일반정착'》=6.95*1	111.2
B1 층	D.A	[비 고]		X : 5, Y : C~D	
		콘크리트	25-240-15	(1*2.7*0.15)*1	0.405

Koreasoft 고려전산(주)

부재별 산출서

[공사명] 석촌동 근린생활시설 [동명] 본동 슬라브

층	부 호	명 칭	규 격	산 식	결 과 치
		거푸집	합판3회	1*2.7*1	2.7
		좌변마구리 거푸	유로폼	1*0.15*1	0.15
		우변마구리 거푸	유로폼	1*0.15*1	0.15
		상변마구리 거푸	유로폼	2.7*0.15*1	0.41
		하변마구리 거푸	유로폼	2.7*0.15*1	0.41
		상부주근	H10	《2.7/(200/1000)》=14*《1+(0.4*2)'일반정착'》=1.8*1	25.2
		하부주근	H10	《2.7/(200/1000)》=14*《1+(0.4*2)'일반정착'》=1.8*1	25.2
		상부부근	H10	《1/(300/1000)》=4*《2.7+(0.4*2)'일반정착'》=3.5*1	14
		하부부근	H10	《1/(300/1000)》=4*《2.7+(0.4*2)'일반정착'》=3.5*1	14
B1 층	D.A	[비 고]		X : 4~5, Y : A	
		콘크리트	25-240-15	(1.05*2.6*0.15)*1	0.41
		거푸집	합판3회	1.05*2.6*1	2.73
		좌변마구리 거푸	유로폼	1.05*0.15*1	0.16
		우변마구리 거푸	유로폼	1.05*0.15*1	0.16
		상변마구리 거푸	유로폼	2.6*0.15*1	0.39
		하변마구리 거푸	유로폼	2.6*0.15*1	0.39
		상부주근	H10	《2.6/(200/1000)》=13*《1.05+(0.4*2)'일반정착'》=1.85*1	24.1
		하부주근	H10	《2.6/(200/1000)》=13*《1.05+(0.4*2)'일반정착'》=1.85*1	24.1
		상부부근	H10	《1.05/(300/1000)》=4*《2.6+(0.4*2)'일반정착'》=3.4*1	13.6
		하부부근	H10	《1.05/(300/1000)》=4*《2.6+(0.4*2)'일반정착'》=3.4*1	13.6
B1 층	D.A	[비 고]		X : 2~3, Y : A	
		콘크리트	25-240-15	(0.95*2.2*0.15)*1	0.314
		거푸집	합판3회	0.95*2.2*1	2.09
		좌변마구리 거푸	유로폼	0.95*0.15*1	0.14
		우변마구리 거푸	유로폼	0.95*0.15*1	0.14
		상변마구리 거푸	유로폼	2.2*0.15*1	0.33
		하변마구리 거푸	유로폼	2.2*0.15*1	0.33
		상부주근	H10	《2.2/(200/1000)》=11*《0.95+(0.4*2)'일반정착'》=1.75*1	19.3
		하부주근	H10	《2.2/(200/1000)》=11*《0.95+(0.4*2)'일반정착'》=1.75*1	19.3
		상부부근	H10	《0.95/(300/1000)》=4*《2.2+(0.4*2)'일반정착'》=3*1	12
		하부부근	H10	《0.95/(300/1000)》=4*《2.2+(0.4*2)'일반정착'》=3*1	12

Koreasoft 고려전산(주)

부재별 산출서

[공사명] 석촌동 근린생활시설 [동명] 본동 슬라브

층	부 호	명 칭	규 격	산 식	결 과 치
1 층	2CS1	[비 고]		X : 3~4, Y : D~D'	
		콘크리트	25-240-15	(1.7*7.4*0.15)*1	1.887
		거푸집	합판3회	1.7*7.4*1	12.58
		상부주근	H10	《7.4/(400/1000)》=19*《1.7+0.4'일반정착'》=2.1*1	39.9
			H13	《7.4/(400/1000)》=19*《1.7+0.51'일반정착'》=2.21*1	42
		하부주근	H10	《7.4/(200/1000)》=37*《1.7+0.4'일반정착'》=2.1*1	77.7
		상부부근	H10	《1.7/(300/1000)》=6*《7.4+0.4'일반정착'》=7.8*1	46.8
		하부부근	H10	《1.7/(300/1000)》=6*《7.4+0.4'일반정착'》=7.8*1	46.8
1 층	2CS1	[비 고]		X : 4~5, Y : D~D'	
		콘크리트	25-240-15	(1.7*5.3*0.15)*1	1.352
		거푸집	합판3회	1.7*5.3*1	9.01
		상부주근	H10	《5.3/(400/1000)》=14*《1.7+0.4'일반정착'》=2.1*1	29.4
			H13	《5.3/(400/1000)》=14*《1.7+0.51'일반정착'》=2.21*1	30.9
		하부주근	H10	《5.3/(200/1000)》=27*《1.7+0.4'일반정착'》=2.1*1	56.7
		상부부근	H10	《1.7/(300/1000)》=6*《5.3+0.4'일반정착'》=5.7*1	34.2
		하부부근	H10	《1.7/(300/1000)》=6*《5.3+0.4'일반정착'》=5.7*1	34.2
1 층	2CS2	[비 고]		X : 1~2, Y : C~D	
		콘크리트	25-240-15	(1.5*3.9*0.15)*1	0.878
		거푸집	합판3회	1.5*3.9*1	5.85
		상부주근	H10	《3.9/(200/1000)》=20*《1.5+0.4'일반정착'》=1.9*1	38
			H13	《3.9/(200/1000)》=20*《1.5+0.51'일반정착'》=2.01*1	40.2
		하부주근	H10	《3.9/(100/1000)》=39*《1.5+0.4'일반정착'》=1.9*1	74.1
		상부부근	H10	《1.5/(200/1000)》=8*《3.9+0.4'일반정착'》=4.3*1	34.4
		하부부근	H10	《1.5/(200/1000)》=8*《3.9+0.4'일반정착'》=4.3*1	34.4
		마구리거푸집	유로폼	53.16*0.15	7.97
1 층	2S1	[비 고]		X : 4~5, Y : C'~D	
		콘크리트	25-240-15	(3.3*5.3*0.15)*1	2.624
		거푸집	합판3회	3.3*5.3*1	17.49
		중앙CUT주근	H10	《(5.3-(0.825*2))/(400/1000)》=9*《0.825*2+0.3'Cut여장'》=1.	17.6
				95*1	
		중앙밴드주근	H10	《(5.3-(0.825*2))/(400/1000)》=10*《3.3+0.06》=3.36*1	33.6
		중앙하부주근	H10	《(5.3-(0.825*2))/(400/1000)》=10*3.3*1	33
		단부상부주근	H10	《0.825/(200/1000)*2》=8*3.3*1	26.4
		단부하부주근	H10	《0.825/(200/1000)*2》=8*3.3*1	26.4
		중앙CUT부근	H10	《(3.3-(0.825*2))/(500/1000)》=3*《0.825*2+0.3'Cut여장'+0.4'	7.1
				일반정착'》=2.35*1	

부재별 산출서

[공사명] 석촌동 근린생활시설 [동명] 본동 슬라브

층	부 호	명 칭	규 격	산 식	결 과 치
		중앙밴드부근	H10	《(3.3-(0.825*2))/(500/1000)》=4*《5.3+0.06+0.4'일반정착'》=	23
				5.76*1	
		중앙하부부근	H10	《(3.3-(0.825*2))/(500/1000)》=4*《5.3+0.4'일반정착'》=5.7*1	22.8
		단부상부부근	H10	《0.825/(300/1000)*2》=5*《5.3+0.4'일반정착'》=5.7*1	28.5
		단부하부부근	H10	《0.825/(300/1000)*2》=5*《5.3+0.4'일반정착'》=5.7*1	28.5
1 층	2S1	[비 고]		X : 4~5, Y : C~C'	
		콘크리트	25-240-15	(3.25*5.3*0.15)*1	2.584
		거푸집	합판3회	3.25*5.3*1	17.23
		중앙CUT주근	H10	《(5.3-(0.8125*2))/(400/1000)》=9*《0.8125*2+0.3'Cut여장'》=	17.3
				1.925*1	
		중앙밴드주근	H10	《(5.3-(0.8125*2))/(400/1000)》=10*《3.25+0.06》=3.31*1	33.1
		중앙하부주근	H10	《(5.3-(0.8125*2))/(400/1000)》=10*3.25*1	32.5
		단부상부주근	H10	《0.8125/(200/1000)*2》=8*3.25*1	26
		단부하부주근	H10	《0.8125/(200/1000)*2》=8*3.25*1	26
		중앙CUT부근	H10	《(3.25-(0.8125*2))/(500/1000)》=3*《0.8125*2+0.3'Cut여장'+0	7
				.4'일반정착'》=2.325*1	
		중앙밴드부근	H10	《(3.25-(0.8125*2))/(500/1000)》=4*《5.3+0.06+0.4'일반정착'	23
				》=5.76*1	
		중앙하부부근	H10	《(3.25-(0.8125*2))/(500/1000)》=4*《5.3+0.4'일반정착'》=5.7	22.8
				*1	
		단부상부부근	H10	《0.8125/(300/1000)*2》=5*《5.3+0.4'일반정착'》=5.7*1	28.5
		단부하부부근	H10	《0.8125/(300/1000)*2》=5*《5.3+0.4'일반정착'》=5.7*1	28.5
1 층	2S1	[비 고]		X : 4~5, Y : B~C	
		콘크리트	25-240-15	(3.5*5.3*0.15)*1	2.783
		거푸집	합판3회	3.5*5.3*1	18.55
		중앙CUT주근	H10	《(5.3-(0.875*2))/(400/1000)》=9*《0.875*2+0.3'Cut여장'》=2.	18.5
				05*1	
		중앙밴드주근	H10	《(5.3-(0.875*2))/(400/1000)》=9*《3.5+0.06》=3.56*1	32
		중앙하부주근	H10	《(5.3-(0.875*2))/(400/1000)》=9*3.5*1	31.5
		단부상부주근	H10	《0.875/(200/1000)*2》=8*3.5*1	28
		단부하부주근	H10	《0.875/(200/1000)*2》=8*3.5*1	28
		중앙CUT부근	H10	《(3.5-(0.875*2))/(500/1000)》=4*《0.875*2+0.3'Cut여장'+0.4'	9.8
				일반정착'》=2.45*1	
		중앙밴드부근	H10	《(3.5-(0.875*2))/(500/1000)》=4*《5.3+0.06+0.4'일반정착'》=	23
				5.76*1	

Koreasoft 고려전산(주)

부재별 산출서

[공사명] 석촌동 근린생활시설 [동명] 본동 슬라브

층	부 호	명 칭	규 격	산 식	결 과 치
		중앙하부부근	H10	《(3.5-(0.875*2))/(500/1000)》=4*《5.3+0.4'일반정착'》=5.7*1	22.8
		단부상부부근	H10	《0.875/(300/1000)*2》=5*《5.3+0.4'일반정착'》=5.7*1	28.5
		단부하부부근	H10	《0.875/(300/1000)*2》=5*《5.3+0.4'일반정착'》=5.7*1	28.5
1 층	2S1	[비 고]		X : 4~5, Y : A~B	
		콘크리트	25-240-15	(1.55*5.3*0.15)*1	1.232
		거푸집	합판3회	1.55*5.3*1	8.22
		중앙CUT주근	H10	《(5.3-(0.3875*2))/(400/1000)》=11*《0.3875*2+0.3'Cut여장'+0	16.2
				.4'일반정착'》=1.475*1	
		중앙밴드주근	H10	《(5.3-(0.3875*2))/(400/1000)》=12*《1.55+0.06+0.4'일반정착'	24.1
				》=2.01*1	
		중앙하부주근	H10	《(5.3-(0.3875*2))/(400/1000)》=12*《1.55+0.4'일반정착'》=1.	23.4
				95*1	
		단부상부주근	H10	《0.3875/(200/1000)*2》=3*《1.55+0.4'일반정착'》=1.95*1	5.9
		단부하부주근	H10	《0.3875/(200/1000)*2》=3*《1.55+0.4'일반정착'》=1.95*1	5.9
		중앙CUT부근	H10	《(1.55-(0.3875*2))/(500/1000)》=2*《0.3875*2+0.3'Cut여장'+0	3
				.4'일반정착'》=1.475*1	
		중앙밴드부근	H10	《(1.55-(0.3875*2))/(500/1000)》=2*《5.3+0.06+0.4'일반정착'	11.5
				》=5.76*1	
		중앙하부부근	H10	《(1.55-(0.3875*2))/(500/1000)》=2*《5.3+0.4'일반정착'》=5.7	11.4
				*1	
		단부상부부근	H10	《0.3875/(300/1000)*2》=2*《5.3+0.4'일반정착'》=5.7*1	11.4
		단부하부부근	H10	《0.3875/(300/1000)*2》=2*《5.3+0.4'일반정착'》=5.7*1	11.4
1 층	2S1	[비 고]		X : 3~4, Y : C'~D	
		콘크리트	25-240-15	(3.3*7.4*0.15)*1	3.663
		거푸집	합판3회	3.3*7.4*1	24.42
		중앙CUT주근	H10	《(7.4-(0.825*2))/(400/1000)》=14*《0.825*2+0.3'Cut여장'》=1	27.3
				.95*1	
		중앙밴드주근	H10	《(7.4-(0.825*2))/(400/1000)》=15*《3.3+0.06》=3.36*1	50.4
		중앙하부주근	H10	《(7.4-(0.825*2))/(400/1000)》=15*3.3*1	49.5
		단부상부주근	H10	《0.825/(200/1000)*2》=8*3.3*1	26.4
		단부하부주근	H10	《0.825/(200/1000)*2》=8*3.3*1	26.4
		중앙CUT부근	H10	《(3.3-(0.825*2))/(500/1000)》=3*《0.825*2+0.3'Cut여장'》=1.	5.9
				95*1	
		중앙밴드부근	H10	《(3.3-(0.825*2))/(500/1000)》=4*《7.4+0.06》=7.46*1	29.8
		중앙하부부근	H10	《(3.3-(0.825*2))/(500/1000)》=4*7.4*1	29.6

Koreasoft 고려전산(주)

부재별 산출서

[공사명] 석촌동 근린생활시설　　　　[동명] 본동　　　　슬라브

층	부 호	명 칭	규 격	산 식	결과치
		단부상부부근	H10	《0.825/(300/1000)*2》=5*7.4*1	37
		단부하부부근	H10	《0.825/(300/1000)*2》=5*7.4*1	37
1 층	2S1	[비 고]		X : 3¯4, Y : C¯C'	
		콘크리트	25-240-15	(3.25*7.4*0.15)*1	3.608
		거푸집	합판3회	3.25*7.4*1	24.05
		중앙CUT주근	H10	《(7.4-(0.8125*2))/(400/1000)》=14*《0.8125*2+0.3'Cut여장'》	27
				=1.925*1	
		중앙밴드주근	H10	《(7.4-(0.8125*2))/(400/1000)》=15*《3.25+0.06》=3.31*1	49.7
		중앙하부주근	H10	《(7.4-(0.8125*2))/(400/1000)》=15*3.25*1	48.8
		단부상부주근	H10	《0.8125/(200/1000)*2》=8*3.25*1	26
		단부하부주근	H10	《0.8125/(200/1000)*2》=8*3.25*1	26
		중앙CUT부근	H10	《(3.25-(0.8125*2))/(500/1000)》=3*《0.8125*2+0.3'Cut여장'》	5.8
				=1.925*1	
		중앙밴드부근	H10	《(3.25-(0.8125*2))/(500/1000)》=4*《7.4+0.06》=7.46*1	29.8
		중앙하부부근	H10	《(3.25-(0.8125*2))/(500/1000)》=4*7.4*1	29.6
		단부상부부근	H10	《0.8125/(300/1000)*2》=5*7.4*1	37
		단부하부부근	H10	《0.8125/(300/1000)*2》=5*7.4*1	37
1 층	2S1	[비 고]		X : 3¯4, Y : B¯C	
		콘크리트	25-240-15	(3.5*7.4*0.15)*1	3.885
		거푸집	합판3회	3.5*7.4*1	25.9
		중앙CUT주근	H10	《(7.4-(0.875*2))/(400/1000)》=14*《0.875*2+0.3'Cut여장'》=2	28.7
				.05*1	
		중앙밴드주근	H10	《(7.4-(0.875*2))/(400/1000)》=15*《3.5+0.06》=3.56*1	53.4
		중앙하부주근	H10	《(7.4-(0.875*2))/(400/1000)》=15*3.5*1	52.5
		단부상부주근	H10	《0.875/(200/1000)*2》=8*3.5*1	28
		단부하부주근	H10	《0.875/(200/1000)*2》=8*3.5*1	28
		중앙CUT부근	H10	《(3.5-(0.875*2))/(500/1000)》=4*《0.875*2+0.3'Cut여장'》=2.	8.2
				05*1	
		중앙밴드부근	H10	《(3.5-(0.875*2))/(500/1000)》=4*《7.4+0.06》=7.46*1	29.8
		중앙하부부근	H10	《(3.5-(0.875*2))/(500/1000)》=4*7.4*1	29.6
		단부상부부근	H10	《0.875/(300/1000)*2》=5*7.4*1	37
		단부하부부근	H10	《0.875/(300/1000)*2》=5*7.4*1	37
1 층	2S1	[비 고]		X : 3¯4, Y : A¯B	
		콘크리트	25-240-15	(1.55*7.4*0.15)*1	1.721
		거푸집	합판3회	1.55*7.4*1	11.47

Koreasoft 고려전산(주)

부재별 산출서

[공사명] 석촌동 근린생활시설 [동명] 본동 슬라브

층	부 호	명 칭	규 격	산 식	결 과 치
		중앙CUT주근	H10	《(7.4-(0.3875*2))/(400/1000)》=17*《0.3875*2+0.3'Cut여장'+0	25.1
				.4'일반정착'》=1.475*1	
		중앙밴드주근	H10	《(7.4-(0.3875*2))/(400/1000)》=17*《1.55+0.06+0.4'일반정착'	34.2
				》=2.01*1	
		중앙하부주근	H10	《(7.4-(0.3875*2))/(400/1000)》=17*《1.55+0.4'일반정착'》=1.	33.2
				95*1	
		단부상부주근	H10	《0.3875/(200/1000)*2》=3*《1.55+0.4'일반정착'》=1.95*1	5.9
		단부하부주근	H10	《0.3875/(200/1000)*2》=3*《1.55+0.4'일반정착'》=1.95*1	5.9
		중앙CUT부근	H10	《(1.55-(0.3875*2))/(500/1000)》=2*《0.3875*2+0.3'Cut여장'》	2.2
				=1.075*1	
		중앙밴드부근	H10	《(1.55-(0.3875*2))/(500/1000)》=2*《7.4+0.06》=7.46*1	14.9
		중앙하부부근	H10	《(1.55-(0.3875*2))/(500/1000)》=2*7.4*1	14.8
		단부상부부근	H10	《0.3875/(300/1000)*2》=2*7.4*1	14.8
		단부하부부근	H10	《0.3875/(300/1000)*2》=2*7.4*1	14.8
1 층	2S1	[비 고]		X : 2~3, Y : C~D	
		콘크리트	25-240-15	(2.75*6.96*0.15)*1	2.871
		거푸집	합판3회	2.75*6.96*1	19.14
		중앙CUT주근	H10	《(6.96-(0.6875*2))/(400/1000)》=14*《0.6875*2+0.3'Cut여장'	23.5
				》=1.675*1	
		중앙밴드주근	H10	《(6.96-(0.6875*2))/(400/1000)》=14*《2.75+0.06》=2.81*1	39.3
		중앙하부주근	H10	《(6.96-(0.6875*2))/(400/1000)》=14*2.75*1	38.5
		단부상부주근	H10	《0.6875/(200/1000)*2》=6*2.75*1	16.5
		단부하부주근	H10	《0.6875/(200/1000)*2》=6*2.75*1	16.5
		중앙CUT부근	H10	《(2.75-(0.6875*2))/(500/1000)》=3*《0.6875*2+0.3'Cut여장'+0	6.2
				.4'일반정착'》=2.075*1	
		중앙밴드부근	H10	《(2.75-(0.6875*2))/(500/1000)》=3*《6.96+0.06+0.4'일반정착'	22.3
				》=7.42*1	
		중앙하부부근	H10	《(2.75-(0.6875*2))/(500/1000)》=3*《6.96+0.4'일반정착'》=7.	22.1
				36*1	
		단부상부부근	H10	《0.6875/(300/1000)*2》=4*《6.96+0.4'일반정착'》=7.36*1	29.4
		단부하부부근	H10	《0.6875/(300/1000)*2》=4*《6.96+0.4'일반정착'》=7.36*1	29.4
		단차이 H=50	25-240-15	0.15*0.05*(2.75)	0.021
		거푸집	합판3회	0.05*2*2.75	0.28
		수직철근	H10	(2.8/0.4+1)*(0.2*2+(0.15+0.05))	4.8
		수평철근	H10	((0.15+0.05)/0.2+1)*(0.2*2+(2.75))	6.3

Koreasoft 고려전산(주)

부재별 산출서

[공사명] 석촌동 근린생활시설 [동명] 본동 슬라브

층	부 호	명 칭	규 격	산 식	결 과 치
1 층	2S2	[비 고]		X : 2¯3, Y : B¯C	
		콘크리트	25-240-15	(2.75*3.3*0.15)*1-《0.15*0.42'개구부'》=0.063	1.298
		거푸집	합판3회	2.75*3.3*1+《3.4*0.15'개구부'》=0.51-0.42	9.16
		상부주근	H10	《3.3/(200/1000)》=17*2.75*1-《0.3/(200/1000)*1.4'개구부'》=	44.7
				2.1	
		하부주근	H10	《3.3/(200/1000)》=17*2.75*1-《0.3/(200/1000)*1.4'개구부'》=	44.7
				2.1	
		상부부근	H10	《2.75/(300/1000)》=10*3.3*1-《1.4/(300/1000)*0.3'개구부'》=	31.6
				1.4	
		하부부근	H10	《2.75/(300/1000)》=10*3.3*1-《1.4/(300/1000)*0.3'개구부'》=	31.6
				1.4	
		개구부 보강(T&B)	H13	2*2*(2.27)	9.08
		개구부 보강(T&B)	H13	2*2*(0.93)	3.72
1 층	2S2	[비 고]		X : 2¯3, Y : A¯B	
		콘크리트	25-240-15	(1.55*2.75*0.15)*1	0.639
		거푸집	합판3회	1.55*2.75*1	4.26
		상부주근	H10	《2.75/(200/1000)》=14*《1.55+0.4'일반정착'》=1.95*1	27.3
		하부주근	H10	《2.75/(200/1000)》=14*《1.55+0.4'일반정착'》=1.95*1	27.3
		상부부근	H10	《1.55/(300/1000)》=6*《2.75+0.4'일반정착'》=3.15*1	18.9
		하부부근	H10	《1.55/(300/1000)》=6*《2.75+0.4'일반정착'》=3.15*1	18.9

Koreasoft 고려전산(주)

부재별 산출서

[공사명] 석촌동 근린생활시설 [동명] 본동 슬라브

층	부 호	명 칭	규 격	산 식	결 과 치
2 층	3CS1	[비 고]		X : 3~4, Y : D~D'	
		콘크리트	25-240-15	(1.7*7.4*0.15)*1	1.887
		거푸집	합판3회	1.7*7.4*1	12.58
		상부주근	H10	《7.4/(400/1000)》=19*《1.7+0.4'일반정착'》=2.1*1	39.9
			H13	《7.4/(400/1000)》=19*《1.7+0.51'일반정착'》=2.21*1	42
		하부주근	H10	《7.4/(200/1000)》=37*《1.7+0.4'일반정착'》=2.1*1	77.7
		상부부근	H10	《1.7/(300/1000)》=6*《7.4+0.4'일반정착'》=7.8*1	46.8
		하부부근	H10	《1.7/(300/1000)》=6*《7.4+0.4'일반정착'》=7.8*1	46.8
2 층	3CS1	[비 고]		X : 4~5, Y : D~D'	
		콘크리트	25-240-15	(1.7*5.3*0.15)*1	1.352
		거푸집	합판3회	1.7*5.3*1	9.01
		상부주근	H10	《5.3/(400/1000)》=14*《1.7+0.4'일반정착'》=2.1*1	29.4
			H13	《5.3/(400/1000)》=14*《1.7+0.51'일반정착'》=2.21*1	30.9
		하부주근	H10	《5.3/(200/1000)》=27*《1.7+0.4'일반정착'》=2.1*1	56.7
		상부부근	H10	《1.7/(300/1000)》=6*《5.3+0.4'일반정착'》=5.7*1	34.2
		하부부근	H10	《1.7/(300/1000)》=6*《5.3+0.4'일반정착'》=5.7*1	34.2
2 층	3CS2	[비 고]		X : 1~2, Y : C~D	
		콘크리트	25-240-15	(1.5*3.9*0.15)*1	0.878
		거푸집	합판3회	1.5*3.9*1	5.85
		상부주근	H10	《3.9/(200/1000)》=20*《1.5+0.4'일반정착'》=1.9*1	38
			H13	《3.9/(200/1000)》=20*《1.5+0.51'일반정착'》=2.01*1	40.2
		하부주근	H10	《3.9/(100/1000)》=39*《1.5+0.4'일반정착'》=1.9*1	74.1
		상부부근	H10	《1.5/(200/1000)》=8*《3.9+0.4'일반정착'》=4.3*1	34.4
		하부부근	H10	《1.5/(200/1000)》=8*《3.9+0.4'일반정착'》=4.3*1	34.4
		마구리거푸집	유로폼	53.16*0.15	7.97
2 층	3S1	[비 고]		X : 2~3, Y : C~D	
		콘크리트	25-240-15	(2.75*6.96*0.15)*1	2.871
		거푸집	합판3회	2.75*6.96*1	19.14
		중앙CUT주근	H10	《(6.96-(0.6875*2))/(400/1000)》=14*《0.6875*2+0.3'Cut여장'	23.5
				》=1.675*1	
		중앙밴드주근	H10	《(6.96-(0.6875*2))/(400/1000)》=14*《2.75+0.06》=2.81*1	39.3
		중앙하부주근	H10	《(6.96-(0.6875*2))/(400/1000)》=14*2.75*1	38.5
		단부상부주근	H10	《0.6875/(200/1000)*2》=6*2.75*1	16.5
		단부하부주근	H10	《0.6875/(200/1000)*2》=6*2.75*1	16.5
		중앙CUT부근	H10	《(2.75-(0.6875*2))/(500/1000)》=3*《0.6875*2+0.3'Cut여장'+0	6.2
				.4'일반정착'》=2.075*1	

Koreasoft 고려전산(주)

부재별 산출서

[공사명] 석촌동 근린생활시설 [동명] 본동 슬라브

층	부 호	명 칭	규 격	산 식	결 과 치
		중앙밴드부근	H10	《(2.75-(0.6875*2))/(500/1000)》=3*《6.96+0.06+0.4'일반정착'	22.3
				》=7.42*1	
		중앙하부부근	H10	《(2.75-(0.6875*2))/(500/1000)》=3*《6.96+0.4'일반정착'》=7.	22.1
				36*1	
		단부상부부근	H10	《0.6875/(300/1000)*2》=4*《6.96+0.4'일반정착'》=7.36*1	29.4
		단부하부부근	H10	《0.6875/(300/1000)*2》=4*《6.96+0.4'일반정착'》=7.36*1	29.4
		단차이 H=50	25-240-15	0.15*0.05*(2.75)	0.021
		거푸집	합판3회	0.05*2*2.75	0.28
		수직철근	H10	(2.8/0.4+1)*(0.2*2+(0.15+0.05))	4.8
		수평철근	H10	((0.15+0.05)/0.2+1)*(0.2*2+(2.75))	6.3
2 층	3S1	[비 고]		X : 4~5, Y : A~B	
		콘크리트	25-240-15	(1.55*5.3*0.15)*1	1.232
		거푸집	합판3회	1.55*5.3*1	8.22
		중앙CUT주근	H10	《(5.3-(0.3875*2))/(400/1000)》=11*《0.3875*2+0.3'Cut여장'+0	16.2
				.4'일반정착'》=1.475*1	
		중앙밴드주근	H10	《(5.3-(0.3875*2))/(400/1000)》=12*《1.55+0.06+0.4'일반정착'	24.1
				》=2.01*1	
		중앙하부주근	H10	《(5.3-(0.3875*2))/(400/1000)》=12*《1.55+0.4'일반정착'》=1.	23.4
				95*1	
		단부상부주근	H10	《0.3875/(200/1000)*2》=3*《1.55+0.4'일반정착'》=1.95*1	5.9
		단부하부주근	H10	《0.3875/(200/1000)*2》=3*《1.55+0.4'일반정착'》=1.95*1	5.9
		중앙CUT부근	H10	《(1.55-(0.3875*2))/(500/1000)》=2*《0.3875*2+0.3'Cut여장'+0	3
				.4'일반정착'》=1.475*1	
		중앙밴드부근	H10	《(1.55-(0.3875*2))/(500/1000)》=2*《5.3+0.06+0.4'일반정착'	11.5
				》=5.76*1	
		중앙하부부근	H10	《(1.55-(0.3875*2))/(500/1000)》=2*《5.3+0.4'일반정착'》=5.7	11.4
				*1	
		단부상부부근	H10	《0.3875/(300/1000)*2》=2*《5.3+0.4'일반정착'》=5.7*1	11.4
		단부하부부근	H10	《0.3875/(300/1000)*2》=2*《5.3+0.4'일반정착'》=5.7*1	11.4
2 층	3S1	[비 고]		X : 4~5, Y : C'~D	
		콘크리트	25-240-15	(3.3*5.3*0.15)*1	2.624
		거푸집	합판3회	3.3*5.3*1	17.49
		중앙CUT주근	H10	《(5.3-(0.825*2))/(400/1000)》=9*《0.825*2+0.3'Cut여장'》=1.	17.6
				95*1	
		중앙밴드주근	H10	《(5.3-(0.825*2))/(400/1000)》=10*《3.3+0.06》=3.36*1	33.6

Koreasoft 고려전산(주)

부재별 산출서

[공사명] 석촌동 근린생활시설 | [동명] 본동 | 슬라브

층	부 호	명 칭	규 격	산 식	결 과 치
		중앙하부주근	H10	《(5.3-(0.825*2))/(400/1000)》=10*3.3*1	33
		단부상부주근	H10	《0.825/(200/1000)*2》=8*3.3*1	26.4
		단부하부주근	H10	《0.825/(200/1000)*2》=8*3.3*1	26.4
		중앙CUT부근	H10	《(3.3-(0.825*2))/(500/1000)》=3*《0.825*2+0.3'Cut여장'+0.4'	7.1
				일반정착'》=2.35*1	
		중앙밴드부근	H10	《(3.3-(0.825*2))/(500/1000)》=4*《5.3+0.06+0.4'일반정착'》=	23
				5.76*1	
		중앙하부부근	H10	《(3.3-(0.825*2))/(500/1000)》=4*《5.3+0.4'일반정착'》=5.7*1	22.8
		단부상부부근	H10	《0.825/(300/1000)*2》=5*《5.3+0.4'일반정착'》=5.7*1	28.5
		단부하부부근	H10	《0.825/(300/1000)*2》=5*《5.3+0.4'일반정착'》=5.7*1	28.5
2 층	3S1	[비 고]		X : 4‾5, Y : C‾C'	
		콘크리트	25-240-15	(3.25*5.3*0.15)*1	2.584
		거푸집	합판3회	3.25*5.3*1	17.23
		중앙CUT주근	H10	《(5.3-(0.8125*2))/(400/1000)》=9*《0.8125*2+0.3'Cut여장'》=	17.3
				1.925*1	
		중앙밴드주근	H10	《(5.3-(0.8125*2))/(400/1000)》=10*《3.25+0.06》=3.31*1	33.1
		중앙하부주근	H10	《(5.3-(0.8125*2))/(400/1000)》=10*3.25*1	32.5
		단부상부주근	H10	《0.8125/(200/1000)*2》=8*3.25*1	26
		단부하부주근	H10	《0.8125/(200/1000)*2》=8*3.25*1	26
		중앙CUT부근	H10	《(3.25-(0.8125*2))/(500/1000)》=3*《0.8125*2+0.3'Cut여장'+0	7
				.4'일반정착'》=2.325*1	
		중앙밴드부근	H10	《(3.25-(0.8125*2))/(500/1000)》=4*《5.3+0.06+0.4'일반정착'	23
				》=5.76*1	
		중앙하부부근	H10	《(3.25-(0.8125*2))/(500/1000)》=4*《5.3+0.4'일반정착'》=5.7	22.8
				*1	
		단부상부부근	H10	《0.8125/(300/1000)*2》=5*《5.3+0.4'일반정착'》=5.7*1	28.5
		단부하부부근	H10	《0.8125/(300/1000)*2》=5*《5.3+0.4'일반정착'》=5.7*1	28.5
2 층	3S1	[비 고]		X : 3‾4, Y : C‾C'	
		콘크리트	25-240-15	(3.25*7.4*0.15)*1	3.608
		거푸집	합판3회	3.25*7.4*1	24.05
		중앙CUT주근	H10	《(7.4-(0.8125*2))/(400/1000)》=14*《0.8125*2+0.3'Cut여장'》	27
				=1.925*1	
		중앙밴드주근	H10	《(7.4-(0.8125*2))/(400/1000)》=15*《3.25+0.06》=3.31*1	49.7
		중앙하부주근	H10	《(7.4-(0.8125*2))/(400/1000)》=15*3.25*1	48.8
		단부상부주근	H10	《0.8125/(200/1000)*2》=8*3.25*1	26

Koreasoft 고려전산(주)

부재별 산출서

[공사명] 석촌동 근린생활시설　　[동명] 본동　　슬라브

층	부 호	명 칭	규 격	산 식	결 과 치
		단부하부주근	H10	《0.8125/(200/1000)*2》=8*3.25*1	26
		중앙CUT부근	H10	《(3.25-(0.8125*2))/(500/1000)》=3*《0.8125*2+0.3'Cut여장'》	5.8
				=1.925*1	
		중앙밴드부근	H10	《(3.25-(0.8125*2))/(500/1000)》=4*《7.4+0.06》=7.46*1	29.8
		중앙하부부근	H10	《(3.25-(0.8125*2))/(500/1000)》=4*7.4*1	29.6
		단부상부부근	H10	《0.8125/(300/1000)*2》=5*7.4*1	37
		단부하부부근	H10	《0.8125/(300/1000)*2》=5*7.4*1	37
2 층	3S1	[비 고]		X : 3~4, Y : B~C	
		콘크리트	25-240-15	(3.5*7.4*0.15)*1	3.885
		거푸집	합판3회	3.5*7.4*1	25.9
		중앙CUT주근	H10	《(7.4-(0.875*2))/(400/1000)》=14*《0.875*2+0.3'Cut여장'》=2	28.7
				.05*1	
		중앙밴드주근	H10	《(7.4-(0.875*2))/(400/1000)》=15*《3.5+0.06》=3.56*1	53.4
		중앙하부주근	H10	《(7.4-(0.875*2))/(400/1000)》=15*3.5*1	52.5
		단부상부주근	H10	《0.875/(200/1000)*2》=8*3.5*1	28
		단부하부주근	H10	《0.875/(200/1000)*2》=8*3.5*1	28
		중앙CUT부근	H10	《(3.5-(0.875*2))/(500/1000)》=4*《0.875*2+0.3'Cut여장'》=2.	8.2
				05*1	
		중앙밴드부근	H10	《(3.5-(0.875*2))/(500/1000)》=4*《7.4+0.06》=7.46*1	29.8
		중앙하부부근	H10	《(3.5-(0.875*2))/(500/1000)》=4*7.4*1	29.6
		단부상부부근	H10	《0.875/(300/1000)*2》=5*7.4*1	37
		단부하부부근	H10	《0.875/(300/1000)*2》=5*7.4*1	37
2 층	3S1	[비 고]		X : 4~5, Y : B~C	
		콘크리트	25-240-15	(3.5*5.3*0.15)*1	2.783
		거푸집	합판3회	3.5*5.3*1	18.55
		중앙CUT주근	H10	《(5.3-(0.875*2))/(400/1000)》=9*《0.875*2+0.3'Cut여장'》=2.	18.5
				05*1	
		중앙밴드주근	H10	《(5.3-(0.875*2))/(400/1000)》=9*《3.5+0.06》=3.56*1	32
		중앙하부주근	H10	《(5.3-(0.875*2))/(400/1000)》=9*3.5*1	31.5
		단부상부주근	H10	《0.875/(200/1000)*2》=8*3.5*1	28
		단부하부주근	H10	《0.875/(200/1000)*2》=8*3.5*1	28
		중앙CUT부근	H10	《(3.5-(0.875*2))/(500/1000)》=4*《0.875*2+0.3'Cut여장'+0.4'	9.8
				일반정착'》=2.45*1	
		중앙밴드부근	H10	《(3.5-(0.875*2))/(500/1000)》=4*《5.3+0.06+0.4'일반정착'》=	23
				5.76*1	

Koreasoft 고려전산(주)

부재별 산출서

[공사명] 석촌동 근린생활시설 [동명] 본동 슬라브

층	부 호	명 칭	규 격	산 식	결 과 치
		중앙하부부근	H10	《(3.5-(0.875*2))/(500/1000)》=4*《5.3+0.4'일반정착'》=5.7*1	22.8
		단부상부부근	H10	《0.875/(300/1000)*2》=5*《5.3+0.4'일반정착'》=5.7*1	28.5
		단부하부부근	H10	《0.875/(300/1000)*2》=5*《5.3+0.4'일반정착'》=5.7*1	28.5
2 층	3S1	[비 고]		X : 3¯4, Y : C'¯D	
		콘크리트	25-240-15	(3.3*7.4*0.15)*1	3.663
		거푸집	합판3회	3.3*7.4*1	24.42
		중앙CUT주근	H10	《(7.4-(0.825*2))/(400/1000)》=14*《0.825*2+0.3'Cut여장'》=1	27.3
				.95*1	
		중앙밴드주근	H10	《(7.4-(0.825*2))/(400/1000)》=15*《3.3+0.06》=3.36*1	50.4
		중앙하부주근	H10	《(7.4-(0.825*2))/(400/1000)》=15*3.3*1	49.5
		단부상부주근	H10	《0.825/(200/1000)*2》=8*3.3*1	26.4
		단부하부주근	H10	《0.825/(200/1000)*2》=8*3.3*1	26.4
		중앙CUT부근	H10	《(3.3-(0.825*2))/(500/1000)》=3*《0.825*2+0.3'Cut여장'》=1.	5.9
				95*1	
		중앙밴드부근	H10	《(3.3-(0.825*2))/(500/1000)》=4*《7.4+0.06》=7.46*1	29.8
		중앙하부부근	H10	《(3.3-(0.825*2))/(500/1000)》=4*7.4*1	29.6
		단부상부부근	H10	《0.825/(300/1000)*2》=5*7.4*1	37
		단부하부부근	H10	《0.825/(300/1000)*2》=5*7.4*1	37
2 층	3S1	[비 고]		X : 3¯4, Y : A¯B	
		콘크리트	25-240-15	(1.55*7.4*0.15)*1	1.721
		거푸집	합판3회	1.55*7.4*1	11.47
		중앙CUT주근	H10	《(7.4-(0.3875*2))/(400/1000)》=17*《0.3875*2+0.3'Cut여장'+0	25.1
				.4'일반정착'》=1.475*1	
		중앙밴드주근	H10	《(7.4-(0.3875*2))/(400/1000)》=17*《1.55+0.06+0.4'일반정착'	34.2
				》=2.01*1	
		중앙하부주근	H10	《(7.4-(0.3875*2))/(400/1000)》=17*《1.55+0.4'일반정착'》=1.	33.2
				95*1	
		단부상부주근	H10	《0.3875/(200/1000)*2》=3*《1.55+0.4'일반정착'》=1.95*1	5.9
		단부하부주근	H10	《0.3875/(200/1000)*2》=3*《1.55+0.4'일반정착'》=1.95*1	5.9
		중앙CUT부근	H10	《(1.55-(0.3875*2))/(500/1000)》=2*《0.3875*2+0.3'Cut여장'》	2.2
				=1.075*1	
		중앙밴드부근	H10	《(1.55-(0.3875*2))/(500/1000)》=2*《7.4+0.06》=7.46*1	14.9
		중앙하부부근	H10	《(1.55-(0.3875*2))/(500/1000)》=2*7.4*1	14.8
		단부상부부근	H10	《0.3875/(300/1000)*2》=2*7.4*1	14.8
		단부하부부근	H10	《0.3875/(300/1000)*2》=2*7.4*1	14.8

Koreasoft 고려전산(주)

부재별 산출서

[공사명] 석촌동 근린생활시설 [동명] 본동 슬라브

층	부 호	명 칭	규 격	산 식	결 과 치
2 층	3S2	[비 고]		X : 2~3, Y : B~C	
		콘크리트	25-240-15	(2.75*3.3*0.15)*1-《0.15*0.42'개구부'》=0.063	1.298
		거푸집	합판3회	2.75*3.3*1+《3.4*0.15'개구부'》=0.51-0.42	9.16
		상부주근	H10	《3.3/(200/1000)》=17*2.75*1-《0.3/(200/1000)*1.4'개구부'》=	44.7
				2.1	
		하부주근	H10	《3.3/(200/1000)》=17*2.75*1-《0.3/(200/1000)*1.4'개구부'》=	44.7
				2.1	
		상부부근	H10	《2.75/(300/1000)》=10*3.3*1-《1.4/(300/1000)*0.3'개구부'》=	31.6
				1.4	
		하부부근	H10	《2.75/(300/1000)》=10*3.3*1-《1.4/(300/1000)*0.3'개구부'》=	31.6
				1.4	
		개구부 보강(T&B)	H13	2*2*(2.27)	9.08
		개구부 보강(T&B)	H13	2*2*(0.93)	3.72
2 층	3S2	[비 고]		X : 2~3, Y : A~B	
		콘크리트	25-240-15	(1.55*2.75*0.15)*1	0.639
		거푸집	합판3회	1.55*2.75*1	4.26
		상부주근	H10	《2.75/(200/1000)》=14*《1.55+0.4'일반정착'》=1.95*1	27.3
		하부주근	H10	《2.75/(200/1000)》=14*《1.55+0.4'일반정착'》=1.95*1	27.3
		상부부근	H10	《1.55/(300/1000)》=6*《2.75+0.4'일반정착'》=3.15*1	18.9
		하부부근	H10	《1.55/(300/1000)》=6*《2.75+0.4'일반정착'》=3.15*1	18.9

Koreasoft 고려전산(주)

부재별 산출서

[공사명] 석촌동 근린생활시설 [동명] 본동 슬라브

층	부 호	명 칭	규 격	산 식	결 과 치
3 층	RS1	[비 고]		X : 4~5, Y : C~C'	
		콘크리트	25-240-15	(3.6*5.25*0.15)*1	2.835
		거푸집	경사	3.6*5.25*1	18.9
		상부주근	H10	《5.25/(200/1000)》=27*3.6*1	97.2
		하부주근	H10	《5.25/(200/1000)》=27*3.6*1	97.2
		상부부근	H10	《3.6/(300/1000)》=12*《5.25+0.4'일반정착'》=5.65*1	67.8
		하부부근	H10	《3.6/(300/1000)》=12*《5.25+0.4'일반정착'》=5.65*1	67.8
3 층	RS1	[비 고]		단변 경사구배 적용, X : 1~2, Y : B~C	
		콘크리트	25-240-15	(3.07*6*0.15)*1	2.763
		거푸집	경사	3.07*6*1	18.42
		상부주근	H10	《6/(200/1000)》=30*《3.07+0.4'일반정착'》=3.47*1	104.1
		하부주근	H10	《6/(200/1000)》=30*《3.07+0.4'일반정착'》=3.47*1	104.1
		상부부근	H10	《3.07/(300/1000)》=11*《6+(0.4*2)'일반정착'》=6.8*1	74.8
		하부부근	H10	《3.07/(300/1000)》=11*《6+(0.4*2)'일반정착'》=6.8*1	74.8
		마구리거푸집	유로폼	53.16*0.15	7.97
3 층	RS1	[비 고]		외부/구조상세-2적용	
		콘크리트	25-240-15	(0.6*13.2*0.15)*1	1.188
		거푸집	합판2회	0.6*13.2*1	7.92
		상부주근	H10	《13.2/(200/1000)》=66*《0.6+(0.4*2)'일반정착'》=1.4*1	92.4
		하부주근	H10	《13.2/(200/1000)》=66*《0.6+(0.4*2)'일반정착'》=1.4*1	92.4
		상부부근	H10	《《0.6/(300/1000)》=2*13.2*1》=26.4+《2*1*0.52'이음'》=1.04	27.4
		하부부근	H10	《《0.6/(300/1000)》=2*13.2*1》=26.4+《2*1*0.52'일반이음'》=	27.4
				1.04	
		CON'C	25-240-15	(0.15*0.3)/2*13.2	0.297
		거푸집	유로폼	(0.15)*13.2	1.98
3 층	RS1	[비 고]		외부/구조상세-2적용	
		콘크리트	25-240-15	(0.6*16.2*0.15)*1	1.458
		거푸집	합판2회	0.6*16.2*1	9.72
		상부주근	H10	《16.2/(200/1000)》=81*《0.6+(0.4*2)'일반정착'》=1.4*1	113.4
		하부주근	H10	《16.2/(200/1000)》=81*《0.6+(0.4*2)'일반정착'》=1.4*1	113.4
		상부부근	H10	《《0.6/(300/1000)》=2*16.2*1》=32.4+《2*2*0.52'이음'》=2.08	34.5
		하부부근	H10	《《0.6/(300/1000)》=2*16.2*1》=32.4+《2*2*0.52'일반이음'》=	34.5
				2.08	
		CON'C	25-240-15	(0.15*0.3)/2*16.2	0.365
		거푸집	유로폼	(0.15)*16.2	2.43

Koreasoft 고려전산(주)

부재별 산출서

[공사명] 석촌동 근린생활시설 [동명] 본동 슬라브

층	부 호	명 칭	규 격	산 식	결 과 치
3 층	RS1	[비 고]		X : 4¯5, Y : C'¯D	
		콘크리트	25-240-15	(4*5.25*0.15)*1	3.15
		거푸집	경사	4*5.25*1	21
		상부주근	H10	《5.25/(200/1000)》=27*《4+0.4'일반정착'》=4.4*1	118.8
		하부주근	H10	《5.25/(200/1000)》=27*《4+0.4'일반정착'》=4.4*1	118.8
		상부부근	H10	《4/(300/1000)》=14*《5.25+0.4'일반정착'》=5.65*1	79.1
		하부부근	H10	《4/(300/1000)》=14*《5.25+0.4'일반정착'》=5.65*1	79.1
3 층	RS1	[비 고]		X : 3¯4, Y : B¯C	
		콘크리트	25-240-15	(4.05*7.5*0.15)*1	4.556
		거푸집	경사	4.05*7.5*1	30.38
		상부주근	H10	《7.5/(200/1000)》=38*《4.05+0.4'일반정착'》=4.45*1	169.1
		하부주근	H10	《7.5/(200/1000)》=38*《4.05+0.4'일반정착'》=4.45*1	169.1
		상부부근	H10	《4.05/(300/1000)》=14*7.5*1	105
		하부부근	H10	《4.05/(300/1000)》=14*7.5*1	105
3 층	RS1	[비 고]		X : 4¯5, Y : B¯C	
		콘크리트	25-240-15	(4.05*5.25*0.15)*1	3.189
		거푸집	경사	4.05*5.25*1	21.26
		상부주근	H10	《5.25/(200/1000)》=27*《4.05+0.4'일반정착'》=4.45*1	120.2
		하부주근	H10	《5.25/(200/1000)》=27*《4.05+0.4'일반정착'》=4.45*1	120.2
		상부부근	H10	《4.05/(300/1000)》=14*《5.25+0.4'일반정착'》=5.65*1	79.1
		하부부근	H10	《4.05/(300/1000)》=14*《5.25+0.4'일반정착'》=5.65*1	79.1
3 층	RS1	[비 고]		X : 3¯4, Y : C'¯D	
		콘크리트	25-240-15	(4*7.5*0.15)*1	4.5
		거푸집	경사	4*7.5*1	30
		상부주근	H10	《7.5/(200/1000)》=38*《4+0.4'일반정착'》=4.4*1	167.2
		하부주근	H10	《7.5/(200/1000)》=38*《4+0.4'일반정착'》=4.4*1	167.2
		상부부근	H10	《4/(300/1000)》=14*7.5*1	105
		하부부근	H10	《4/(300/1000)》=14*7.5*1	105
3 층	RS1	[비 고]		X : 3¯4, Y : C¯C'	
		콘크리트	25-240-15	(3.6*7.5*0.15)*1	4.05
		거푸집	경사	3.6*7.5*1	27
		상부주근	H10	《7.5/(200/1000)》=38*3.6*1	136.8
		하부주근	H10	《7.5/(200/1000)》=38*3.6*1	136.8
		상부부근	H10	《3.6/(300/1000)》=12*7.5*1	90
		하부부근	H10	《3.6/(300/1000)》=12*7.5*1	90

Koreasoft 고려전산(주)

부재별 산출서

[공사명] 석촌동 근린생활시설 [동명] 본동 슬라브

층	부 호	명 칭	규 격	산 식	결 과 치
3 층	RS1	[비 고]		X : 2~3, Y : C~D	
		콘크리트	25-240-15	(3.16*6.9*0.15)*1	3.271
		거푸집	경사	3.16*6.9*1	21.8
		상부주근	H10	《6.9/(200/1000)》=35*《3.16+0.4'일반정착'》=3.56*1	124.6
		하부주근	H10	《6.9/(200/1000)》=35*《3.16+0.4'일반정착'》=3.56*1	124.6
		상부부근	H10	《3.16/(300/1000)》=11*《6.9+0.4'일반정착'》=7.3*1	80.3
		하부부근	H10	《3.16/(300/1000)》=11*《6.9+0.4'일반정착'》=7.3*1	80.3
3 층	RS1	[비 고]		X : 2~3, Y : B~C	
		콘크리트	25-240-15	(3.16*3.6*0.15)*1	1.706
		거푸집	경사	3.16*3.6*1	11.38
		상부주근	H10	《3.6/(200/1000)》=18*3.16*1	56.9
		하부주근	H10	《3.6/(200/1000)》=18*3.16*1	56.9
		상부부근	H10	《3.16/(300/1000)》=11*《3.6+0.4'일반정착'》=4*1	44
		하부부근	H10	《3.16/(300/1000)》=11*《3.6+0.4'일반정착'》=4*1	44
3 층	RS1	[비 고]		외부/구조상세-1적용	
		콘크리트	25-240-15	(1.35*30.956*0.15)*1	6.269
		거푸집	합판2회	1.35*30.956*1	41.79
		상부주근	H10	《30.956/(200/1000)》=155*《1.35+(0.4*2)'일반정착'》=2.15*1	333.3
		하부주근	H10	《30.956/(200/1000)》=155*《1.35+(0.4*2)'일반정착'》=2.15*1	333.3
		상부부근	H10	《《1.35/(300/1000)》=5*30.956*1》=154.8+《5*3*0.52'이음'》=	162.6
				7.8	
		하부부근	H10	《《1.35/(300/1000)》=5*30.956*1》=154.8+《5*3*0.52'일반이음	162.6
				'》=7.8	
		CON'C	25-240-15	(0.335*1.05)/2*30.956	5.444
		거푸집	유로폼	(0.335)*30.956	10.37

Koreasoft 고려전산(주)

부재별 산출서

[공사명] 석촌동 근린생활시설　　[동명] 본동　　옹벽

층	부 호	명 칭	규 격	산 식	결 과 치
B1 층	-	[비 고]		□ 5열	
B1 층	-	[비 고]		■ 지하내벽	
B1 층	-	[비 고]		□ 0열	
B1 층	-	[비 고]		■ 지하1층	
B1 층	-	[비 고]		■ 코어	
B1 층	-	[비 고]		□ 1-2/A-D	
B1 층	-	[비 고]		□ Y3열	
B1 층	-	[비 고]		■ 오수처리시설	
B1 층	-	[비 고]		□ 0-1/D-E	
B1 층	-	[비 고]		■ 세로열	
B1 층	-	[비 고]		□ E열	
B1 층	-	[비 고]		□ D열	
B1 층	-	[비 고]		□ C-D열	
B1 층	-	[비 고]		□ A열	
B1 층	-	[비 고]		■ 가로열	
B1 층	-	[비 고]		■ 지하1층	
B1 층	-	[비 고]		■ 지하외벽	
B1 층	-	[비 고]		□ 1-3/D-E	
B1 층	-	[비 고]		□ 5-6/C-D	
B1 층	-	[비 고]		■ DA#3, X : 4-5, Y : A	
B1 층	-	[비 고]		■ DA#1	
B1 층	-	[비 고]		□ 2-3/A	
B1 층	-	[비 고]		■ 정화조	
B1 층	-	[비 고]		■ DA#2	
B1 층	-	[비 고]		□ 4-5/A	
B1 층	DW1	[비 고]		(가로), X : 2-3, Y : A	
		콘크리트	25-240-15	(1.85*(1.9-0.15)*0.2)*1-《0.945*0.2'개구부'》=0.189	0.459
		거푸집(내측)	유로폼	(1.85*(1.9-0.15))*1+《5.1*0.2'개구부'》=1.02-0.945	3.31
		거푸집(외측)	유로폼	(1.85*(1.9-0.15))*1-0.945	2.29
		내측수직근	H13	《《1.85/(200/1000)》=10*《1.9+0.26'후크'+(0.3'기초두께'+0.2	29.2
				6'기초정착')》=2.72*1-《2.1/(200/1000)*0.45'개구부'》=4.72》	
				=22.5+《10*0.67'일반이음'*1》=6.7	
		외측수직근	H13	《《1.85/(200/1000)》=10*《1.9+0.26'후크'+(0.3'기초두께'+0.2	29.2
				6'기초정착')》=2.72*1-《2.1/(200/1000)*0.45'개구부'》=4.72》	
				=22.5+《10*0.67'일반이음'*1》=6.7	

부재별 산출서

[공사명] 석촌동 근린생활시설 [동명] 본동 옹벽

층	부 호	명 칭	규 격	산 식	결 과 치
		내측수평근	H13	《(1.9-0.15)/(250/1000)》=7*《1.85+0.51'일반정착'*2》=2.87*1	16.3
				-《0.45/(250/1000)*2.1'개구부'》=3.78	
		외측수평근	H13	《(1.9-0.15)/(250/1000)》=7*《1.85+0.51'일반정착'*2》=2.87*1	16.3
				-《0.45/(250/1000)*2.1'개구부'》=3.78	
		수평보강근	H13	4*《1.85+0.51'일반정착'*2》=2.87*1	11.5
		폭고정근	H10	《(1.85/(1000/1000))*((1.9-0.15)/(1000/1000))》=4*0.2*1-《(2	0.6
				.1/(1000/1000))*(0.45/(1000/1000))*0.2'개구부'》=0.189	
		개구부 보강 수직	H13	(((0.45+(2*0.6))*2)*4)*1	13.2
		개구부 보강 수평	H13	(((2.1+(2*0.6))*2)*4)*1	26.4
		개구부 보강 보강	H13	(((2*0.8)*4)*4)*1	25.6
B1 층	DW1	[비 고]		(세로), X : 2-3, Y : A	
		콘크리트	25-240-15	(0.45*(1.9-0.15)*0.2)*2	0.315
		거푸집(내측)	유로폼	(0.45*(1.9-0.15))*2	1.58
		거푸집(외측)	유로폼	(0.45*(1.9-0.15))*2	1.58
		내측수직근	H13	《《0.45/(200/1000)》=3*《1.9+0.26'후크'+(0.3'기초두께'+0.26	20.3
				'기초정착')》=2.72*2》=16.3+《3*0.67'일반이음'*2》=4.02	
		외측수직근	H13	《《0.45/(200/1000)》=3*《1.9+0.26'후크'+(0.3'기초두께'+0.26	20.3
				'기초정착')》=2.72*2》=16.3+《3*0.67'일반이음'*2》=4.02	
		내측수평근	H13	《(1.9-0.15)/(250/1000)》=7*《0.55+0.51'일반정착'*2》=1.57*2	22
		외측수평근	H13	《(1.9-0.15)/(250/1000)》=7*《0.55+0.51'일반정착'*2》=1.57*2	22
		수평보강근	H13	4*《0.55+0.51'일반정착'*2》=1.57*2	12.6
		폭고정근	H10	《(0.45/(1000/1000))*((1.9-0.15)/(1000/1000))》=1*0.2*2	0.4
B1 층	DW1	[비 고]		(가로), X : 5-6, Y : C-D	
		콘크리트	25-240-15	(0.6*(1.9-0.15)*0.2)*2	0.42
		거푸집(내측)	유로폼	(0.6*(1.9-0.15))*2	2.1
		거푸집(외측)	유로폼	(0.6*(1.9-0.15))*2	2.1
		내측수직근	H13	《《0.6/(200/1000)》=3*《1.9+0.26'후크'+(0.3'기초두께'+0.26'	20.3
				기초정착')》=2.72*2》=16.3+《3*0.67'일반이음'*2》=4.02	
		외측수직근	H13	《《0.6/(200/1000)》=3*《1.9+0.26'후크'+(0.3'기초두께'+0.26'	20.3
				기초정착')》=2.72*2》=16.3+《3*0.67'일반이음'*2》=4.02	
		내측수평근	H13	《(1.9-0.15)/(250/1000)》=7*《0.7+0.51'일반정착'*2》=1.72*2	24.1
		외측수평근	H13	《(1.9-0.15)/(250/1000)》=7*《0.7+0.51'일반정착'*2》=1.72*2	24.1
		수평보강근	H13	4*《0.7+0.51'일반정착'*2》=1.72*2	13.8
		폭고정근	H10	《(0.6/(1000/1000))*((1.9-0.15)/(1000/1000))》=2*0.2*2	0.8
B1 층	DW1	[비 고]		(가로), X : 4-5, Y : A	

Koreasoft 고려전산(주)

부재별 산출서

[공사명] 석촌동 근린생활시설 [동명] 본동 옹벽

층	부 호	명 칭	규 격	산 식	결 과 치
		콘크리트	25-240-15	(2.4*(1.9-0.15)*0.2)*1-《0.945*0.2'개구부'》=0.189	0.651
		거푸집(내측)	유로폼	(2.4*(1.9-0.15))*1+《5.1*0.2'개구부'》=1.02-0.945	4.28
		거푸집(외측)	유로폼	(2.4*(1.9-0.15))*1-0.945	3.26
		내측수직근	H13	《《2.4/(200/1000)》=12*《1.9+0.26'후크'+(0.3'기초두께'+0.26	35.9
				'기초정착')》=2.72*1-《2.1/(200/1000)*0.45'개구부'》=4.72》=	
				27.9+《12*0.67'일반이음'*1》=8.04	
		외측수직근	H13	《《2.4/(200/1000)》=12*《1.9+0.26'후크'+(0.3'기초두께'+0.26	35.9
				'기초정착')》=2.72*1-《2.1/(200/1000)*0.45'개구부'》=4.72》=	
				27.9+《12*0.67'일반이음'*1》=8.04	
		내측수평근	H13	《(1.9-0.15)/(250/1000)》=7*《2.4+0.51'일반정착'*2》=3.42*1-	20.2
				《0.45/(250/1000)*2.1'개구부'》=3.78	
		외측수평근	H13	《(1.9-0.15)/(250/1000)》=7*《2.4+0.51'일반정착'*2》=3.42*1-	20.2
				《0.45/(250/1000)*2.1'개구부'》=3.78	
		수평보강근	H13	4*《2.4+0.51'일반정착'*2》=3.42*1	13.7
		폭고정근	H10	《(2.4/(1000/1000))*((1.9-0.15)/(1000/1000))》=5*0.2*1-《(2.	0.8
				1/(1000/1000))*(0.45/(1000/1000))*0.2'개구부'》=0.189	
		개구부 보강 수직	H13	(((0.45+(2*0.6))*2)*4)*1	13.2
		개구부 부각 수평	H13	(((2.1+(2*0.6))*2)*4)*1	26.4
		개구부 보강 보강	H13	(((2*0.8)*4)*4)*1	25.6
B1 층	DW1	[비 고]		(세로), X : 4-5, Y : A	
		콘크리트	25-240-15	(0.6*(1.9-0.15)*0.2)*2	0.42
		거푸집(내측)	유로폼	(0.6*(1.9-0.15))*2	2.1
		거푸집(외측)	유로폼	(0.6*(1.9-0.15))*2	2.1
		내측수직근	H13	《《0.6/(200/1000)》=3*《1.9+0.26'후크'+(0.3'기초두께'+0.26'	20.3
				기초정착')》=2.72*2》=16.3+《3*0.67'일반이음'*2》=4.02	
		외측수직근	H13	《《0.6/(200/1000)》=3*《1.9+0.26'후크'+(0.3'기초두께'+0.26'	20.3
				기초정착')》=2.72*2》=16.3+《3*0.67'일반이음'*2》=4.02	
		내측수평근	H13	《(1.9-0.15)/(250/1000)》=7*《0.7+0.51'일반정착'*2》=1.72*2	24.1
		외측수평근	H13	《(1.9-0.15)/(250/1000)》=7*《0.7+0.51'일반정착'*2》=1.72*2	24.1
		수평보강근	H13	4*《0.7+0.51'일반정착'*2》=1.72*2	13.8
		폭고정근	H10	《(0.6/(1000/1000))*((1.9-0.15)/(1000/1000))》=2*0.2*2	0.8
B1 층	DW1	[비 고]		(세로), X : 5-6, Y : C-D	
		콘크리트	25-240-15	(2.4*(1.9-0.15)*0.2)*1-《0.945*0.2'개구부'》=0.189	0.651
		거푸집(내측)	유로폼	(2.4*(1.9-0.15))*1+《5.1*0.2'개구부'》=1.02-0.945	4.28
		거푸집(외측)	유로폼	(2.4*(1.9-0.15))*1-0.945	3.26

Koreasoft 고려전산(주)

부재별 산출서

[공사명] 석촌동 근린생활시설　　[동명] 본동　　옹벽

층	부 호	명 칭	규 격	산 식	결 과 치
		내측수직근	H13	《《2.4/(200/1000)》=12*《1.9+0.26'후크'+(0.3'기초두께'+0.26	35.9
				'기초정착')》=2.72*1-《2.1/(200/1000)*0.45'개구부'》=4.72》=	
				27.9+《12*0.67'일반이음'*1》=8.04	
		외측수직근	H13	《《2.4/(200/1000)》=12*《1.9+0.26'후크'+(0.3'기초두께'+0.26	35.9
				'기초정착')》=2.72*1-《2.1/(200/1000)*0.45'개구부'》=4.72》=	
				27.9+《12*0.67'일반이음'*1》=8.04	
		내측수평근	H13	《(1.9-0.15)/(250/1000)》=7*《2.4+0.51'일반정착'*2》=3.42*1-	20.2
				《0.45/(250/1000)*2.1'개구부'》=3.78	
		외측수평근	H13	《(1.9-0.15)/(250/1000)》=7*《2.4+0.51'일반정착'*2》=3.42*1-	20.2
				《0.45/(250/1000)*2.1'개구부'》=3.78	
		수평보강근	H13	4*《2.4+0.51'일반정착'*2》=3.42*1	13.7
		폭고정근	H10	《(2.4/(1000/1000))*((1.9-0.15)/(1000/1000))》=5*0.2*1-《(2.	0.8
				1/(1000/1000))*(0.45/(1000/1000))*0.2'개구부'》=0.189	
		개구부 보강 수직	H13	(((0.45+(2*0.6))*2)*4)*1	13.2
		개구부 보강 수평	H13	(((2.1+(2*0.6))*2)*4)*1	26.4
		개구부 보강 보강	H13	(((2*0.8)*4)*4)*1	25.6
B1 층	RW1	[비 고]		X : 0-1, Y : D	
		콘크리트	25-240-15	(3.85*(3.3-0.55)*0.25)*1	2.647
		거푸집(내측)	유로폼	(3.85*(3.3-0.55))*1	10.59
		거푸집(외측)	유로폼	(3.85*(3.3-0.55))*1	10.59
		외측수직근	H13	《《3.85/(300/1000)》=13*《3.3+0.26'후크'+(0.55'기초두께'+0.	65.5
				26'기초정착')》=4.37*1》=56.8+《13*0.67'일반이음'*1》=8.71	
		내측수직근	H13	《《3.85/(300/1000)》=13*《3.3+0.26'후크'+(0.55'기초두께'+0.	65.5
				26'기초정착')》=4.37*1》=56.8+《13*0.67'일반이음'*1》=8.71	
		하부수직CUT근	H13	《(3.85/1)/(300/1000)》=13*《(3.3/0)+1.005+0.195'Cut여장1'+(	26.1
				0.55'기초두께'+0.26'기초정착')》=2.01*1	
		외측수평근	H13	《(3.3-0.55)/(300/1000)》=10*《3.85+0.51'일반정착'》=4.36*1	43.6
		내측수평근	H13	《(3.3-0.55)/(300/1000)》=10*《3.85+0.51'일반정착'》=4.36*1	43.6
B1 층	RW1	[비 고]		X : 1-3, Y : C-D	
		콘크리트	25-240-15	(5.4*(3.95-0.55)*0.25)*1	4.59
		거푸집(내측)	유로폼	(5.4*(3.95-0.55))*1	18.36
		거푸집(외측)	유로폼	(5.4*(3.95-0.55))*1	18.36
		외측수직근	H13	《《5.4/(300/1000)》=18*《3.95+0.26'후크'+(0.55'기초두께'+0.	102.5
				26'기초정착')》=5.02*1》=90.4+《18*0.67'일반이음'*1》=12.06	
		내측수직근	H13	《《5.4/(300/1000)》=18*《3.95+0.26'후크'+(0.55'기초두께'+0.	102.5
				26'기초정착')》=5.02*1》=90.4+《18*0.67'일반이음'*1》=12.06	

Koreasoft 고려전산(주)

부재별 산출서

[공사명] 석촌동 근린생활시설 [동명] 본동 옹벽

층	부 호	명 칭	규 격	산 식	결 과 치
		하부수직CUT근	H13	《(5.4/1)/(300/1000)》=18*《(3.95/0)+1.005+0.195'Cut여장1'+(	36.2
				0.55'기초두께'+0.26'기초정착')》=2.01*1	
		외측수평근	H13	《《(3.95-0.55)/(300/1000)》=12*《5.4+0.51'일반정착'》=5.91*	78.9
				1》=70.9+《12*1*0.67'일반이음'》=8.04	
		내측수평근	H13	《《(3.95-0.55)/(300/1000)》=12*《5.4+0.51'일반정착'》=5.91*	78.9
				1》=70.9+《12*1*0.67'일반이음'》=8.04	
B1 층	RW1	[비 고]		X : 0-1, Y : C-D	
		콘크리트	25-240-15	(5.065*(3.95-0.55)*0.25)*1	4.305
		거푸집(내측)	유로폼	(5.065*(3.95-0.55))*1	17.22
		거푸집(외측)	유로폼	(5.065*(3.95-0.55))*1	17.22
		외측수직근	H13	《《5.065/(300/1000)》=17*《3.95+0.26'후크'+(0.55'기초두께'+	96.7
				0.26'기초정착')》=5.02*1》=85.3+《17*0.67'일반이음'*1》=11.3	
				9	
		내측수직근	H13	《《5.065/(300/1000)》=17*《3.95+0.26'후크'+(0.55'기초두께'+	96.7
				0.26'기초정착')》=5.02*1》=85.3+《17*0.67'일반이음'*1》=11.3	
				9	
		하부수직CUT근	H13	《(5.065/1)/(300/1000)》=17*《(3.95/0)+1.005+0.195'Cut여장1'	34.2
				+(0.55'기초두께'+0.26'기초정착')》=2.01*1	
		외측수평근	H13	《(3.95-0.55)/(300/1000)》=12*《5.065+0.51'일반정착'》=5.575	66.9
				*1	
		내측수평근	H13	《(3.95-0.55)/(300/1000)》=12*《5.065+0.51'일반정착'》=5.575	66.9
				*1	
B1 층	RW1	[비 고]		X : 1-2, Y : D	
		콘크리트	25-240-15	(3.25*(4.5-0.55)*0.25)*1	3.209
		거푸집(내측)	유로폼	(3.25*(4.5-0.55))*1	12.84
		거푸집(외측)	유로폼	(3.25*(4.5-0.55))*1	12.84
		외측수직근	H13	《《3.25/(300/1000)》=11*《4.5+0.26'후크'+(0.55'기초두께'+0.	68.7
				26'기초정착')》=5.57*1》=61.3+《11*0.67'일반이음'*1》=7.37	
		내측수직근	H13	《《3.25/(300/1000)》=11*《4.5+0.26'후크'+(0.55'기초두께'+0.	68.7
				26'기초정착')》=5.57*1》=61.3+《11*0.67'일반이음'*1》=7.37	
		하부수직CUT근	H13	《(3.25/1)/(300/1000)》=11*《(4.5/0)+1.005+0.195'Cut여장1'+(	22.1
				0.55'기초두께'+0.26'기초정착')》=2.01*1	
		외측수평근	H13	《(4.5-0.55)/(300/1000)》=14*3.5*1	49
		내측수평근	H13	《(4.5-0.55)/(300/1000)》=14*3.5*1	49
B1 층	RW1	[비 고]		X : 2-3, Y : D	

부재별 산출서

[공사명] 석촌동 근린생활시설 [동명] 본동 옹벽

층	부 호	명 칭	규 격	산 식	결 과 치
		콘크리트	25-240-15	(1.95*(4.5-0.55)*0.25)*1	1.926
		거푸집(내측)	유로폼	(1.95*(4.5-0.55))*1	7.7
		거푸집(외측)	유로폼	(1.95*(4.5-0.55))*1	7.7
		외측수직근	H13	《《1.95/(300/1000)》=7*《4.5+0.26'후크'+(0.55'기초두께'+0.2	43.7
				6'기초정착')》=5.57*1》=39+《7*0.67'일반이음'*1》=4.69	
		내측수직근	H13	《《1.95/(300/1000)》=7*《4.5+0.26'후크'+(0.55'기초두께'+0.2	43.7
				6'기초정착')》=5.57*1》=39+《7*0.67'일반이음'*1》=4.69	
		하부수직CUT근	H13	《(1.95/1)/(300/1000)》=7*《(4.5/0)+1.005+0.195'Cut여장1'+(0	14.1
				.55'기초두께'+0.26'기초정착')》=2.01*1	
		외측수평근	H13	《(4.5-0.55)/(300/1000)》=14*《2.45+0.51'일반정착'》=2.96*1	41.4
		내측수평근	H13	《(4.5-0.55)/(300/1000)》=14*《2.45+0.51'일반정착'》=2.96*1	41.4
B1 층	RW1-(합벽	[비 고]		X : 4-5, Y : A	
		콘크리트	25-240-15	(5.1*(3.35-0.55)*0.25)*1	3.57
		거푸집(내측)	합벽	(5.1*(3.35-0.55))*1	14.28
		외측수직근	H13	《《5.1/(300/1000)》=17*《3.35+0.26'후크'+(0.55'기초두께'+0.	86.5
				26'기초정착')》=4.42*1》=75.1+《17*0.67'일반이음'*1》=11.39	
		내측수직근	H13	《《5.1/(300/1000)》=17*《3.35+0.26'후크'+(0.55'기초두께'+0.	86.5
				26'기초정착')》=4.42*1》=75.1+《17*0.67'일반이음'*1》=11.39	
		하부수직CUT근	H13	《(5.1/1)/(300/1000)》=17*《(3.35/0)+1.005+0.195'Cut여장1'+(	34.2
				0.55'기초두께'+0.26'기초정착')》=2.01*1	
		외측수평근	H13	《(3.35-0.55)/(300/1000)》=10*《5.1+0.51'일반정착'》=5.61*1	56.1
		내측수평근	H13	《(3.35-0.55)/(300/1000)》=10*《5.1+0.51'일반정착'》=5.61*1	56.1
		합벽콘크리트	25-240-15	3.35*5.1*0.1	1.709
		수평보강	H13	4*(2.4+0.51*2)	13.68
B1 층	RW1-(합벽	[비 고]		X : 3-4, Y : A	
		콘크리트	25-240-15	(7.5*(3.35-0.55)*0.25)*1	5.25
		거푸집(내측)	합벽	(7.5*(3.35-0.55))*1	21
		외측수직근	H13	《《7.5/(300/1000)》=25*《3.35+0.26'후크'+(0.55'기초두께'+0.	127.3
				26'기초정착')》=4.42*1》=110.5+《25*0.67'일반이음'*1》=16.75	
		내측수직근	H13	《《7.5/(300/1000)》=25*《3.35+0.26'후크'+(0.55'기초두께'+0.	127.3
				26'기초정착')》=4.42*1》=110.5+《25*0.67'일반이음'*1》=16.75	
		하부수직CUT근	H13	《(7.5/1)/(300/1000)》=25*《(3.35/0)+1.005+0.195'Cut여장1'+(	50.3
				0.55'기초두께'+0.26'기초정착')》=2.01*1	
		외측수평근	H13	《《(3.35-0.55)/(300/1000)》=10*7.5*1》=75+《10*1*0.67'일반	81.7
				이음'》=6.7	

Koreasoft 고려전산(주)

부재별 산출서

[공사명] 석촌동 근린생활시설 [동명] 본동 옹벽

층	부 호	명 칭	규 격	산 식	결 과 치
		내측수평근	H13	《《(3.35-0.55)/(300/1000)》=10*7.5*1》=75+《10*1*0.67'일반	81.7
				이음'》=6.7	
		합벽콘크리트	25-240-15	3.35*7.5*0.1	2.513
		수평보강	H13	4*(1.85+0.51*2)	11.48
B1 층	RW1-(합벽	[비 고]		X : 4-5, Y : E	
		콘크리트	25-240-15	(5.1*(2.95-0.55)*0.25)*1	3.06
		거푸집(내측)	합벽	(5.1*(2.95-0.55))*1	12.24
		외측수직근	H13	《《5.1/(300/1000)》=17*《2.95+0.26'후크'+(0.55'기초두께'+0.	79.7
				26'기초정착')》=4.02*1》=68.3+《17*0.67'일반이음'*1》=11.39	
		내측수직근	H13	《《5.1/(300/1000)》=17*《2.95+0.26'후크'+(0.55'기초두께'+0.	79.7
				26'기초정착')》=4.02*1》=68.3+《17*0.67'일반이음'*1》=11.39	
		하부수직CUT근	H13	《(5.1/1)/(300/1000)》=17*《(2.95/0)+1.005+0.195'Cut여장1'+(	34.2
				0.55'기초두께'+0.26'기초정착')》=2.01*1	
		외측수평근	H13	《《(2.95-0.55)/(300/1000)》=8*《5.1+0.51'일반정착'》=5.61*1	50.3
				》=44.9+《8*1*0.67'일반이음'》=5.36	
		내측수평근	H13	《《(2.95-0.55)/(300/1000)》=8*《5.1+0.51'일반정착'》=5.61*1	50.3
				》=44.9+《8*1*0.67'일반이음'》=5.36	
		합벽콘크리트	25-240-15	2.95*5.1*0.1	1.505
B1 층	RW1-(합벽	[비 고]		X : 3-4, Y : E	
		콘크리트	25-240-15	(7.5*(2.95-0.55)*0.25)*1	4.5
		거푸집(내측)	합벽	(7.5*(2.95-0.55))*1	18
		외측수직근	H13	《《7.5/(300/1000)》=25*《2.95+0.26'후크'+(0.55'기초두께'+0.	117.3
				26'기초정착')》=4.02*1》=100.5+《25*0.67'일반이음'*1》=16.75	
		내측수직근	H13	《《7.5/(300/1000)》=25*《2.95+0.26'후크'+(0.55'기초두께'+0.	117.3
				26'기초정착')》=4.02*1》=100.5+《25*0.67'일반이음'*1》=16.75	
		하부수직CUT근	H13	《(7.5/1)/(300/1000)》=25*《(2.95/0)+1.005+0.195'Cut여장1'+(	50.3
				0.55'기초두께'+0.26'기초정착')》=2.01*1	
		외측수평근	H13	《《(2.95-0.55)/(300/1000)》=8*《7.5+0.51'일반정착'》=8.01*1	69.5
				》=64.1+《8*1*0.67'일반이음'》=5.36	
		내측수평근	H13	《《(2.95-0.55)/(300/1000)》=8*《7.5+0.51'일반정착'》=8.01*1	69.5
				》=64.1+《8*1*0.67'일반이음'》=5.36	
		합벽콘크리트	25-240-15	2.95*7.5*0.1	2.213
B1 층	RW1-(합벽	[비 고]		X : 5, Y : A-B	
		콘크리트	25-240-15	(1*(3.35-0.55)*0.25)*1	0.7
		거푸집(내측)	합벽	(1*(3.35-0.55))*1	2.8

Koreasoft 고려전산(주)

부재별 산출서

[공사명] 석촌동 근린생활시설 [동명] 본동 옹벽

층	부 호	명 칭	규 격	산 식	결 과 치
		외측수직근	H13	《《1/(300/1000)》=4*《3.35+0.26'후크'+(0.55'기초두께'+0.26'	20.4
				기초정착'))》=4.42*1》=17.7+《4*0.67'일반이음'*1》=2.68	
		내측수직근	H13	《《1/(300/1000)》=4*《3.35+0.26'후크'+(0.55'기초두께'+0.26'	20.4
				기초정착'))》=4.42*1》=17.7+《4*0.67'일반이음'*1》=2.68	
		하부수직CUT근	H13	《(1/1)/(300/1000)》=4*《(3.35/0)+1.005+0.195'Cut여장1'+(0.5	8
				5'기초두께'+0.26'기초정착'))》=2.01*1	
		외측수평근	H13	《(3.35-0.55)/(300/1000)》=10*《1.5+0.51'일반정착'》=2.01*1	20.1
		내측수평근	H13	《(3.35-0.55)/(300/1000)》=10*《1.5+0.51'일반정착'》=2.01*1	20.1
		합벽콘크리트	25-240-15	3.35*1.5*0.1	0.502
B1 층	RW1-(합벽	[비 고]		X : 5, Y : D-E	
		콘크리트	25-240-15	(3.15*(2.95-0.15)*0.25)*1	2.205
		거푸집(내측)	합벽	(3.15*(2.95-0.15))*1	8.82
		외측수직근	H13	《《3.15/(300/1000)》=11*《2.95+0.26'후크'+(0.55'기초두께'+0	51.6
				.26'기초정착'))》=4.02*1》=44.2+《11*0.67'일반이음'*1》=7.37	
		내측수직근	H13	《《3.15/(300/1000)》=11*《2.95+0.26'후크'+(0.55'기초두께'+0	51.6
				.26'기초정착'))》=4.02*1》=44.2+《11*0.67'일반이음'*1》=7.37	
		하부수직CUT근	H13	《(3.15/1)/(300/1000)》=11*《(2.95/0)+1.005+0.195'Cut여장1'+	22.1
				(0.55'기초두께'+0.26'기초정착'))》=2.01*1	
		외측수평근	H13	《(2.95-0.15)/(300/1000)》=10*《3.4+0.51'일반정착'》=3.91*1	39.1
		내측수평근	H13	《(2.95-0.15)/(300/1000)》=10*《3.4+0.51'일반정착'》=3.91*1	39.1
		합벽콘크리트	25-240-15	2.95*3.4*0.1	1.003
B1 층	RW1-(합벽	[비 고]		X : 5, Y : D-E	
		콘크리트	25-240-15	(1.25*(3.35-0.55)*0.25)*1	0.875
		거푸집(내측)	합벽	(1.25*(3.35-0.55))*1	3.5
		외측수직근	H13	《《1.25/(300/1000)》=5*《3.35+0.26'후크'+(0.55'기초두께'+0.	25.5
				26'기초정착'))》=4.42*1》=22.1+《5*0.67'일반이음'*1》=3.35	
		내측수직근	H13	《《1.25/(300/1000)》=5*《3.35+0.26'후크'+(0.55'기초두께'+0.	25.5
				26'기초정착'))》=4.42*1》=22.1+《5*0.67'일반이음'*1》=3.35	
		하부수직CUT근	H13	《(1.25/1)/(300/1000)》=5*《(3.35/0)+1.005+0.195'Cut여장1'+(	10.1
				0.55'기초두께'+0.26'기초정착'))》=2.01*1	
		외측수평근	H13	《(3.35-0.55)/(300/1000)》=10*1.5*1	15
		내측수평근	H13	《(3.35-0.55)/(300/1000)》=10*1.5*1	15
		합벽콘크리트	25-240-15	3.35*1.5*0.1	0.502
B1 층	RW1-(합벽	[비 고]		X : 5, Y : C-D	
		콘크리트	25-240-15	(6.4*(3.35-0.55)*0.25)*1	4.48

Koreasoft 고려전산(주)

부재별 산출서

[공사명] 석촌동 근린생활시설 [동명] 본동 옹벽

층	부 호	명 칭	규 격	산 식	결 과 치
		거푸집(내측)	합벽	(6.4*(3.35-0.55))*1	17.92
		외측수직근	H13	《《6.4/(300/1000)》=22*《3.35+0.26'후크'+(0.55'기초두께'+0.	111.9
				26'기초정착')》=4.42*1》=97.2+《22*0.67'일반이음'*1》=14.74	
		내측수직근	H13	《《6.4/(300/1000)》=22*《3.35+0.26'후크'+(0.55'기초두께'+0.	111.9
				26'기초정착')》=4.42*1》=97.2+《22*0.67'일반이음'*1》=14.74	
		하부수직CUT근	H13	《(6.4/1)/(300/1000)》=22*《(3.35/0)+1.005+0.195'Cut여장1'+(	44.2
				0.55'기초두께'+0.26'기초정착')》=2.01*1	
		외측수평근	H13	《《(3.35-0.55)/(300/1000)》=10*6.9*1》=69+《10*1*0.67'일반	75.7
				이음'》=6.7	
		내측수평근	H13	《《(3.35-0.55)/(300/1000)》=10*6.9*1》=69+《10*1*0.67'일반	75.7
				이음'》=6.7	
		합벽콘크리트	25-240-15	3.35*6.9*0.1	2.312
		수평보강	H13	4*(2.4+0.51*2)	13.68
B1 층	RW1-(합벽	[비 고]		X : 5, Y : B-C	
		콘크리트	25-240-15	(2.8*(3.35-0.55)*0.25)*1	1.96
		거푸집(내측)	합벽	(2.8*(3.35-0.55))*1	7.84
		외측수직근	H13	《《2.8/(300/1000)》=10*《3.35+0.26'후크'+(0.55'기초두께'+0.	50.9
				26'기초정착')》=4.42*1》=44.2+《10*0.67'일반이음'*1》=6.7	
		내측수직근	H13	《《2.8/(300/1000)》=10*《3.35+0.26'후크'+(0.55'기초두께'+0.	50.9
				26'기초정착')》=4.42*1》=44.2+《10*0.67'일반이음'*1》=6.7	
		하부수직CUT근	H13	《(2.8/1)/(300/1000)》=10*《(3.35/0)+1.005+0.195'Cut여장1'+(	20.1
				0.55'기초두께'+0.26'기초정착')》=2.01*1	
		외측수평근	H13	《《(3.35-0.55)/(300/1000)》=10*3.3*1》=33+《10*1*0.67'일반	39.7
				이음'》=6.7	
		내측수평근	H13	《《(3.35-0.55)/(300/1000)》=10*3.3*1》=33+《10*1*0.67'일반	39.7
				이음'》=6.7	
		합벽콘크리트	25-240-15	3.35*3.3*0.1	1.106
B1 층	RW2-(합벽	[비 고]		X : 0, Y : D-E	
		콘크리트	25-240-15	(4.25*(3.3-0.55)*0.3)*1	3.506
		거푸집(내측)	합벽	(4.25*(3.3-0.55))*1	11.69
		외측수직근	H13	《《4.25/(200/1000)》=22*《3.3+0.26'후크'+(0.55'기초두께'+0.	110.8
				26'기초정착')》=4.37*1》=96.1+《22*0.67'일반이음'*1》=14.74	
		내측수직근	H13	《《4.25/(150/1000)》=29*《3.3+0.26'후크'+(0.55'기초두께'+0.	146.1
				26'기초정착')》=4.37*1》=126.7+《29*0.67'일반이음'*1》=19.43	
		하부수직CUT근	H13	《(4.25/1)/(200/1000)》=22*《(3.3/0)+1.455+0.195'Cut여장1'+(	54.1
				0.55'기초두께'+0.26'기초정착')》=2.46*1	

Koreasoft 고려전산(주)

부재별 산출서

[공사명] 석촌동 근린생활시설 [동명] 본동 옹벽

층	부 호	명 칭	규 격	산 식	결 과 치
		외측수평근	H13	《(3.3-0.55)/(300/1000)》=10*《4.8+0.51'일반정착'*2》=5.82*1	58.2
		내측수평근	H13	《(3.3-0.55)/(300/1000)》=10*《4.8+0.51'일반정착'*2》=5.82*1	58.2
		합벽콘크리트	25-240-15	3.3*4.8*0.1	1.584
B1 층	RW2-(합벽	[비 고]		X : 0, Y : C-D	
		콘크리트	25-240-15	(1.747*(3.95-0.55)*0.3)*1	1.782
		거푸집(내측)	합벽	(1.747*(3.95-0.55))*1	5.94
		외측수직근	H13	《《1.747/(200/1000)》=9*《3.95+0.26'후크'+(0.55'기초두께'+0	51.2
				.26'기초정착')》=5.02*1》=45.2+《9*0.67'일반이음'*1》=6.03	
		내측수직근	H13	《《1.747/(150/1000)》=12*《3.95+0.26'후크'+(0.55'기초두께'+	68.2
				0.26'기초정착')》=5.02*1》=60.2+《12*0.67'일반이음'*1》=8.04	
		하부수직CUT근	H13	《(1.747/1)/(200/1000)》=9*《(3.95/0)+1.455+0.195'Cut여장1'+	22.1
				(0.55'기초두께'+0.26'기초정착')》=2.46*1	
		외측수평근	H13	《(3.95-0.55)/(300/1000)》=12*《1.997+0.51'일반정착'》=2.507	30.1
				*1	
		내측수평근	H13	《(3.95-0.55)/(300/1000)》=12*《1.997+0.51'일반정착'》=2.507	30.1
				*1	
		합벽콘크리트	25-240-15	3.95*1.997*0.1	0.789
B1 층	RW2-(합벽	[비 고]		X : 1-3, Y : E	
		콘크리트	25-240-15	(5.95*(4.5-0.55)*0.3)*1	7.051
		거푸집(내측)	합벽	(5.95*(4.5-0.55))*1	23.5
		외측수직근	H13	《《5.95/(200/1000)》=30*《4.5+0.26'후크'+(0.55'기초두께'+0.	187.2
				26'기초정착')》=5.57*1》=167.1+《30*0.67'일반이음'*1》=20.1	
		내측수직근	H13	《《5.95/(150/1000)》=40*《4.5+0.26'후크'+(0.55'기초두께'+0.	249.6
				26'기초정착')》=5.57*1》=222.8+《40*0.67'일반이음'*1》=26.8	
		하부수직CUT근	H13	《(5.95/1)/(200/1000)》=30*《(4.5/0)+1.455+0.195'Cut여장1'+(	73.8
				0.55'기초두께'+0.26'기초정착')》=2.46*1	
		외측수평근	H13	《(4.5-0.55)/(300/1000)》=14*《5.95+0.51'일반정착'》=6.46*1	90.4
		내측수평근	H13	《(4.5-0.55)/(300/1000)》=14*《5.95+0.51'일반정착'》=6.46*1	90.4
		합벽콘크리트	25-240-15	4.5*5.95*0.1	2.678
B1 층	RW2-(합벽	[비 고]		X : 0-1, Y : E	
		콘크리트	25-240-15	(3.85*(3.3-0.55)*0.3)*1	3.176
		거푸집(내측)	합벽	(3.85*(3.3-0.55))*1	10.59
		외측수직근	H13	《《3.85/(200/1000)》=20*《3.3+0.26'후크'+(0.55'기초두께'+0.	100.8
				26'기초정착')》=4.37*1》=87.4+《20*0.67'일반이음'*1》=13.4	
		내측수직근	H13	《《3.85/(150/1000)》=26*《3.3+0.26'후크'+(0.55'기초두께'+0.	131
				26'기초정착')》=4.37*1》=113.6+《26*0.67'일반이음'*1》=17.42	

Koreasoft 고려전산(주)

부재별 산출서

[공사명] 석촌동 근린생활시설 [동명] 본동 옹벽

층	부 호	명 칭	규 격	산 식	결 과 치
		하부수직CUT근	H13	《(3.85/1)/(200/1000)》=20*《(3.3/0)+1.455+0.195'Cut여장1'+(	49.2
				0.55'기초두께'+0.26'기초정착')》=2.46*1	
		외측수평근	H13	《(3.3-0.55)/(300/1000)》=10*《3.85+0.51'일반정착'》=4.36*1	43.6
		내측수평근	H13	《(3.3-0.55)/(300/1000)》=10*《3.85+0.51'일반정착'》=4.36*1	43.6
		합벽콘크리트	25-240-15	3.3*3.85*0.1	1.271
B1 층	RW2-(합벽	[비 고]		X : 2-3, Y : A	
		콘크리트	25-240-15	(2.7*(4.9-0.55)*0.3)*1	3.524
		거푸집(내측)	합벽	(2.7*(4.9-0.55))*1	11.75
		외측수직근	H13	《《2.7/(200/1000)》=14*《4.9+0.26'후크'+(0.55'기초두께'+0.2	93
				6'기초정착')》=5.97*1》=83.6+《14*0.67'일반이음'*1》=9.38	
		내측수직근	H13	《《2.7/(150/1000)》=18*《4.9+0.26'후크'+(0.55'기초두께'+0.2	119.6
				6'기초정착')》=5.97*1》=107.5+《18*0.67'일반이음'*1》=12.06	
		하부수직CUT근	H13	《(2.7/1)/(200/1000)》=14*《(4.9/0)+1.455+0.195'Cut여장1'+(0	34.4
				.55'기초두께'+0.26'기초정착')》=2.46*1	
		외측수평근	H13	《(4.9-0.55)/(300/1000)》=15*2.7*1	40.5
		내측수평근	H13	《(4.9-0.55)/(300/1000)》=15*2.7*1	40.5
		합벽콘크리트	25-240-15	4.9*2.7*0.1	1.323
B1 층	RW2-(합벽	[비 고]		X : 0, Y : A-C	
		콘크리트	25-240-15	(6.483*(3.95-0.55)*0.3)*1	6.613
		거푸집(내측)	합벽	(6.483*(3.95-0.55))*1	22.04
		외측수직근	H13	《《6.483/(200/1000)》=33*《3.95+0.26'후크'+(0.55'기초두께'+	187.8
				0.26'기초정착')》=5.02*1》=165.7+《33*0.67'일반이음'*1》=22.	
				11	
		내측수직근	H13	《《6.483/(150/1000)》=44*《3.95+0.26'후크'+(0.55'기초두께'+	250.4
				0.26'기초정착')》=5.02*1》=220.9+《44*0.67'일반이음'*1》=29.	
				48	
		하부수직CUT근	H13	《(6.483/1)/(200/1000)》=33*《(3.95/0)+1.455+0.195'Cut여장1'	81.2
				+(0.55'기초두께'+0.26'기초정착')》=2.46*1	
		외측수평근	H13	《《(3.95-0.55)/(300/1000)》=12*《6.683+0.51'일반정착'》=7.1	94.3
				93*1》=86.3+《12*1*0.67'일반이음'》=8.04	
		내측수평근	H13	《《(3.95-0.55)/(300/1000)》=12*《6.683+0.51'일반정착'》=7.1	94.3
				93*1》=86.3+《12*1*0.67'일반이음'》=8.04	
		합벽콘크리트	25-240-15	3.95*6.683*0.1	2.64
B1 층	RW2-(합벽	[비 고]		X : 1-2, Y : A	
		콘크리트	25-240-15	(3.17*(3.95-0.55)*0.3)*1	3.233

Koreasoft 고려전산(주)

부재별 산출서

[공사명] 석촌동 근린생활시설 [동명] 본동 옹벽

층	부 호	명 칭	규 격	산 식	결 과 치
		거푸집(내측)	합벽	(3.17*(3.95-0.55))*1	10.78
		외측수직근	H13	《《3.17/(200/1000)》=16*《3.95+0.26'후크'+(0.55'기초두께'+0	91
				.26'기초정착')》=5.02*1》=80.3+《16*0.67'일반이음'*1》=10.72	
		내측수직근	H13	《《3.17/(150/1000)》=22*《3.95+0.26'후크'+(0.55'기초두께'+0	125.1
				.26'기초정착')》=5.02*1》=110.4+《22*0.67'일반이음'*1》=14.7	
				4	
		하부수직CUT근	H13	《(3.17/1)/(200/1000)》=16*《(3.95/0)+1.455+0.195'Cut여장1'+	39.4
				(0.55'기초두께'+0.26'기초정착')》=2.46*1	
		외측수평근	H13	《(3.95-0.55)/(300/1000)》=12*《3.17+0.51'일반정착'》=3.68*1	44.2
		내측수평근	H13	《(3.95-0.55)/(300/1000)》=12*《3.17+0.51'일반정착'》=3.68*1	44.2
		합벽콘크리트	25-240-15	3.95*3.17*0.1	1.252
B1 층	W1	[비 고]		Y : 3	
		콘크리트	25-240-15	(2.45*(2.95-0.15)*0.2)*1	1.372
		거푸집(내측)	유로폼	(2.45*(2.95-0.15))*1	6.86
		거푸집(외측)	유로폼	(2.45*(2.95-0.15))*1	6.86
		내측수직근	H13	《《2.45/(300/1000)》=9*《2.95+(0.55'기초두께'+0.26'기초정착	45.9
				')》=3.76*1》=33.8+《9*0.67'일반이음'*2*1》=12.06	
		외측수직근	H13	《《2.45/(300/1000)》=9*《2.95+(0.55'기초두께'+0.26'기초정착	45.9
				')》=3.76*1》=33.8+《9*0.67'일반이음'*2*1》=12.06	
		내측수평근	H13	《(2.95-0.15)/(300/1000)》=10*《2.55+0.51'일반정착'》=3.06*1	30.6
		외측수평근	H13	《(2.95-0.15)/(300/1000)》=10*《2.55+0.51'일반정착'》=3.06*1	30.6
		폭고정근	H10	《(2.45/(1000/1000))*((2.95-0.15)/(1000/1000))》=7*0.2*1	1.4
B1 층	W1	[비 고]		Y : 3	
		콘크리트	25-240-15	(1.7*(3.3-0.15)*0.2)*1-《0.72*0.2'개구부'》=0.144	0.927
		거푸집(내측)	유로폼	(1.7*(3.3-0.15))*1+《3.6*0.2'개구부'》=0.72-0.72	5.36
		거푸집(외측)	유로폼	(1.7*(3.3-0.15))*1-0.72	4.64
		내측수직근	H13	《《1.7/(300/1000)》=6*《3.3+(0.55'기초두께'+0.26'기초정착')	30.3
				》=4.11*1-《0.6/(300/1000)*1.2'개구부'》=2.4》=22.3+《6*0.67	
				'일반이음'*2*1》=8.04	
		외측수직근	H13	《《1.7/(300/1000)》=6*《3.3+(0.55'기초두께'+0.26'기초정착')	30.3
				》=4.11*1-《0.6/(300/1000)*1.2'개구부'》=2.4》=22.3+《6*0.67	
				'일반이음'*2*1》=8.04	
		내측수평근	H13	《(3.3-0.15)/(300/1000)》=11*1.95*1-《1.2/(300/1000)*0.6'개	19.1
				구부'》=2.4	
		외측수평근	H13	《(3.3-0.15)/(300/1000)》=11*1.95*1-《1.2/(300/1000)*0.6'개	19.1
				구부'》=2.4	

부재별 산출서

[공사명] 석촌동 근린생활시설 [동명] 본동 옹벽

층	부 호	명 칭	규 격	산 식	결 과 치
		폭고정근	H10	《(1.7/(1000/1000))*((3.3-0.15)/(1000/1000))》=6*0.2*1-《(0.	1.1
				6/(1000/1000))*(1.2/(1000/1000))*0.2'개구부'》=0.144	
		개구부 보강 수직	H13	(((1.2+(2*0.6))*2)*4)*1	19.2
		개구부 보강 수평	H13	(((0.6+(2*0.6))*2)*4)*1	14.4
		개구부 보강 보강	H13	(((2*0.8)*4)*4)*1	25.6
B1 층	W1	[비 고]		Y : 3	
		콘크리트	25-240-15	(6*(3.3-0.15)*0.2)*1	3.78
		거푸집(내측)	유로폼	(6*(3.3-0.15))*1	18.9
		거푸집(외측)	유로폼	(6*(3.3-0.15))*1	18.9
		내측수직근	H13	《《6/(300/1000)》=20*《3.3+(0.55'기초두께'+0.26'기초정착')	109
				》=4.11*1》=82.2+《20*0.67'일반이음'*2*1》=26.8	
		외측수직근	H13	《《6/(300/1000)》=20*《3.3+(0.55'기초두께'+0.26'기초정착')	109
				》=4.11*1》=82.2+《20*0.67'일반이음'*2*1》=26.8	
		내측수평근	H13	《《(3.3-0.15)/(300/1000)》=11*6.5*1》=71.5+《11*1*0.67'일반	78.9
				이음'》=7.37	
		외측수평근	H13	《《(3.3-0.15)/(300/1000)》=11*6.5*1》=71.5+《11*1*0.67'일반	78.9
				이음'》=7.37	
		폭고정근	H10	《(6/(1000/1000))*((3.3-0.15)/(1000/1000))》=19*0.2*1	3.8
B1 층	W1	[비 고]		X : 1-2, Y : A-D	
		콘크리트	25-240-15	(1.85*(3.35-0.15)*0.2)*1	1.184
		거푸집(내측)	유로폼	(1.85*(3.35-0.15))*1	5.92
		거푸집(외측)	유로폼	(1.85*(3.35-0.15))*1	5.92
		내측수직근	H13	《《1.85/(300/1000)》=7*《3.35+(0.55'기초두께'+0.26'기초정착	38.5
				')》=4.16*1》=29.1+《7*0.67'일반이음'*2*1》=9.38	
		외측수직근	H13	《《1.85/(300/1000)》=7*《3.35+(0.55'기초두께'+0.26'기초정착	38.5
				')》=4.16*1》=29.1+《7*0.67'일반이음'*2*1》=9.38	
		내측수평근	H13	《(3.35-0.15)/(300/1000)》=11*《1.95+0.51'일반정착'*2》=2.97	32.7
				*1	
		외측수평근	H13	《(3.35-0.15)/(300/1000)》=11*《1.95+0.51'일반정착'*2》=2.97	32.7
				*1	
		폭고정근	H10	《(1.85/(1000/1000))*((3.35-0.15)/(1000/1000))》=6*0.2*1	1.2
B1 층	W1	[비 고]		Y : 3	
		콘크리트	25-240-15	(2.8*(3.3-0.15)*0.2)*1	1.764
		거푸집(내측)	유로폼	(2.8*(3.3-0.15))*1	8.82
		거푸집(외측)	유로폼	(2.8*(3.3-0.15))*1	8.82

Koreasoft 고려전산(주)

부재별 산출서

[공사명] 석촌동 근린생활시설　　[동명] 본동　　옹벽

층	부 호	명 칭	규 격	산 식	결 과 치
		내측수직근	H13	《《2.8/(300/1000)》=10*《3.3+(0.55'기초두께'+0.26'기초정착'	54.5
				)》=4.11*1》=41.1+《10*0.67'일반이음'*2*1》=13.4	
		외측수직근	H13	《《2.8/(300/1000)》=10*《3.3+(0.55'기초두께'+0.26'기초정착'	54.5
				)》=4.11*1》=41.1+《10*0.67'일반이음'*2*1》=13.4	
		내측수평근	H13	《《(3.3-0.15)/(300/1000)》=11*3.3*1》=36.3+《11*1*0.67'일반	43.7
				이음'》=7.37	
		외측수평근	H13	《《(3.3-0.15)/(300/1000)》=11*3.3*1》=36.3+《11*1*0.67'일반	43.7
				이음'》=7.37	
		폭고정근	H10	《(2.8/(1000/1000))*((3.3-0.15)/(1000/1000))》=9*0.2*1	1.8
B1 층	W1	[비 고]		Y : 3	
		콘크리트	25-240-15	(1*(3.3-0.15)*0.2)*1	0.63
		거푸집(내측)	유로폼	(1*(3.3-0.15))*1	3.15
		거푸집(외측)	유로폼	(1*(3.3-0.15))*1	3.15
		내측수직근	H13	《《1/(300/1000)》=4*《3.3+(0.55'기초두께'+0.26'기초정착')》	21.8
				=4.11*1》=16.4+《4*0.67'일반이음'*2*1》=5.36	
		외측수직근	H13	《《1/(300/1000)》=4*《3.3+(0.55'기초두께'+0.26'기초정착')》	21.8
				=4.11*1》=16.4+《4*0.67'일반이음'*2*1》=5.36	
		내측수평근	H13	《(3.3-0.15)/(300/1000)》=11*《1.5+0.51'일반정착'》=2.01*1	22.1
		외측수평근	H13	《(3.3-0.15)/(300/1000)》=11*《1.5+0.51'일반정착'》=2.01*1	22.1
		폭고정근	H10	《(1/(1000/1000))*((3.3-0.15)/(1000/1000))》=4*0.2*1	0.8
B1 층	W1	[비 고]		(세로), X : 0-1, Y : D-E	
		콘크리트	25-240-15	(3.9*(3.3-0.15)*0.2)*3	7.371
		거푸집(내측)	유로폼	(3.9*(3.3-0.15))*3	36.85
		거푸집(외측)	유로폼	(3.9*(3.3-0.15))*3	36.85
		내측수직근	H13	《《3.9/(300/1000)》=13*《3.3+0.26'후크'+(0.3'기초두께'+0.26	186.8
				'기초정착')》=4.12*3》=160.7+《13*0.67'일반이음'*3》=26.13	
		외측수직근	H13	《《3.9/(300/1000)》=13*《3.3+0.26'후크'+(0.3'기초두께'+0.26	186.8
				'기초정착')》=4.12*3》=160.7+《13*0.67'일반이음'*3》=26.13	
		내측수평근	H13	《(3.3-0.15)/(300/1000)》=11*《4.25+0.51'일반정착'*2》=5.27*	173.9
				3	
		외측수평근	H13	《(3.3-0.15)/(300/1000)》=11*《4.25+0.51'일반정착'*2》=5.27*	173.9
				3	
		폭고정근	H10	《(3.9/(1000/1000))*((3.3-0.15)/(1000/1000))》=13*0.2*3	7.8
B1 층	W1	[비 고]		(가로), X : 0-1, Y : D-E	
		콘크리트	25-240-15	(1.75*(3.3-0.15)*0.2)*2	2.205

Koreasoft 고려전산(주)

부재별 산출서

[공사명] 석촌동 근린생활시설 [동명] 본동 옹벽

층	부 호	명 칭	규 격	산 식	결 과 치
		거푸집(내측)	유로폼	(1.75*(3.3-0.15))*2	11.03
		거푸집(외측)	유로폼	(1.75*(3.3-0.15))*2	11.03
		내측수직근	H13	《《1.75/(300/1000)》=6*《3.3+0.26'후크'+(0.3'기초두께'+0.26	57.4
				'기초정착')》=4.12*2》=49.4+《6*0.67'일반이음'*2》=8.04	
		외측수직근	H13	《《1.75/(300/1000)》=6*《3.3+0.26'후크'+(0.3'기초두께'+0.26	57.4
				'기초정착')》=4.12*2》=49.4+《6*0.67'일반이음'*2》=8.04	
		내측수평근	H13	《(3.3-0.15)/(300/1000)》=11*《1.75+0.51'일반정착'*2》=2.77*	60.9
				2	
		외측수평근	H13	《(3.3-0.15)/(300/1000)》=11*《1.75+0.51'일반정착'*2》=2.77*	60.9
				2	
		폭고정근	H10	《(1.75/(1000/1000))*((3.3-0.15)/(1000/1000))》=6*0.2*2	2.4
B1 층	W1	[비 고]		(가로), Y : D-E	
		콘크리트	25-240-15	(1.1*(2.85-0.15)*0.2)*1	0.594
		거푸집(내측)	유로폼	(1.1*(2.85-0.15))*1	2.97
		거푸집(외측)	유로폼	(1.1*(2.85-0.15))*1	2.97
		내측수직근	H13	《《1.1/(300/1000)》=4*《2.85+0.26'후크'+(0.3'기초두께'+0.26	17.4
				'기초정착')》=3.67*1》=14.7+《4*0.67'일반이음'*1》=2.68	
		외측수직근	H13	《《1.1/(300/1000)》=4*《2.85+0.26'후크'+(0.3'기초두께'+0.26	17.4
				'기초정착')》=3.67*1》=14.7+《4*0.67'일반이음'*1》=2.68	
		내측수평근	H13	《(2.85-0.15)/(300/1000)》=9*《1.2+0.51'일반정착'》=1.71*1	15.4
		외측수평근	H13	《(2.85-0.15)/(300/1000)》=9*《1.2+0.51'일반정착'》=1.71*1	15.4
		폭고정근	H10	《(1.1/(1000/1000))*((2.85-0.15)/(1000/1000))》=3*0.2*1	0.6
B1 층	W1	[비 고]		X : 1-2, Y : A-D	
		콘크리트	25-240-15	(4*(3.35-0.55)*0.2)*1	2.24
		거푸집(내측)	유로폼	(4*(3.35-0.55))*1	11.2
		거푸집(외측)	유로폼	(4*(3.35-0.55))*1	11.2
		내측수직근	H13	《《4/(300/1000)》=14*《3.35+(0.55'기초두께'+0.26'기초정착')	77
				》=4.16*1》=58.2+《14*0.67'일반이음'*2*1》=18.76	
		외측수직근	H13	《《4/(300/1000)》=14*《3.35+(0.55'기초두께'+0.26'기초정착')	77
				》=4.16*1》=58.2+《14*0.67'일반이음'*2*1》=18.76	
		내측수평근	H13	《(3.35-0.55)/(300/1000)》=10*《4+0.51'일반정착'*2》=5.02*1	50.2
		외측수평근	H13	《(3.35-0.55)/(300/1000)》=10*《4+0.51'일반정착'*2》=5.02*1	50.2
		폭고정근	H10	《(4/(1000/1000))*((3.35-0.55)/(1000/1000))》=12*0.2*1	2.4
B1 층	W1	[비 고]		X : 1-2, Y : A-D	
		콘크리트	25-240-15	(6.8*(3.35-0.15)*0.2)*1-《0.36*0.2'개구부'》=0.072	4.28

Koreasoft 고려전산(주)

부재별 산출서

[공사명] 석촌동 근린생활시설 [동명] 본동 옹벽

층	부 호	명 칭	규 격	산 식	결 과 치
		거푸집(내측)	유로폼	(6.8*(3.35-0.15))*1+《2.4*0.2'개구부'》=0.48-0.36	21.88
		거푸집(외측)	유로폼	(6.8*(3.35-0.15))*1-0.36	21.4
		내측수직근	H13	《《6.8/(300/1000)》=23*《3.35+(0.55'기초두께'+0.26'기초정착	125.3
				')》=4.16*1-《0.6/(300/1000)*0.6'개구부'》=1.2》=94.5+《23*0	
				.67'일반이음'*2*1》=30.82	
		외측수직근	H13	《《6.8/(300/1000)》=23*《3.35+(0.55'기초두께'+0.26'기초정착	125.3
				')》=4.16*1-《0.6/(300/1000)*0.6'개구부'》=1.2》=94.5+《23*0	
				.67'일반이음'*2*1》=30.82	
		내측수평근	H13	《(3.35-0.15)/(300/1000)》=11*《7.2+0.51'일반정착'*2》=8.22*	89.2
				1-《0.6/(300/1000)*0.6'개구부'》=1.2	
		외측수평근	H13	《(3.35-0.15)/(300/1000)》=11*《7.2+0.51'일반정착'*2》=8.22*	89.2
				1-《0.6/(300/1000)*0.6'개구부'》=1.2	
		폭고정근	H10	《(6.8/(1000/1000))*((3.35-0.15)/(1000/1000))》=22*0.2*1-《(	4.3
				0.6/(1000/1000))*(0.6/(1000/1000))*0.2'개구부'》=0.072	
		개구부 보강 수직	H13	(((0.6+(2*0.6))*2)*4)*1	14.4
		개구부 보강 수평	H13	(((0.6+(2*0.6))*2)*4)*1	14.4
		개구부 보강 보강	H13	(((2*0.8)*4)*4)*1	25.6
B1 층	W1	[비 고]		(세로), X : 1	
		콘크리트	25-240-15	(3.9*(2.85-0.15)*0.2)*1	2.106
		거푸집(내측)	유로폼	(3.9*(2.85-0.15))*1	10.53
		거푸집(외측)	유로폼	(3.9*(2.85-0.15))*1	10.53
		내측수직근	H13	《《3.9/(300/1000)》=13*《2.85+0.26'후크'+(0.3'기초두께'+0.2	56.4
				6'기초정착')》=3.67*1》=47.7+《13*0.67'일반이음'*1》=8.71	
		외측수직근	H13	《《3.9/(300/1000)》=13*《2.85+0.26'후크'+(0.3'기초두께'+0.2	56.4
				6'기초정착')》=3.67*1》=47.7+《13*0.67'일반이음'*1》=8.71	
		내측수평근	H13	《(2.85-0.15)/(300/1000)》=9*《4.25+0.51'일반정착'*2》=5.27*	47.4
				1	
		외측수평근	H13	《(2.85-0.15)/(300/1000)》=9*《4.25+0.51'일반정착'*2》=5.27*	47.4
				1	
		폭고정근	H10	《(3.9/(1000/1000))*((2.85-0.15)/(1000/1000))》=11*0.2*1	2.2
B1 층	W1	[비 고]		(세로), X : 1-2	
		콘크리트	25-240-15	(1.75*(2.85-0.15)*0.2)*1	0.945
		거푸집(내측)	유로폼	(1.75*(2.85-0.15))*1	4.72
		거푸집(외측)	유로폼	(1.75*(2.85-0.15))*1	4.72
		내측수직근	H13	《《1.75/(300/1000)》=6*《2.85+(0.3'기초두께'+0.26'기초정착'	28.5
				)》=3.41*1》=20.5+《6*0.67'일반이음'*2*1》=8.04	

Koreasoft 고려전산(주)

부재별 산출서

[공사명] 석촌동 근린생활시설 [동명] 본동 옹벽

층	부 호	명 칭	규 격	산 식	결 과 치
		외측수직근	H13	《《1.75/(300/1000)》=6*《2.85+(0.3'기초두께'+0.26'기초정착'	28.5
				)》=3.41*1》=20.5+《6*0.67'일반이음'*2*1》=8.04	
		내측수평근	H13	《(2.85-0.15)/(300/1000)》=9*《1.95+0.51'일반정착'*2》=2.97*	26.7
				1	
		외측수평근	H13	《(2.85-0.15)/(300/1000)》=9*《1.95+0.51'일반정착'*2》=2.97*	26.7
				1	
		폭고정근	H10	《(1.75/(1000/1000))*((2.85-0.15)/(1000/1000))》=5*0.2*1	1
B1 층	W1	[비 고]		(세로), X : 2	
		콘크리트	25-240-15	(3.65*(2.85-0.15)*0.2)*1	1.971
		거푸집(내측)	유로폼	(3.65*(2.85-0.15))*1	9.86
		거푸집(외측)	유로폼	(3.65*(2.85-0.15))*1	9.86
		내측수직근	H13	《《3.65/(300/1000)》=13*《2.85+(0.3'기초두께'+0.26'기초정착	61.7
				')》=3.41*1》=44.3+《13*0.67'일반이음'*2*1》=17.42	
		외측수직근	H13	《《3.65/(300/1000)》=13*《2.85+(0.3'기초두께'+0.26'기초정착	61.7
				')》=3.41*1》=44.3+《13*0.67'일반이음'*2*1》=17.42	
		내측수평근	H13	《(2.85-0.15)/(300/1000)》=9*《4.25+0.51'일반정착'*2》=5.27*	47.4
				1	
		외측수평근	H13	《(2.85-0.15)/(300/1000)》=9*《4.25+0.51'일반정착'*2》=5.27*	47.4
				1	
		폭고정근	H10	《(3.65/(1000/1000))*((2.85-0.15)/(1000/1000))》=10*0.2*1	2
B1 층	W1	[비 고]		(세로), X : 2-3	
		콘크리트	25-240-15	(1.65*(2.85-0.15)*0.2)*1	0.891
		거푸집(내측)	유로폼	(1.65*(2.85-0.15))*1	4.46
		거푸집(외측)	유로폼	(1.65*(2.85-0.15))*1	4.46
		내측수직근	H13	《《1.65/(300/1000)》=6*《2.85+0.26'후크'+(0.3'기초두께'+0.2	26
				6'기초정착')》=3.67*1》=22+《6*0.67'일반이음'*1》=4.02	
		외측수직근	H13	《《1.65/(300/1000)》=6*《2.85+0.26'후크'+(0.3'기초두께'+0.2	26
				6'기초정착')》=3.67*1》=22+《6*0.67'일반이음'*1》=4.02	
		내측수평근	H13	《(2.85-0.15)/(300/1000)》=9*《1.95+0.51'일반정착'*2》=2.97*	26.7
				1	
		외측수평근	H13	《(2.85-0.15)/(300/1000)》=9*《1.95+0.51'일반정착'*2》=2.97*	26.7
				1	
		폭고정근	H10	《(1.65/(1000/1000))*((2.85-0.15)/(1000/1000))》=5*0.2*1	1
B1 층	W1	[비 고]		(가로)	
		콘크리트	25-240-15	(3.55*(1.5-0.15)*0.2)*1	0.959

Koreasoft 고려전산(주)

부재별 산출서

[공사명] 석촌동 근린생활시설　　[동명] 본동　　옹벽

층	부 호	명 칭	규 격	산 식	결 과 치
		거푸집(내측)	유로폼	(3.55*(1.5-0.15))*1	4.79
		거푸집(외측)	유로폼	(3.55*(1.5-0.15))*1	4.79
		내측수직근	H13	《3.55/(300/1000)》=12*《1.5+0.26'후크'》=1.76*1	21.1
		외측수직근	H13	《3.55/(300/1000)》=12*《1.5+0.26'후크'》=1.76*1	21.1
		내측수평근	H13	《(1.5-0.15)/(300/1000)》=5*《3.65+0.51'일반정착'*2》=4.67*1	23.4
		외측수평근	H13	《(1.5-0.15)/(300/1000)》=5*《3.65+0.51'일반정착'*2》=4.67*1	23.4
		폭고정근	H10	《(3.55/(1000/1000))*((1.5-0.15)/(1000/1000))》=5*0.2*1	1
B1 층	W1	[비 고]		(세로)	
		콘크리트	25-240-15	(1.85*(1.5-0.15)*0.2)*1	0.5
		거푸집(내측)	유로폼	(1.85*(1.5-0.15))*1	2.5
		거푸집(외측)	유로폼	(1.85*(1.5-0.15))*1	2.5
		내측수직근	H13	《1.85/(300/1000)》=7*《1.5+0.26'후크'》=1.76*1	12.3
		외측수직근	H13	《1.85/(300/1000)》=7*《1.5+0.26'후크'》=1.76*1	12.3
		내측수평근	H13	《(1.5-0.15)/(300/1000)》=5*《1.95+0.51'일반정착'*2》=2.97*1	14.9
		외측수평근	H13	《(1.5-0.15)/(300/1000)》=5*《1.95+0.51'일반정착'*2》=2.97*1	14.9
		폭고정근	H10	《(1.85/(1000/1000))*((1.5-0.15)/(1000/1000))》=3*0.2*1	0.6
B1 층	W1	[비 고]		(가로), Y : D-E	
		콘크리트	25-240-15	(2.35*(2.85-0.15)*0.2)*1	1.269
		거푸집(내측)	유로폼	(2.35*(2.85-0.15))*1	6.35
		거푸집(외측)	유로폼	(2.35*(2.85-0.15))*1	6.35
		내측수직근	H13	《《2.35/(300/1000)》=8*《2.85+0.26'후크'+(0.3'기초두께'+0.2	34.8
				6'기초정착')》=3.67*1》=29.4+《8*0.67'일반이음'*1》=5.36	
		외측수직근	H13	《《2.35/(300/1000)》=8*《2.85+0.26'후크'+(0.3'기초두께'+0.2	34.8
				6'기초정착')》=3.67*1》=29.4+《8*0.67'일반이음'*1》=5.36	
		내측수평근	H13	《(2.85-0.15)/(300/1000)》=9*《2.45+0.51'일반정착'*2》=3.47*	31.2
				1	
		외측수평근	H13	《(2.85-0.15)/(300/1000)》=9*《2.45+0.51'일반정착'*2》=3.47*	31.2
				1	
		폭고정근	H10	《(2.35/(1000/1000))*((2.85-0.15)/(1000/1000))》=7*0.2*1	1.4
B1 층	W1	[비 고]		(가로), Y : D-E	
		콘크리트	25-240-15	(2.35*(2.85-0.15)*0.2)*1	1.269
		거푸집(내측)	유로폼	(2.35*(2.85-0.15))*1	6.35
		거푸집(외측)	유로폼	(2.35*(2.85-0.15))*1	6.35
		내측수직근	H13	《《2.35/(300/1000)》=8*《2.85+0.26'후크'+(0.3'기초두께'+0.2	34.8
				6'기초정착')》=3.67*1》=29.4+《8*0.67'일반이음'*1》=5.36	

Koreasoft 고려전산(주)

부재별 산출서

[공사명] 석촌동 근린생활시설 [동명] 본동 옹벽

층	부 호	명 칭	규 격	산 식	결 과 치
		외측수직근	H13	《《2.35/(300/1000)》=8*《2.85+0.26'후크'+(0.3'기초두께'+0.2	34.8
				6'기초정착')》=3.67*1》=29.4+《8*0.67'일반이음'*1》=5.36	
		내측수평근	H13	《(2.85-0.15)/(300/1000)》=9*《2.45+0.51'일반정착'》=2.96*1	26.6
		외측수평근	H13	《(2.85-0.15)/(300/1000)》=9*《2.45+0.51'일반정착'》=2.96*1	26.6
		폭고정근	H10	《(2.35/(1000/1000))*((2.85-0.15)/(1000/1000))》=7*0.2*1	1.4

Koreasoft 고려전산(주)

부재별 산출서

[공사명] 석촌동 근린생활시설 [동명] 본동 옹벽

층	부 호	명 칭	규 격	산 식	결 과 치
1 층	-	[비 고]		□ 1-2/A-D	
1 층	-	[비 고]		■ 조경 옹벽	
1 층	-	[비 고]		□ 5열	
1 층	-	[비 고]		□ 3-4열	
1 층	-	[비 고]		□ 2열	
1 층	-	[비 고]		■ 지상1층	
1 층	-	[비 고]		■ 코어	
1 층	-	[비 고]		□ 0-2/A-D열	
1 층	-	[비 고]		■ 지상외벽	
1 층	-	[비 고]		□ A열	
1 층	-	[비 고]		□ D열	
1 층	W1	[비 고]		(가로), X : 1-2, Y : A-D	
		콘크리트	25-240-15	(2.65*(3.3-0.15)*0.2)*1	1.67
		거푸집(내측)	유로폼	(2.65*(3.3-0.15))*1	8.35
		거푸집(외측)	유로폼	(2.65*(3.3-0.15))*1	8.35
		내측수직근	H13	《《2.65/(300/1000)》=9*3.3*1》=29.7+《9*0.67'일반이음'*1》=	35.7
				6.03	
		외측수직근	H13	《《2.65/(300/1000)》=9*3.3*1》=29.7+《9*0.67'일반이음'*1》=	35.7
				6.03	
		내측수평근	H13	《(3.3-0.15)/(300/1000)》=11*《2.7+0.51'일반정착'*2》=3.72*1	40.9
		외측수평근	H13	《(3.3-0.15)/(300/1000)》=11*《2.7+0.51'일반정착'*2》=3.72*1	40.9
		폭고정근	H10	《(2.65/(1000/1000))*((3.3-0.15)/(1000/1000))》=9*0.2*1	1.8
1 층	W1	[비 고]		(가로), X : 1-2, Y : A-D	
		콘크리트	25-240-15	(2.7*(3.3-0.15)*0.2)*1	1.701
		거푸집(내측)	유로폼	(2.7*(3.3-0.15))*1	8.51
		거푸집(외측)	유로폼	(2.7*(3.3-0.15))*1	8.51
		내측수직근	H13	《《2.7/(300/1000)》=9*3.3*1》=29.7+《9*0.67'일반이음'*1》=6	35.7
				.03	
		외측수직근	H13	《《2.7/(300/1000)》=9*3.3*1》=29.7+《9*0.67'일반이음'*1》=6	35.7
				.03	
		내측수평근	H13	《(3.3-0.15)/(300/1000)》=11*《2.7+0.51'일반정착'*2》=3.72*1	40.9
		외측수평근	H13	《(3.3-0.15)/(300/1000)》=11*《2.7+0.51'일반정착'*2》=3.72*1	40.9
		폭고정근	H10	《(2.7/(1000/1000))*((3.3-0.15)/(1000/1000))》=9*0.2*1	1.8
1 층	W1	[비 고]		(세로), X : 1-2, Y : A-D	
		콘크리트	25-240-15	(5.125*(3.3-0.15)*0.2)*1	3.229

Koreasoft 고려전산(주)

부재별 산출서

[공사명] 석촌동 근린생활시설 [동명] 본동 옹벽

층	부 호	명 칭	규 격	산 식	결 과 치
		거푸집(내측)	유로폼	(5.125*(3.3-0.15))*1	16.14
		거푸집(외측)	유로폼	(5.125*(3.3-0.15))*1	16.14
		내측수직근	H13	《《5.125/(300/1000)》=18*3.3*1》=59.4+《18*0.67'일반이음'*1	71.5
				》=12.06	
		외측수직근	H13	《《5.125/(300/1000)》=18*3.3*1》=59.4+《18*0.67'일반이음'*1	71.5
				》=12.06	
		내측수평근	H13	《(3.3-0.15)/(300/1000)》=11*《5.325+0.51'일반정착'*2》=6.34	69.8
				5*1	
		외측수평근	H13	《(3.3-0.15)/(300/1000)》=11*《5.325+0.51'일반정착'*2》=6.34	69.8
				5*1	
		폭고정근	H10	《(5.125/(1000/1000))*((3.3-0.15)/(1000/1000))》=17*0.2*1	3.4
1 층	W1	[비 고]		(세로), X : 1-2, Y : A-D	
		콘크리트	25-240-15	(5.7*(3.3-0.15)*0.2)*1-《11.88*0.2'개구부'》=2.376	1.215
		거푸집(내측)	유로폼	(5.7*(3.3-0.15))*1+《13.8*0.2'개구부'》=2.76-11.88	8.84
		거푸집(외측)	유로폼	(5.7*(3.3-0.15))*1-11.88	6.08
		내측수직근	H13	《《5.7/(300/1000)》=19*3.3*1-《3.6/(300/1000)*3.3'개구부'》	35.8
				=39.6》=23.1+《19*0.67'일반이음'*1》=12.73	
		외측수직근	H13	《《5.7/(300/1000)》=19*3.3*1-《3.6/(300/1000)*3.3'개구부'》	35.8
				=39.6》=23.1+《19*0.67'일반이음'*1》=12.73	
		내측수평근	H13	《(3.3-0.15)/(300/1000)》=11*《5.7+0.51'일반정착'*2》=6.72*1	34.3
				-《3.3/(300/1000)*3.6'개구부'》=39.6	
		외측수평근	H13	《(3.3-0.15)/(300/1000)》=11*《5.7+0.51'일반정착'*2》=6.72*1	34.3
				-《3.3/(300/1000)*3.6'개구부'》=39.6	
		폭고정근	H10	《(5.7/(1000/1000))*((3.3-0.15)/(1000/1000))》=18*0.2*1-《(3	1.2
				.6/(1000/1000))*(3.3/(1000/1000))*0.2'개구부'》=2.376	
		개구부 보강 수직	H13	(((3.3+(2*0.6))*2)*4)*1	36
		개구부 보강 수평	H13	(((3.6+(2*0.6))*1)*4)*1	19.2
		개구부 보강 보강	H13	(((2*0.8)*2)*4)*1	12.8
1 층	W2	[비 고]		(세로), X : 5	
		콘크리트	25-240-15	(1.4*(3.3-0.55)*0.2)*1	0.77
		거푸집(내측)	유로폼	(1.4*(3.3-0.55))*1	3.85
		거푸집(외측)	유로폼	(1.4*(3.3-0.55))*1	3.85
		내측수직근	H10	《《1.4/(300/1000)》=5*3.3*1》=16.5+《5*0.52'일반이음'*1》=2	19.1
				.6	
		외측수직근	H10	《《1.4/(300/1000)》=5*3.3*1》=16.5+《5*0.52'일반이음'*1》=2	19.1
				.6	

부재별 산출서

[공사명] 석촌동 근린생활시설　　　　[동명] 본동　　　　옹벽

층	부 호	명 칭	규 격	산 식	결 과 치
		내측수평근	H10	《(3.3-0.55)/(300/1000)》=10*《1.5+0.4'일반정착'》=1.9*1	19
		외측수평근	H10	《(3.3-0.55)/(300/1000)》=10*《1.5+0.4'일반정착'》=1.9*1	19
		폭고정근	H10	《(1.4/(1000/1000))*((3.3-0.55)/(1000/1000))》=4*0.2*1	0.8
1 층	W2	[비 고]		(가로), X : 2-5, Y : A	
		콘크리트	25-240-15	(15.3*(3.3-0.55)*0.2)*1-《13.5942*0.2'개구부'》=2.719	5.696
		거푸집(내측)	유로폼	(15.3*(3.3-0.55))*1+《26.46*0.2'개구부'》=5.292-13.594	33.77
		거푸집(외측)	유로폼	(15.3*(3.3-0.55))*1-13.594	28.48
		내측수직근	H10	《《15.3/(300/1000)》=51*3.3*1-《3.687/(300/1000)*3.687'개구	149.5
				부'》=45.31》=123+《51*0.52'일반이음'*1》=26.52	
		외측수직근	H10	《《15.3/(300/1000)》=51*3.3*1-《3.687/(300/1000)*3.687'개구	149.5
				부'》=45.31》=123+《51*0.52'일반이음'*1》=26.52	
		내측수평근	H10	《《(3.3-0.55)/(300/1000)》=10*《15.3+0.4'일반정착'*2》=16.1	126.1
				*1-《3.687/(300/1000)*3.687'개구부'》=45.31》=115.7+《10*2*0	
				.52'일반이음'》=10.4	
		외측수평근	H10	《《(3.3-0.55)/(300/1000)》=10*《15.3+0.4'일반정착'*2》=16.1	126.1
				*1-《3.687/(300/1000)*3.687'개구부'》=45.31》=115.7+《10*2*0	
				.52'일반이음'》=10.4	
		폭고정근	H10	《(15.3/(1000/1000))*((3.3-0.55)/(1000/1000))》=43*0.2*1-《(	5.9
				3.687/(1000/1000))*(3.687/(1000/1000))*0.2'개구부'》=2.719	
		개구부 보강 수직	H13	(((1.63+(2*0.6))*2)*4)*1	22.6
		개구부 보강 수평	H13	(((1.18+(2*0.6))*2)*4)*1	19
		개구부 보강 보강	H13	(((2*0.8)*4)*4)*1	25.6
		개구부 보강 수직	H13	(((1.63+(2*0.6))*2)*4)*1	22.6
		개구부 보강 수평	H13	(((3.58+(2*0.6))*2)*4)*1	38.2
		개구부 보강 보강	H13	(((2*0.8)*4)*4)*1	25.6
		개구부 보강 수직	H13	((1.63+(2*0.6))*2)*1	5.7
		개구부 보강 수평	H13	((3.58+(2*0.6))*2)*1	9.6
		개구부 보강 보강	H13	((2*0.8)*4)*1	6.4
1 층	W2	[비 고]		(가로), X : 3-4, Y : D	
		콘크리트	25-240-15	(1.85*(3.3-0.15)*0.2)*1-《5.8017*0.2'개구부'》=1.16	0.006
		거푸집(내측)	유로폼	(1.85*(3.3-0.15))*1+《9.64*0.2'개구부'》=1.928-5.802	1.95
		거푸집(외측)	유로폼	(1.85*(3.3-0.15))*1-5.802	0.03
		내측수직근	H10	《《1.85/(300/1000)》=7*3.3*1-《2.33/(300/1000)*2.49'개구부'	7.4
				》=19.34》=3.8+《7*0.52'일반이음'*1》=3.64	
		외측수직근	H10	《《1.85/(300/1000)》=7*3.3*1-《2.33/(300/1000)*2.49'개구부'	7.4
				》=19.34》=3.8+《7*0.52'일반이음'*1》=3.64	

부재별 산출서

[공사명] 석촌동 근린생활시설　　　　[동명] 본동　　　　옹벽

층	부 호	명 칭	규 격	산 식	결 과 치
		내측수평근	H10	《(3.3-0.15)/(300/1000)》=11*《2.1+0.4'일반정착'》=2.5*1-《2	8.2
				.49/(300/1000)*2.33'개구부'》=19.34	
		외측수평근	H10	《(3.3-0.15)/(300/1000)》=11*《2.1+0.4'일반정착'》=2.5*1-《2	8.2
				.49/(300/1000)*2.33'개구부'》=19.34	
		개구부 보강 수직	H13	(((2.49+(2*0.6))*2)*4)*1	29.5
		개구부 보강 수평	H13	(((2.33+(2*0.6))*1)*4)*1	14.1
		개구부 보강 보강	H13	(((2*0.8)*2)*4)*1	12.8
1 층	W2	[비 고]		(가로), X : 2-3, Y : D	
		콘크리트	25-240-15	(2.2*(3.3-0.15)*0.2)*1-《5.8017*0.2'개구부'》=1.16	0.226
		거푸집(내측)	유로폼	(2.2*(3.3-0.15))*1+《9.64*0.2'개구부'》=1.928-5.802	3.06
		거푸집(외측)	유로폼	(2.2*(3.3-0.15))*1-5.802	1.13
		내측수직근	H10	《《2.2/(300/1000)》=8*3.3*1-《2.33/(300/1000)*2.49'개구부'	11.3
				》=19.34》=7.1+《8*0.52'일반이음'*1》=4.16	
		외측수직근	H10	《《2.2/(300/1000)》=8*3.3*1-《2.33/(300/1000)*2.49'개구부'	11.3
				》=19.34》=7.1+《8*0.52'일반이음'*1》=4.16	
		내측수평근	H10	《(3.3-0.15)/(300/1000)》=11*《2.7+0.4'일반정착'》=3.1*1-《2	14.8
				.49/(300/1000)*2.33'개구부'》=19.34	
		외측수평근	H10	《(3.3-0.15)/(300/1000)》=11*《2.7+0.4'일반정착'》=3.1*1-《2	14.8
				.49/(300/1000)*2.33'개구부'》=19.34	
		폭고정근	H10	《(2.2/(1000/1000))*((3.3-0.15)/(1000/1000))》=7*0.2*1-《(2.	0.2
				33/(1000/1000))*(2.49/(1000/1000))*0.2'개구부'》=1.16	
		개구부 보강 수직	H13	(((2.49+(2*0.6))*2)*4)*1	29.5
		개구부 보강 수평	H13	(((2.33+(2*0.6))*1)*4)*1	14.1
		개구부 보강 보강	H13	(((2*0.8)*2)*4)*1	12.8
1 층	W2	[비 고]		(세로), X : 5	
		콘크리트	25-240-15	(1.4*(3.3-0.55)*0.2)*1	0.77
		거푸집(내측)	유로폼	(1.4*(3.3-0.55))*1	3.85
		거푸집(외측)	유로폼	(1.4*(3.3-0.55))*1	3.85
		내측수직근	H10	《《1.4/(300/1000)》=5*3.3*1》=16.5+《5*0.52'일반이음'*1》=2	19.1
				.6	
		외측수직근	H10	《《1.4/(300/1000)》=5*3.3*1》=16.5+《5*0.52'일반이음'*1》=2	19.1
				.6	
		내측수평근	H10	《(3.3-0.55)/(300/1000)》=10*《1.5+0.4'일반정착'》=1.9*1	19
		외측수평근	H10	《(3.3-0.55)/(300/1000)》=10*《1.5+0.4'일반정착'》=1.9*1	19
		폭고정근	H10	《(1.4/(1000/1000))*((3.3-0.55)/(1000/1000))》=4*0.2*1	0.8

Koreasoft 고려전산(주)

부재별 산출서

[공사명] 석촌동 근린생활시설 [동명] 본동 옹벽

층	부 호	명 칭	규 격	산 식	결 과 치
1 층	W2	[비 고]		(세로), X : 5	
		콘크리트	25-240-15	(2.8*(3.3-0.55)*0.2)*1	1.54
		거푸집(내측)	유로폼	(2.8*(3.3-0.55))*1	7.7
		거푸집(외측)	유로폼	(2.8*(3.3-0.55))*1	7.7
		내측수직근	H10	《《2.8/(300/1000)》=10*3.3*1》=33+《10*0.52'일반이음'*1》=5	38.2
				.2	
		외측수직근	H10	《《2.8/(300/1000)》=10*3.3*1》=33+《10*0.52'일반이음'*1》=5	38.2
				.2	
		내측수평근	H10	《(3.3-0.55)/(300/1000)》=10*3.3*1	33
		외측수평근	H10	《(3.3-0.55)/(300/1000)》=10*3.3*1	33
		폭고정근	H10	《(2.8/(1000/1000))*((3.3-0.55)/(1000/1000))》=8*0.2*1	1.6
1 층	W2	[비 고]		(세로), X : 5	
		콘크리트	25-240-15	(6.1*(3.3-0.55)*0.2)*1-《2.4124*0.2'개구부'》=0.482	2.873
		거푸집(내측)	유로폼	(6.1*(3.3-0.55))*1+《6.22*0.2'개구부'》=1.244-2.412	15.61
		거푸집(외측)	유로폼	(6.1*(3.3-0.55))*1-2.412	14.36
		내측수직근	H10	《《6.1/(300/1000)》=21*3.3*1-《1.48/(300/1000)*1.63'개구부'	72.2
				》=8.04》=61.3+《21*0.52'일반이음'*1》=10.92	
		외측수직근	H10	《《6.1/(300/1000)》=21*3.3*1-《1.48/(300/1000)*1.63'개구부'	72.2
				》=8.04》=61.3+《21*0.52'일반이음'*1》=10.92	
		내측수평근	H10	《(3.3-0.55)/(300/1000)》=10*6.9*1-《1.63/(300/1000)*1.48'개	61
				구부'》=8.04	
		외측수평근	H10	《(3.3-0.55)/(300/1000)》=10*6.9*1-《1.63/(300/1000)*1.48'개	61
				구부'》=8.04	
		폭고정근	H10	《(6.1/(1000/1000))*((3.3-0.55)/(1000/1000))》=17*0.2*1-《(1	2.9
				.48/(1000/1000))*(1.63/(1000/1000))*0.2'개구부'》=0.482	
		개구부 보강 수직	H13	(((1.63+(2*0.6))*2)*4)*1	22.6
		개구부 보강 수평	H13	(((1.48+(2*0.6))*2)*4)*1	21.4
		개구부 보강 보강	H13	(((2*0.8)*4)*4)*1	25.6
1 층	W3	[비 고]		(가로), X : 4, Y : D	
		콘크리트	25-240-15	(1.2*(3.3-0.15)*0.15)*1	0.567
		거푸집(내측)	유로폼	(1.2*(3.3-0.15))*1	3.78
		거푸집(외측)	유로폼	(1.2*(3.3-0.15))*1	3.78
		내측수직근	H10	《《1.2/(300/1000)》=4*3.3*1》=13.2+《4*0.52'일반이음'*1》=2	15.3
				.08	
		외측수직근	H10	《《1.2/(300/1000)》=4*3.3*1》=13.2+《4*0.52'일반이음'*1》=2	15.3
				.08	

부재별 산출서

[공사명] 석촌동 근린생활시설 [동명] 본동 옹벽

층	부 호	명 칭	규 격	산 식	결 과 치
		내측수평근	H10	《(3.3-0.15)/(300/1000)》=11*《1.2+0.4'일반정착'*2》=2*1	22
		외측수평근	H10	《(3.3-0.15)/(300/1000)》=11*《1.2+0.4'일반정착'*2》=2*1	22
		수평보강근	H13	4*《1.2+0.51'일반정착'*2》=2.22*1	8.9
		폭고정근	H10	《(1.2/(1000/1000))*((3.3-0.15)/(1000/1000))》=4*0.15*1	0.6
1 층	W3	[비 고]		(세로), X : 2, Y : C-D	
		콘크리트	25-240-15	(4.05*(3.3-0.55)*0.15)*1-《5.6049*0.15'개구부'》=0.841	0.83
		거푸집(내측)	유로폼	(4.05*(3.3-0.55))*1+《9.47*0.15'개구부'》=1.421-5.605	6.95
		거푸집(외측)	유로폼	(4.05*(3.3-0.55))*1-5.605	5.53
		내측수직근	H10	《《4.05/(300/1000)》=14*3.3*1-《2.38/(300/1000)*2.355'개구	34.8
				부'》=18.68》=27.5+《14*0.52'일반이음'*1》=7.28	
		외측수직근	H10	《《4.05/(300/1000)》=14*3.3*1-《2.38/(300/1000)*2.355'개구	34.8
				부'》=18.68》=27.5+《14*0.52'일반이음'*1》=7.28	
		내측수평근	H10	《(3.3-0.55)/(300/1000)》=10*《4.5+0.4'일반정착'*2》=5.3*1-	34.3
				《2.355/(300/1000)*2.38'개구부'》=18.68	
		외측수평근	H10	《(3.3-0.55)/(300/1000)》=10*《4.5+0.4'일반정착'*2》=5.3*1-	34.3
				《2.355/(300/1000)*2.38'개구부'》=18.68	
		수평보강근	H13	4*《4.5+0.51'일반정착'*2》=5.52*1	22.1
		폭고정근	H10	《(4.05/(1000/1000))*((3.3-0.55)/(1000/1000))》=12*0.15*1-《	1
				(2.38/(1000/1000))*(2.355/(1000/1000))*0.15'개구부'》=0.841	
		개구부 보강 수직	H13	(((2.355+(2*0.6))*2)*4)*1	28.4
		개구부 보강 수평	H13	(((2.38+(2*0.6))*2)*4)*1	28.6
		개구부 보강 보강	H13	(((2*0.8)*4)*4)*1	25.6
1 층	W3	[비 고]		(세로), X : 3-4, Y : D-E	
		콘크리트	25-240-15	(1.5*(3.3-0.15)*0.15)*1	0.709
		거푸집(내측)	유로폼	(1.5*(3.3-0.15))*1	4.72
		거푸집(외측)	유로폼	(1.5*(3.3-0.15))*1	4.72
		내측수직근	H10	《《1.5/(300/1000)》=5*3.3*1》=16.5+《5*0.52'일반이음'*1》=2	19.1
				.6	
		외측수직근	H10	《《1.5/(300/1000)》=5*3.3*1》=16.5+《5*0.52'일반이음'*1》=2	19.1
				.6	
		내측수평근	H10	《(3.3-0.15)/(300/1000)》=11*《1.5+0.4'일반정착'*2》=2.3*1	25.3
		외측수평근	H10	《(3.3-0.15)/(300/1000)》=11*《1.5+0.4'일반정착'*2》=2.3*1	25.3
		수평보강근	H13	4*《1.5+0.51'일반정착'*2》=2.52*1	10.1
		폭고정근	H10	《(1.5/(1000/1000))*((3.3-0.15)/(1000/1000))》=5*0.15*1	0.8
1 층	W3	[비 고]		(가로), X : 4-5, Y : D	

부재별 산출서

[공사명] 석촌동 근린생활시설 [동명] 본동 옹벽

층	부 호	명 칭	규 격	산 식	결 과 치
		콘크리트	25-240-15	(1.05*(3.3-0.15)*0.15)*1	0.496
		거푸집(내측)	유로폼	(1.05*(3.3-0.15))*1	3.31
		거푸집(외측)	유로폼	(1.05*(3.3-0.15))*1	3.31
		내측수직근	H10	《《1.05/(300/1000)》=4*3.3*1》=13.2+《4*0.52'일반이음'*1》=	15.3
				2.08	
		외측수직근	H10	《《1.05/(300/1000)》=4*3.3*1》=13.2+《4*0.52'일반이음'*1》=	15.3
				2.08	
		내측수평근	H10	《(3.3-0.15)/(300/1000)》=11*《1.05+0.4'일반정착'*2》=1.85*1	20.4
		외측수평근	H10	《(3.3-0.15)/(300/1000)》=11*《1.05+0.4'일반정착'*2》=1.85*1	20.4
		수평보강근	H13	4*《1.05+0.51'일반정착'*2》=2.07*1	8.3
		폭고정근	H10	《(1.05/(1000/1000))*((3.3-0.15)/(1000/1000))》=4*0.15*1	0.6
1 층	W3	[비 고]		(가로), X : 3-4, Y : D	
		콘크리트	25-240-15	(1.05*(3.3-0.15)*0.15)*1	0.496
		거푸집(내측)	유로폼	(1.05*(3.3-0.15))*1	3.31
		거푸집(외측)	유로폼	(1.05*(3.3-0.15))*1	3.31
		내측수직근	H10	《《1.05/(300/1000)》=4*3.3*1》=13.2+《4*0.52'일반이음'*1》=	15.3
				2.08	
		외측수직근	H10	《《1.05/(300/1000)》=4*3.3*1》=13.2+《4*0.52'일반이음'*1》=	15.3
				2.08	
		내측수평근	H10	《(3.3-0.15)/(300/1000)》=11*《1.05+0.4'일반정착'*2》=1.85*1	20.4
		외측수평근	H10	《(3.3-0.15)/(300/1000)》=11*《1.05+0.4'일반정착'*2》=1.85*1	20.4
		수평보강근	H13	4*《1.05+0.51'일반정착'*2》=2.07*1	8.3
		폭고정근	H10	《(1.05/(1000/1000))*((3.3-0.15)/(1000/1000))》=4*0.15*1	0.6
1 층	조경옹벽	[비 고]		X : 0-2, Y : A-D	
		콘크리트	25-240-15	(2.7*(0.9)*0.15)*1	0.365
		거푸집(내측)	유로폼	(2.7*(0.9))*1	2.43
		거푸집(외측)	유로폼	(2.7*(0.9))*1	2.43
		내측수직근	H10	《2.7/(300/1000)》=9*《0.9+(0.15'기초두께'+0.2'기초정착')》=	11.3
				1.25*1	
		외측수직근	H10	《2.7/(300/1000)》=9*《0.9+(0.15'기초두께'+0.2'기초정착')》=	11.3
				1.25*1	
		내측수평근	H10	《(0.9)/(300/1000)》=3*《2.7+0.4'일반정착'*2》=3.5*1	10.5
		외측수평근	H10	《(0.9)/(300/1000)》=3*《2.7+0.4'일반정착'*2》=3.5*1	10.5
		수평보강근	H13	2*《2.7+0.51'일반정착'*2》=3.72*1	7.4
		폭고정근	H10	《(2.7/(1000/1000))*((0.9)/(1000/1000))》=3*0.15*1	0.5

Koreasoft 고려전산(주)

부재별 산출서

[공사명] 석촌동 근린생활시설　　　　[동명] 본동　　　　옹벽

층	부 호	명 칭	규 격	산 식	결 과 치
1 층	조경옹벽	[비 고]		X : 0-2, Y : A-D	
		콘크리트	25-240-15	(6.95*(0.9)*0.15)*1	0.938
		거푸집(내측)	유로폼	(6.95*(0.9))*1	6.26
		거푸집(외측)	유로폼	(6.95*(0.9))*1	6.26
		내측수직근	H10	《6.95/(300/1000)》=24*《0.9+(0.15'기초두께'+0.2'기초정착')	30
				》=1.25*1	
		외측수직근	H10	《6.95/(300/1000)》=24*《0.9+(0.15'기초두께'+0.2'기초정착')	30
				》=1.25*1	
		내측수평근	H10	《(0.9)/(300/1000)》=3*《6.95+0.4'일반정착'》=7.35*1	22.1
		외측수평근	H10	《(0.9)/(300/1000)》=3*《6.95+0.4'일반정착'》=7.35*1	22.1
		수평보강근	H13	2*《6.95+0.51'일반정착'》=7.46*1	14.9
		폭고정근	H10	《(6.95/(1000/1000))*((0.9)/(1000/1000))》=7*0.15*1	1.1
1 층	조경옹벽	[비 고]		X : 0-2, Y : A-D	
		콘크리트	25-240-15	(1.76*(0.9)*0.15)*1	0.238
		거푸집(내측)	유로폼	(1.76*(0.9))*1	1.58
		거푸집(외측)	유로폼	(1.76*(0.9))*1	1.58
		내측수직근	H10	《1.76/(300/1000)》=6*《0.9+(0.15'기초두께'+0.2'기초정착')》	7.5
				=1.25*1	
		외측수직근	H10	《1.76/(300/1000)》=6*《0.9+(0.15'기초두께'+0.2'기초정착')》	7.5
				=1.25*1	
		내측수평근	H10	《(0.9)/(300/1000)》=3*《1.76+0.4'일반정착'》=2.16*1	6.5
		외측수평근	H10	《(0.9)/(300/1000)》=3*《1.76+0.4'일반정착'》=2.16*1	6.5
		수평보강근	H13	2*《1.76+0.51'일반정착'》=2.27*1	4.5
		폭고정근	H10	《(1.76/(1000/1000))*((0.9)/(1000/1000))》=2*0.15*1	0.3
1 층	조경옹벽	[비 고]		X : 0-2, Y : A-D	
		콘크리트	25-240-15	(4.71*(0.9)*0.15)*1	0.636
		거푸집(내측)	유로폼	(4.71*(0.9))*1	4.24
		거푸집(외측)	유로폼	(4.71*(0.9))*1	4.24
		내측수직근	H10	《4.71/(300/1000)》=16*《0.9+(0.15'기초두께'+0.2'기초정착')	20
				》=1.25*1	
		외측수직근	H10	《4.71/(300/1000)》=16*《0.9+(0.15'기초두께'+0.2'기초정착')	20
				》=1.25*1	
		내측수평근	H10	《(0.9)/(300/1000)》=3*《4.71+0.4'일반정착'*2》=5.51*1	16.5
		외측수평근	H10	《(0.9)/(300/1000)》=3*《4.71+0.4'일반정착'*2》=5.51*1	16.5
		수평보강근	H13	2*《4.71+0.51'일반정착'*2》=5.73*1	11.5

Koreasoft 고려전산(주)

부재별 산출서

[공사명] 석촌동 근린생활시설　　　　[동명] 본동　　　　옹벽

층	부 호	명　　칭	규 격	산　　　식	결 과 치
		폭고정근	H10	《(4.71/(1000/1000))*((0.9)/(1000/1000))》=5*0.15*1	0.8

Koreasoft 고려전산(주)

부재별 산출서

[공사명] 석촌동 근린생활시설 [동명] 본동 옹벽

층	부 호	명 칭	규 격	산 식	결 과 치
2 층	-	[비 고]		□ D열	
2 층	-	[비 고]		■ 지상2층	
2 층	-	[비 고]		■ 코어	
2 층	-	[비 고]		□ 1-2/A-D	
2 층	-	[비 고]		■ 지상외벽	
2 층	-	[비 고]		□ A열	
2 층	-	[비 고]		□ 3열	
2 층	-	[비 고]		□ 1-2열	
2 층	-	[비 고]		□ 5열	
2 층	W1	[비 고]		(세로), X : 1-2, Y : A-D	
		콘크리트	25-240-15	(1.2*(3.3-0.55)*0.2)*1-《0.7348*0.2'개구부'》=0.147	0.513
		거푸집(내측)	유로폼	(1.2*(3.3-0.55))*1+《3.43*0.2'개구부'》=0.686-0.735	3.25
		거푸집(외측)	유로폼	(1.2*(3.3-0.55))*1-0.735	2.57
		내측수직근	H13	《1.2/(300/1000)》=4*《3.3+0.26'후크'》=3.56*1-《0.88/(300/1	11.8
				000)*0.835'개구부'》=2.45	
		외측수직근	H13	《1.2/(300/1000)》=4*《3.3+0.26'후크'》=3.56*1-《0.88/(300/1	11.8
				000)*0.835'개구부'》=2.45	
		내측수평근	H13	《(3.3-0.55)/(300/1000)》=10*《1.5+0.51'일반정착'》=2.01*1-	17.7
				《0.835/(300/1000)*0.88'개구부'》=2.45	
		외측수평근	H13	《(3.3-0.55)/(300/1000)》=10*《1.5+0.51'일반정착'》=2.01*1-	17.7
				《0.835/(300/1000)*0.88'개구부'》=2.45	
		폭고정근	H10	《(1.2/(1000/1000))*((3.3-0.55)/(1000/1000))》=4*0.2*1-《(0.	0.7
				88/(1000/1000))*(0.835/(1000/1000))*0.2'개구부'》=0.147	
		개구부 보강 수직	H13	(((0.835+(2*0.6))*2)*4)*1	16.3
		개구부 보강 수평	H13	(((0.88+(2*0.6))*2)*4)*1	16.6
		개구부 보강 보강	H13	(((2*0.8)*4)*4)*1	25.6
2 층	W1	[비 고]		(세로), X : 1-2, Y : A-D	
		콘크리트	25-240-15	(3.65*(3.3-0.15)*0.2)*1	2.3
		거푸집(내측)	유로폼	(3.65*(3.3-0.15))*1	11.5
		거푸집(외측)	유로폼	(3.65*(3.3-0.15))*1	11.5
		내측수직근	H13	《《3.65/(300/1000)》=13*3.3*1》=42.9+《13*0.67'일반이음'*1	51.6
				》=8.71	
		외측수직근	H13	《《3.65/(300/1000)》=13*3.3*1》=42.9+《13*0.67'일반이음'*1	51.6
				》=8.71	
		내측수평근	H13	《(3.3-0.15)/(300/1000)》=11*《3.75+0.51'일반정착'》=4.26*1	46.9

부재별 산출서

[공사명] 석촌동 근린생활시설　　　[동명] 본동　　　옹벽

층	부 호	명 칭	규 격	산 식	결 과 치
		외측수평근	H13	《(3.3-0.15)/(300/1000)》=11* 《3.75+0.51'일반정착'》=4.26*1	46.9
		폭고정근	H10	《(3.65/(1000/1000))*((3.3-0.15)/(1000/1000))》=12*0.2*1	2.4
2 층	W1	[비 고]		(가로), X : 1-2, Y : A-D	
		콘크리트	25-240-15	(1.95*(3.3-0.15)*0.2)*1	1.229
		거푸집(내측)	유로폼	(1.95*(3.3-0.15))*1	6.14
		거푸집(외측)	유로폼	(1.95*(3.3-0.15))*1	6.14
		내측수직근	H13	《《1.95/(300/1000)》=7*3.3*1》=23.1+《7*0.67'일반이음'*1》=	27.8
				4.69	
		외측수직근	H13	《《1.95/(300/1000)》=7*3.3*1》=23.1+《7*0.67'일반이음'*1》=	27.8
				4.69	
		내측수평근	H13	《(3.3-0.15)/(300/1000)》=11* 《1.95+0.51'일반정착'*2》=2.97*	32.7
				1	
		외측수평근	H13	《(3.3-0.15)/(300/1000)》=11* 《1.95+0.51'일반정착'*2》=2.97*	32.7
				1	
		폭고정근	H10	《(1.95/(1000/1000))*((3.3-0.15)/(1000/1000))》=7*0.2*1	1.4
2 층	W1	[비 고]		(가로), X : 1-2, Y : A-D	
		콘크리트	25-240-15	(1.3*(3.3-0.15)*0.2)*1	0.819
		거푸집(내측)	유로폼	(1.3*(3.3-0.15))*1	4.1
		거푸집(외측)	유로폼	(1.3*(3.3-0.15))*1	4.1
		내측수직근	H13	《《1.3/(300/1000)》=5*3.3*1》=16.5+《5*0.67'일반이음'*1》=3	19.9
				.35	
		외측수직근	H13	《《1.3/(300/1000)》=5*3.3*1》=16.5+《5*0.67'일반이음'*1》=3	19.9
				.35	
		내측수평근	H13	《(3.3-0.15)/(300/1000)》=11* 《1.35+0.51'일반정착'*2》=2.37*	26.1
				1	
		외측수평근	H13	《(3.3-0.15)/(300/1000)》=11* 《1.35+0.51'일반정착'*2》=2.37*	26.1
				1	
		폭고정근	H10	《(1.3/(1000/1000))*((3.3-0.15)/(1000/1000))》=5*0.2*1	1
2 층	W1	[비 고]		(세로), X : 1-2, Y : A-D	
		콘크리트	25-240-15	(3.6*(3.3-0.15)*0.2)*1	2.268
		거푸집(내측)	유로폼	(3.6*(3.3-0.15))*1	11.34
		거푸집(외측)	유로폼	(3.6*(3.3-0.15))*1	11.34
		내측수직근	H13	《《3.6/(300/1000)》=12*3.3*1》=39.6+《12*0.67'일반이음'*1》	47.6
				=8.04	
		외측수직근	H13	《《3.6/(300/1000)》=12*3.3*1》=39.6+《12*0.67'일반이음'*1》	47.6
				=8.04	

Koreasoft 고려전산(주)

부재별 산출서

[공사명] 석촌동 근린생활시설 [동명] 본동 옹벽

층	부 호	명 칭	규 격	산 식	결 과 치
		내측수평근	H13	《(3.3-0.15)/(300/1000)》=11*《3.6+0.51'일반정착'*2》=4.62*1	50.8
		외측수평근	H13	《(3.3-0.15)/(300/1000)》=11*《3.6+0.51'일반정착'*2》=4.62*1	50.8
		폭고정근	H10	《(3.6/(1000/1000))*((3.3-0.15)/(1000/1000))》=12*0.2*1	2.4
2 층	W2	[비 고]		(세로), X : 5, Y : B-C	
		콘크리트	25-240-15	(2.8*(3.3-0.55)*0.2)*1	1.54
		거푸집(내측)	유로폼	(2.8*(3.3-0.55))*1	7.7
		거푸집(외측)	유로폼	(2.8*(3.3-0.55))*1	7.7
		내측수직근	H10	《《2.8/(300/1000)》=10*3.3*1》=33+《10*0.52'일반이음'*1》=5	38.2
				.2	
		외측수직근	H10	《《2.8/(300/1000)》=10*3.3*1》=33+《10*0.52'일반이음'*1》=5	38.2
				.2	
		내측수평근	H10	《(3.3-0.55)/(300/1000)》=10*3.3*1	33
		외측수평근	H10	《(3.3-0.55)/(300/1000)》=10*3.3*1	33
		폭고정근	H10	《(2.8/(1000/1000))*((3.3-0.55)/(1000/1000))》=8*0.2*1	1.6
2 층	W2	[비 고]		(가로), X : 1-2, Y : D	
		콘크리트	25-240-15	(1.5*(3.3-0.15)*0.2)*1	0.945
		거푸집(내측)	유로폼	(1.5*(3.3-0.15))*1	4.72
		거푸집(외측)	유로폼	(1.5*(3.3-0.15))*1	4.72
		내측수직근	H10	《1.5/(300/1000)》=5*《3.3+0.2'후크'》=3.5*1	17.5
		외측수직근	H10	《1.5/(300/1000)》=5*《3.3+0.2'후크'》=3.5*1	17.5
		내측수평근	H10	《(3.3-0.15)/(300/1000)》=11*《1.5+0.4'일반정착'*2》=2.3*1	25.3
		외측수평근	H10	《(3.3-0.15)/(300/1000)》=11*《1.5+0.4'일반정착'*2》=2.3*1	25.3
		폭고정근	H10	《(1.5/(1000/1000))*((3.3-0.15)/(1000/1000))》=5*0.2*1	1
2 층	W2	[비 고]		(세로), X : 1-2, Y : C-D	
		콘크리트	25-240-15	(3.85*(3.3-0.15)*0.2)*1-《8.7694*0.2'개구부'》=1.754	0.672
		거푸집(내측)	유로폼	(3.85*(3.3-0.15))*1+《14.02*0.2'개구부'》=2.804-8.769	6.16
		거푸집(외측)	유로폼	(3.85*(3.3-0.15))*1-8.769	3.36
		내측수직근	H10	《3.85/(300/1000)》=13*《3.3+0.2'후크'》=3.5*1-《5.38/(300/1	16.3
				000)*1.63'개구부'》=29.23	
		외측수직근	H10	《3.85/(300/1000)》=13*《3.3+0.2'후크'》=3.5*1-《5.38/(300/1	16.3
				000)*1.63'개구부'》=29.23	
		내측수평근	H10	《(3.3-0.15)/(300/1000)》=11*《3.9+0.4'일반정착'*2》=4.7*1-	22.5
				《1.63/(300/1000)*5.38'개구부'》=29.23	
		외측수평근	H10	《(3.3-0.15)/(300/1000)》=11*《3.9+0.4'일반정착'*2》=4.7*1-	22.5
				《1.63/(300/1000)*5.38'개구부'》=29.23	

Koreasoft 고려전산(주)

부재별 산출서

[공사명] 석촌동 근린생활시설 [동명] 본동 옹벽

층	부 호	명 칭	규 격	산 식	결 과 치
		폭고정근	H10	《(3.85/(1000/1000))*((3.3-0.15)/(1000/1000))》=13*0.2*1-《(	0.8
				5.38/(1000/1000))*(1.63/(1000/1000))*0.2'개구부'》=1.754	
		개구부 보강 수직	H13	(((1.63+(2*0.6))*2)*4)*1	22.6
		개구부 보강 수평	H13	(((5.38+(2*0.6))*2)*4)*1	52.6
		개구부 보강 보강	H13	(((2*0.8)*4)*4)*1	25.6
2 층	W2	[비 고]		(세로), X : 5, Y : D-E	
		콘크리트	25-240-15	(1.4*(3.3-0.55)*0.2)*1	0.77
		거푸집(내측)	유로폼	(1.4*(3.3-0.55))*1	3.85
		거푸집(외측)	유로폼	(1.4*(3.3-0.55))*1	3.85
		내측수직근	H10	《1.4/(300/1000)》=5*《3.3+0.2'후크'》=3.5*1	17.5
		외측수직근	H10	《1.4/(300/1000)》=5*《3.3+0.2'후크'》=3.5*1	17.5
		내측수평근	H10	《(3.3-0.55)/(300/1000)》=10*《1.5+0.4'일반정착'》=1.9*1	19
		외측수평근	H10	《(3.3-0.55)/(300/1000)》=10*《1.5+0.4'일반정착'》=1.9*1	19
		폭고정근	H10	《(1.4/(1000/1000))*((3.3-0.55)/(1000/1000))》=4*0.2*1	0.8
2 층	W2	[비 고]		(세로), X : 5, Y : C-D	
		콘크리트	25-240-15	(6.1*(3.3-0.55)*0.2)*1	3.355
		거푸집(내측)	유로폼	(6.1*(3.3-0.55))*1	16.77
		거푸집(외측)	유로폼	(6.1*(3.3-0.55))*1	16.77
		내측수직근	H10	《《6.1/(300/1000)》=21*3.3*1》=69.3+《21*0.52'일반이음'*1》	80.2
				=10.92	
		외측수직근	H10	《《6.1/(300/1000)》=21*3.3*1》=69.3+《21*0.52'일반이음'*1》	80.2
				=10.92	
		내측수평근	H10	《《(3.3-0.55)/(300/1000)》=10*6.9*1》=69+《10*1*0.52'일반이	74.2
				음'》=5.2	
		외측수평근	H10	《《(3.3-0.55)/(300/1000)》=10*6.9*1》=69+《10*1*0.52'일반이	74.2
				음'》=5.2	
		폭고정근	H10	《(6.1/(1000/1000))*((3.3-0.55)/(1000/1000))》=17*0.2*1	3.4
2 층	W2	[비 고]		(가로), X : 2-5, Y : A	
		콘크리트	25-240-15	(15.3*(3.3-0.55)*0.2)*1-《13.5942*0.2'개구부'》=2.719	5.696
		거푸집(내측)	유로폼	(15.3*(3.3-0.55))*1+《26.46*0.2'개구부'》=5.292-13.594	33.77
		거푸집(외측)	유로폼	(15.3*(3.3-0.55))*1-13.594	28.48
		내측수직근	H10	《15.3/(300/1000)》=51*《3.3+0.2'후크'》=3.5*1-《3.687/(300/	133.2
				1000)*3.687'개구부'》=45.31	
		외측수직근	H10	《15.3/(300/1000)》=51*《3.3+0.2'후크'》=3.5*1-《3.687/(300/	133.2
				1000)*3.687'개구부'》=45.31	

Koreasoft 고려전산(주)

부재별 산출서

[공사명] 석촌동 근린생활시설　　[동명] 본동　　옹벽

층	부 호	명 칭	규 격	산 식	결 과 치
		내측수평근	H10	《《(3.3-0.55)/(300/1000)》=10*《15.3+0.4'일반정착'*2》=16.1	126.1
				*1-《3.687/(300/1000)*3.687'개구부'》=45.31》=115.7+《10*2*0	
				.52'일반이음'》=10.4	
		외측수평근	H10	《《(3.3-0.55)/(300/1000)》=10*《15.3+0.4'일반정착'*2》=16.1	126.1
				*1-《3.687/(300/1000)*3.687'개구부'》=45.31》=115.7+《10*2*0	
				.52'일반이음'》=10.4	
		폭고정근	H10	《(15.3/(1000/1000))*((3.3-0.55)/(1000/1000))》=43*0.2*1-《(	5.9
				3.687/(1000/1000))*(3.687/(1000/1000))*0.2'개구부'》=2.719	
		개구부 보강 수직	H13	(((1.63+(2*0.6))*2)*4)*1	22.6
		개구부 보강 수평	H13	(((1.18+(2*0.6))*2)*4)*1	19
		개구부 보강 보강	H13	(((2*0.8)*4)*4)*1	25.6
		개구부 보강 수직	H13	(((1.63+(2*0.6))*2)*4)*1	22.6
		개구부 보강 수평	H13	(((3.58+(2*0.6))*2)*4)*1	38.2
		개구부 보강 보강	H13	(((2*0.8)*4)*4)*1	25.6
		개구부 보강 수직	H13	(((1.63+(2*0.6))*2)*4)*1	22.6
		개구부 보강 수평	H13	(((3.58+(2*0.6))*2)*4)*1	38.2
		개구부 보강 보강	H13	(((2*0.8)*4)*4)*1	25.6
2 층	W2	[비 고]		(세로), X : 5, Y : A-B	
		콘크리트	25-240-15	(1.4*(3.3-0.55)*0.2)*1	0.77
		거푸집(내측)	유로폼	(1.4*(3.3-0.55))*1	3.85
		거푸집(외측)	유로폼	(1.4*(3.3-0.55))*1	3.85
		내측수직근	H10	《1.4/(300/1000)》=5*《3.3+0.2'후크'》=3.5*1	17.5
		외측수직근	H10	《1.4/(300/1000)》=5*《3.3+0.2'후크'》=3.5*1	17.5
		내측수평근	H10	《(3.3-0.55)/(300/1000)》=10*《1.5+0.4'일반정착'》=1.9*1	19
		외측수평근	H10	《(3.3-0.55)/(300/1000)》=10*《1.5+0.4'일반정착'》=1.9*1	19
		폭고정근	H10	《(1.4/(1000/1000))*((3.3-0.55)/(1000/1000))》=4*0.2*1	0.8
2 층	W2	[비 고]		(가로), X : 2-3, Y : D	
		콘크리트	25-240-15	(2.1*(3.3-0.55)*0.2)*1	1.155
		거푸집(내측)	유로폼	(2.1*(3.3-0.55))*1	5.78
		거푸집(외측)	유로폼	(2.1*(3.3-0.55))*1	5.78
		내측수직근	H10	《《2.1/(300/1000)》=7*3.3*1》=23.1+《7*0.52'일반이음'*1》=3	26.7
				.64	
		외측수직근	H10	《《2.1/(300/1000)》=7*3.3*1》=23.1+《7*0.52'일반이음'*1》=3	26.7
				.64	
		내측수평근	H10	《(3.3-0.55)/(300/1000)》=10*《2.7+0.4'일반정착'*2》=3.5*1	35

Koreasoft 고려전산(주)

부재별 산출서

[공사명] 석촌동 근린생활시설　　[동명] 본동　　옹벽

층	부 호	명 칭	규 격	산 식	결 과 치
		외측수평근	H10	《(3.3-0.55)/(300/1000)》=10*《2.7+0.4'일반정착'*2》=3.5*1	35
		폭고정근	H10	《(2.1/(1000/1000))*((3.3-0.55)/(1000/1000))》=6*0.2*1	1.2
2 층	W2	[비 고]		(세로), X : 1-2, Y : C-D	
		콘크리트	25-240-15	(3.85*(3.3-0.55)*0.2)*1-《2.9714*0.2'개구부'》=0.594	1.524
		거푸집(내측)	유로폼	(3.85*(3.3-0.55))*1+《8.82*0.2'개구부'》=1.764-2.971	9.38
		거푸집(외측)	유로폼	(3.85*(3.3-0.55))*1-2.971	7.62
		내측수직근	H10	《3.85/(300/1000)》=13*《3.3+0.2'후크'》=3.5*1-《3.58/(300/1	35.6
				000)*0.83'개구부'》=9.9	
		외측수직근	H10	《3.85/(300/1000)》=13*《3.3+0.2'후크'》=3.5*1-《3.58/(300/1	35.6
				000)*0.83'개구부'》=9.9	
		내측수평근	H10	《(3.3-0.55)/(300/1000)》=10*《3.9+0.4'일반정착'*2》=4.7*1-	37.1
				《0.83/(300/1000)*3.58'개구부'》=9.9	
		외측수평근	H10	《(3.3-0.55)/(300/1000)》=10*《3.9+0.4'일반정착'*2》=4.7*1-	37.1
				《0.83/(300/1000)*3.58'개구부'》=9.9	
		폭고정근	H10	《(3.85/(1000/1000))*((3.3-0.55)/(1000/1000))》=11*0.2*1-《(	1.6
				3.58/(1000/1000))*(0.83/(1000/1000))*0.2'개구부'》=0.594	
		개구부 보강 수직	H13	(((0.83+(2*0.6))*2)*4)*1	16.2
		개구부 보강 수평	H13	(((3.58+(2*0.6))*2)*4)*1	38.2
		개구부 보강 보강	H13	(((2*0.8)*4)*4)*1	25.6
2 층	W3	[비 고]		(가로)	
		콘크리트	25-240-15	(1.05*(3.3-0.15)*0.15)*1	0.496
		거푸집(내측)	유로폼	(1.05*(3.3-0.15))*1	3.31
		거푸집(외측)	유로폼	(1.05*(3.3-0.15))*1	3.31
		내측수직근	H10	《《1.05/(300/1000)》=4*3.3*1》=13.2+《4*0.52'일반이음'*1》=	15.3
				2.08	
		외측수직근	H10	《《1.05/(300/1000)》=4*3.3*1》=13.2+《4*0.52'일반이음'*1》=	15.3
				2.08	
		내측수평근	H10	《(3.3-0.15)/(300/1000)》=11*《1.05+0.4'일반정착'*2》=1.85*1	20.4
		외측수평근	H10	《(3.3-0.15)/(300/1000)》=11*《1.05+0.4'일반정착'*2》=1.85*1	20.4
		수평보강근	H13	4*《1.05+0.51'일반정착'*2》=2.07*1	8.3
		폭고정근	H10	《(1.05/(1000/1000))*((3.3-0.15)/(1000/1000))》=4*0.15*1	0.6
2 층	W3	[비 고]		(가로)	
		콘크리트	25-240-15	(1.2*(3.3-0.15)*0.15)*1	0.567
		거푸집(내측)	유로폼	(1.2*(3.3-0.15))*1	3.78
		거푸집(외측)	유로폼	(1.2*(3.3-0.15))*1	3.78

Koreasoft 고려전산(주)

부재별 산출서

[공사명] 석촌동 근린생활시설　　[동명] 본동　　옹벽

층	부 호	명 칭	규 격	산 식	결 과 치
		내측수직근	H10	《《1.2/(300/1000)》=4*3.3*1》=13.2+《4*0.52'일반이음'*1》=2	15.3
				.08	
		외측수직근	H10	《《1.2/(300/1000)》=4*3.3*1》=13.2+《4*0.52'일반이음'*1》=2	15.3
				.08	
		내측수평근	H10	《(3.3-0.15)/(300/1000)》=11*《1.2+0.4'일반정착'*2》=2*1	22
		외측수평근	H10	《(3.3-0.15)/(300/1000)》=11*《1.2+0.4'일반정착'*2》=2*1	22
		수평보강근	H13	4*《1.2+0.51'일반정착'*2》=2.22*1	8.9
		폭고정근	H10	《(1.2/(1000/1000))*((3.3-0.15)/(1000/1000))》=4*0.15*1	0.6
2 층	W3	[비 고]		(가로)	
		콘크리트	25-240-15	(1.2*(3.3-0.15)*0.15)*1	0.567
		거푸집(내측)	유로폼	(1.2*(3.3-0.15))*1	3.78
		거푸집(외측)	유로폼	(1.2*(3.3-0.15))*1	3.78
		내측수직근	H10	《《1.2/(300/1000)》=4*3.3*1》=13.2+《4*0.52'일반이음'*1》=2	15.3
				.08	
		외측수직근	H10	《《1.2/(300/1000)》=4*3.3*1》=13.2+《4*0.52'일반이음'*1》=2	15.3
				.08	
		내측수평근	H10	《(3.3-0.15)/(300/1000)》=11*《1.2+0.4'일반정착'*2》=2*1	22
		외측수편근	H10	《(3.3-0.15)/(300/1000)》=11*《1.2+0.4'일반정착'*2》=2*1	22
		수평보강근	H13	4*《1.2+0.51'일반정착'*2》=2.22*1	8.9
		폭고정근	H10	《(1.2/(1000/1000))*((3.3-0.15)/(1000/1000))》=4*0.15*1	0.6

Koreasoft 고려전산(주)

부재별 산출서

[공사명] 석촌동 근린생활시설 [동명] 본동 옹벽

층	부 호	명 칭	규 격	산 식	결 과 치
3 층	-	[비 고]		■ 지상3층	
3 층	-	[비 고]		■ 3-5/D-E	
3 층	-	[비 고]		■ 1-2/C-D	
3 층	-	[비 고]		■ 2-3/A-B	
3 층	-	[비 고]		■ 난간	
3 층	-	[비 고]		□ 2열	
3 층	-	[비 고]		□ 5열	
3 층	-	[비 고]		□ D열	
3 층	-	[비 고]		□ B열	
3 층	-	[비 고]		■ 지상외벽	
3 층	-	[비 고]		□ 1-2/A-D	
3 층	-	[비 고]		■ 코어	
3 층	W1	[비 고]		(세로)	
		콘크리트	25-240-15	(3.9*(0.38)*0.2)*1	0.296
		거푸집(내측)	유로폼	(3.9*(0.38))*1	1.48
		거푸집(외측)	유로폼	(3.9*(0.38))*1	1.48
		내측수직근	H13	《《3.9/(300/1000)》=13*《0.38+(0.15'기초두께'+0.26'기초정착	19
				')》=0.79*1》=10.3+《13*0.67'일반이음'*1》=8.71	
		외측수직근	H13	《《3.9/(300/1000)》=13*《0.38+(0.15'기초두께'+0.26'기초정착	19
				')》=0.79*1》=10.3+《13*0.67'일반이음'*1》=8.71	
		내측수평근	H13	《(0.38)/(300/1000)》=2*《3.9+0.51'일반정착'*2》=4.92*1	9.8
		외측수평근	H13	《(0.38)/(300/1000)》=2*《3.9+0.51'일반정착'*2》=4.92*1	9.8
		폭고정근	H10	《(3.9/(1000/1000))*((0.38)/(1000/1000))》=2*0.2*1	0.4
3 층	W1	[비 고]		(세로), X : 1-2, Y : A-D	
		콘크리트	25-240-15	(3.55*(3.6-0.15)*0.2)*1	2.45
		거푸집(내측)	유로폼	(3.55*(3.6-0.15))*1	12.25
		거푸집(외측)	유로폼	(3.55*(3.6-0.15))*1	12.25
		내측수직근	H13	《《3.55/(300/1000)》=12*3.6*1》=43.2+《12*0.67'일반이음'*1	51.2
				》=8.04	
		외측수직근	H13	《《3.55/(300/1000)》=12*3.6*1》=43.2+《12*0.67'일반이음'*1	51.2
				》=8.04	
		내측수평근	H13	《(3.6-0.15)/(300/1000)》=12*《3.75+0.51'일반정착'*2》=4.77*	57.2
				1	
		외측수평근	H13	《(3.6-0.15)/(300/1000)》=12*《3.75+0.51'일반정착'*2》=4.77*	57.2
				1	

Koreasoft 고려전산(주)

부재별 산출서

[공사명] 석촌동 근린생활시설 [동명] 본동 옹벽

층	부 호	명 칭	규 격	산 식	결 과 치
		폭고정근	H10	《(3.55/(1000/1000))*((3.6-0.15)/(1000/1000))》=13*0.2*1	2.6
3 층	W1	[비 고]		(세로)	
		콘크리트	25-240-15	(1.5*(0.38)*0.2)*1	0.114
		거푸집(내측)	유로폼	(1.5*(0.38))*1	0.57
		거푸집(외측)	유로폼	(1.5*(0.38))*1	0.57
		내측수직근	H13	《《1.5/(300/1000)》=5*《0.38+(0.55'기초두께'+0.26'기초정착'	9.4
				)》=1.19*1》=6+《5*0.67'일반이음'*1》=3.35	
		외측수직근	H13	《《1.5/(300/1000)》=5*《0.38+(0.55'기초두께'+0.26'기초정착'	9.4
				)》=1.19*1》=6+《5*0.67'일반이음'*1》=3.35	
		내측수평근	H13	《(0.38)/(300/1000)》=2*《1.5+0.51'일반정착'*2》=2.52*1	5
		외측수평근	H13	《(0.38)/(300/1000)》=2*《1.5+0.51'일반정착'*2》=2.52*1	5
		폭고정근	H10	《(1.5/(1000/1000))*((0.38)/(1000/1000))》=1*0.2*1	0.2
3 층	W1	[비 고]		(세로)	
		콘크리트	25-240-15	(1.5*(0.38)*0.2)*1	0.114
		거푸집(내측)	유로폼	(1.5*(0.38))*1	0.57
		거푸집(외측)	유로폼	(1.5*(0.38))*1	0.57
		내측수직근	H13	《《1.5/(300/1000)》=5*《0.38+(0.55'기초두께'+0.26'기초정착'	9.4
				)》-1.19*1》=6I 《5*0.67'일반이은'*1》=3.35	
		외측수직근	H13	《《1.5/(300/1000)》=5*《0.38+(0.55'기초두께'+0.26'기초정착'	9.4
				)》=1.19*1》=6+《5*0.67'일반이음'*1》=3.35	
		내측수평근	H13	《(0.38)/(300/1000)》=2*《1.5+0.51'일반정착'*2》=2.52*1	5
		외측수평근	H13	《(0.38)/(300/1000)》=2*《1.5+0.51'일반정착'*2》=2.52*1	5
		폭고정근	H10	《(1.5/(1000/1000))*((0.38)/(1000/1000))》=1*0.2*1	0.2
3 층	W1	[비 고]		(가로)	
		콘크리트	25-240-15	(1.5*(0.38)*0.2)*1	0.114
		거푸집(내측)	유로폼	(1.5*(0.38))*1	0.57
		거푸집(외측)	유로폼	(1.5*(0.38))*1	0.57
		내측수직근	H13	《《1.5/(300/1000)》=5*《0.38+(0.15'기초두께'+0.26'기초정착'	7.4
				)》=0.79*1》=4+《5*0.67'일반이음'*1》=3.35	
		외측수직근	H13	《《1.5/(300/1000)》=5*《0.38+(0.15'기초두께'+0.26'기초정착'	7.4
				)》=0.79*1》=4+《5*0.67'일반이음'*1》=3.35	
		내측수평근	H13	《(0.38)/(300/1000)》=2*《1.5+0.51'일반정착'*2》=2.52*1	5
		외측수평근	H13	《(0.38)/(300/1000)》=2*《1.5+0.51'일반정착'*2》=2.52*1	5
		폭고정근	H10	《(1.5/(1000/1000))*((0.38)/(1000/1000))》=1*0.2*1	0.2
3 층	W1	[비 고]		(가로)	

Koreasoft 고려전산(주)

부재별 산출서

[공사명] 석촌동 근린생활시설 [동명] 본동 옹벽

층	부 호	명 칭	규 격	산 식	결 과 치
		콘크리트	25-240-15	(15.3*(0.38)*0.2)*1	1.163
		거푸집(내측)	유로폼	(15.3*(0.38))*1	5.81
		거푸집(외측)	유로폼	(15.3*(0.38))*1	5.81
		내측수직근	H13	《《15.3/(300/1000)》=51*《0.38+(0.55'기초두께'+0.26'기초정	94.9
				착')》=1.19*1》=60.7+《51*0.67'일반이음'*1》=34.17	
		외측수직근	H13	《《15.3/(300/1000)》=51*《0.38+(0.55'기초두께'+0.26'기초정	94.9
				착')》=1.19*1》=60.7+《51*0.67'일반이음'*1》=34.17	
		내측수평근	H13	《《(0.38)/(300/1000)》=2*《15.3+0.51'일반정착'*2》=16.32*1	35.3
				》=32.6+《2*2*0.67'일반이음'》=2.68	
		외측수평근	H13	《《(0.38)/(300/1000)》=2*《15.3+0.51'일반정착'*2》=16.32*1	35.3
				》=32.6+《2*2*0.67'일반이음'》=2.68	
		폭고정근	H10	《(15.3/(1000/1000))*((0.38)/(1000/1000))》=6*0.2*1	1.2
3 층	W1	[비 고]		(세로)	
		콘크리트	25-240-15	(1.5*(0.38)*0.2)*1	0.114
		거푸집(내측)	유로폼	(1.5*(0.38))*1	0.57
		거푸집(외측)	유로폼	(1.5*(0.38))*1	0.57
		내측수직근	H13	《《1.5/(300/1000)》=5*《0.38+(0.55'기초두께'+0.26'기초정착'	9.4
				)》=1.19*1》=6+《5*0.67'일반이음'*1》=3.35	
		외측수직근	H13	《《1.5/(300/1000)》=5*《0.38+(0.55'기초두께'+0.26'기초정착'	9.4
				)》=1.19*1》=6+《5*0.67'일반이음'*1》=3.35	
		내측수평근	H13	《(0.38)/(300/1000)》=2*《1.5+0.51'일반정착'*2》=2.52*1	5
		외측수평근	H13	《(0.38)/(300/1000)》=2*《1.5+0.51'일반정착'*2》=2.52*1	5
		폭고정근	H10	《(1.5/(1000/1000))*((0.38)/(1000/1000))》=1*0.2*1	0.2
3 층	W1	[비 고]		(세로)	
		콘크리트	25-240-15	(1.5*(0.38)*0.2)*1	0.114
		거푸집(내측)	유로폼	(1.5*(0.38))*1	0.57
		거푸집(외측)	유로폼	(1.5*(0.38))*1	0.57
		내측수직근	H13	《《1.5/(300/1000)》=5*《0.38+(0.55'기초두께'+0.26'기초정착'	9.4
				)》=1.19*1》=6+《5*0.67'일반이음'*1》=3.35	
		외측수직근	H13	《《1.5/(300/1000)》=5*《0.38+(0.55'기초두께'+0.26'기초정착'	9.4
				)》=1.19*1》=6+《5*0.67'일반이음'*1》=3.35	
		내측수평근	H13	《(0.38)/(300/1000)》=2*《1.5+0.51'일반정착'*2》=2.52*1	5
		외측수평근	H13	《(0.38)/(300/1000)》=2*《1.5+0.51'일반정착'*2》=2.52*1	5
		폭고정근	H10	《(1.5/(1000/1000))*((0.38)/(1000/1000))》=1*0.2*1	0.2
3 층	W1	[비 고]		(세로), X : 1-2, Y : A-D	

Koreasoft 고려전산(주)

부재별 산출서

[공사명] 석촌동 근린생활시설 [동명] 본동 옹벽

층	부 호	명 칭	규 격	산 식	결 과 치
		콘크리트	25-240-15	(3.6*(3.6-0.15)*0.2)*1	2.484
		거푸집(내측)	유로폼	(3.6*(3.6-0.15))*1	12.42
		거푸집(외측)	유로폼	(3.6*(3.6-0.15))*1	12.42
		내측수직근	H13	《《3.6/(300/1000)》=12*3.6*1》=43.2+《12*0.67'일반이음'*1》	51.2
				=8.04	
		외측수직근	H13	《《3.6/(300/1000)》=12*3.6*1》=43.2+《12*0.67'일반이음'*1》	51.2
				=8.04	
		내측수평근	H13	《(3.6-0.15)/(300/1000)》=12*《3.6+0.51'일반정착'*2》=4.62*1	55.4
		외측수평근	H13	《(3.6-0.15)/(300/1000)》=12*《3.6+0.51'일반정착'*2》=4.62*1	55.4
		폭고정근	H10	《(3.6/(1000/1000))*((3.6-0.15)/(1000/1000))》=13*0.2*1	2.6
3 층	W1	[비 고]		(가로), X : 1-2, Y : A-D	
		콘크리트	25-240-15	(1.3*(3.6-0.15)*0.2)*1	0.897
		거푸집(내측)	유로폼	(1.3*(3.6-0.15))*1	4.49
		거푸집(외측)	유로폼	(1.3*(3.6-0.15))*1	4.49
		내측수직근	H13	《《1.3/(300/1000)》=5*3.6*1》=18+《5*0.67'일반이음'*1》=3.3	21.4
				5	
		외측수직근	H13	《《1.3/(300/1000)》=5*3.6*1》=18+《5*0.67'일반이음'*1》=3.3	21.4
				5	
		내측수평근	H13	《(3.6-0.15)/(300/1000)》=12*《1.35+0.51'일반정착'*2》=2.37*	28.4
				1	
		외측수평근	H13	《(3.6-0.15)/(300/1000)》=12*《1.35+0.51'일반정착'*2》=2.37*	28.4
				1	
		폭고정근	H10	《(1.3/(1000/1000))*((3.6-0.15)/(1000/1000))》=5*0.2*1	1
3 층	W1	[비 고]		(가로), X : 1-2, Y : A-D	
		콘크리트	25-240-15	(1.95*(3.6-0.15)*0.2)*1	1.346
		거푸집(내측)	유로폼	(1.95*(3.6-0.15))*1	6.73
		거푸집(외측)	유로폼	(1.95*(3.6-0.15))*1	6.73
		내측수직근	H13	《《1.95/(300/1000)》=7*3.6*1》=25.2+《7*0.67'일반이음'*1》=	29.9
				4.69	
		외측수직근	H13	《《1.95/(300/1000)》=7*3.6*1》=25.2+《7*0.67'일반이음'*1》=	29.9
				4.69	
		내측수평근	H13	《(3.6-0.15)/(300/1000)》=12*《1.95+0.51'일반정착'*2》=2.97*	35.6
				1	
		외측수평근	H13	《(3.6-0.15)/(300/1000)》=12*《1.95+0.51'일반정착'*2》=2.97*	35.6
				1	

Koreasoft 고려전산(주)

부재별 산출서

[공사명] 석촌동 근린생활시설　　[동명] 본동　　옹벽

층	부 호	명 칭	규 격	산 식	결 과 치
		폭고정근	H10	《(1.95/(1000/1000))*((3.6-0.15)/(1000/1000))》=7*0.2*1	1.4
3 층	W1	[비 고]		(가로)	
		콘크리트	25-240-15	(12.6*(0.38)*0.2)*1	0.958
		거푸집(내측)	유로폼	(12.6*(0.38))*1	4.79
		거푸집(외측)	유로폼	(12.6*(0.38))*1	4.79
		내측수직근	H13	《《12.6/(300/1000)》=42*《0.38+(0.15'기초두께'+0.26'기초정	61.3
				착')》=0.79*1》=33.2+《42*0.67'일반이음'*1》=28.14	
		외측수직근	H13	《《12.6/(300/1000)》=42*《0.38+(0.15'기초두께'+0.26'기초정	61.3
				착')》=0.79*1》=33.2+《42*0.67'일반이음'*1》=28.14	
		내측수평근	H13	《《(0.38)/(300/1000)》=2*《12.6+0.51'일반정착'*2》=13.62*1	28.5
				》=27.2+《2*1*0.67'일반이음'》=1.34	
		외측수평근	H13	《《(0.38)/(300/1000)》=2*《12.6+0.51'일반정착'*2》=13.62*1	28.5
				》=27.2+《2*1*0.67'일반이음'》=1.34	
		폭고정근	H10	《(12.6/(1000/1000))*((0.38)/(1000/1000))》=5*0.2*1	1
3 층	W2	[비 고]		(가로), X : 2-3, Y : D	
		콘크리트	25-240-15	(2.1*(3.15-0.55)*0.2)*1	1.092
		거푸집(내측)	유로폼	(2.1*(3.15-0.55))*1	5.46
		거푸집(외측)	유로폼	(2.1*(3.15-0.55))*1	5.46
		내측수직근	H10	《《2.1/(300/1000)》=7*3.15*1》=22.1+《7*0.52'일반이음'*1》=	25.7
				3.64	
		외측수직근	H10	《《2.1/(300/1000)》=7*3.15*1》=22.1+《7*0.52'일반이음'*1》=	25.7
				3.64	
		내측수평근	H10	《(3.15-0.55)/(300/1000)》=9*《2.7+0.4'일반정착'》=3.1*1	27.9
		외측수평근	H10	《(3.15-0.55)/(300/1000)》=9*《2.7+0.4'일반정착'》=3.1*1	27.9
		폭고정근	H10	《(2.1/(1000/1000))*((3.15-0.55)/(1000/1000))》=6*0.2*1	1.2
3 층	W2	[비 고]		(가로), X : 2-3, Y : B	
		콘크리트	25-240-15	(2.5*(3.15-0.55)*0.2)*1-《1.9529*0.2'개구부'》=0.391	0.909
		거푸집(내측)	유로폼	(2.5*(3.15-0.55))*1+《5.67*0.2'개구부'》=1.134-1.953	5.68
		거푸집(외측)	유로폼	(2.5*(3.15-0.55))*1-1.953	4.55
		내측수직근	H10	《《2.5/(300/1000)》=9*《3.15+(0.55'기초두께'+0.2'기초정착')	33.3
				》=3.9*1-《1.18/(300/1000)*1.655'개구부'》=6.51》=28.6+《9*0	
				.52'일반이음'*1》=4.68	
		외측수직근	H10	《《2.5/(300/1000)》=9*《3.15+(0.55'기초두께'+0.2'기초정착')	33.3
				》=3.9*1-《1.18/(300/1000)*1.655'개구부'》=6.51》=28.6+《9*0	
				.52'일반이음'*1》=4.68	

Koreasoft 고려전산(주)

부재별 산출서

[공사명] 석촌동 근린생활시설 　　[동명] 본동 　　옹벽

층	부 호	명 칭	규 격	산 식	결 과 치
		내측수평근	H10	《(3.15-0.55)/(300/1000)》=9*《2.7+0.4'일반정착'》=3.1*1-《1	21.4
				.655/(300/1000)*1.18'개구부'》=6.51	
		외측수평근	H10	《(3.15-0.55)/(300/1000)》=9*《2.7+0.4'일반정착'》=3.1*1-《1	21.4
				.655/(300/1000)*1.18'개구부'》=6.51	
		폭고정근	H10	《(2.5/(1000/1000))*((3.15-0.55)/(1000/1000))》=7*0.2*1-《(1	1
				.18/(1000/1000))*(1.655/(1000/1000))*0.2'개구부'》=0.391	
		개구부 보강 수직	H13	(((1.655+(2*0.6))*2)*4)*1	22.8
		개구부 보강 수평	H13	(((1.18+(2*0.6))*2)*4)*1	19
		개구부 보강 보강	H13	(((2*0.8)*4)*4)*1	25.6
3 층	W2	[비 고]		(가로), X : 3-4, Y : B	
		콘크리트	25-240-15	(7.15*(3.15-0.55)*0.2)*1-《7.7641*0.2'개구부'》=1.553	2.165
		거푸집(내측)	유로폼	(7.15*(3.15-0.55))*1+《16.41*0.2'개구부'》=3.282-7.764	14.11
		거푸집(외측)	유로폼	(7.15*(3.15-0.55))*1-7.764	10.83
		내측수직근	H10	《《7.15/(300/1000)》=24*《3.15+(0.55'기초두께'+0.2'기초정착	80.2
				')》=3.9*1-《2.7864/(300/1000)*2.7864'개구부'》=25.88》=67.7	
				+《24*0.52'일반이음'*1》=12.48	
		외측수직근	H10	《《7.15/(300/1000)》=24*《3.15+(0.55'기초두께'+0.2'기초정착	80.2
				')》=3.9*1-《2.7864/(300/1000)*2.7864'개구부'》=25.88》=67.7	
				+《24*0.52'일반이음'*1》=12.48	
		내측수평근	H10	《《(3.15-0.55)/(300/1000)》=9*7.5*1-《2.7864/(300/1000)*2.7	46.3
				864'개구부'》=25.88》=41.6+《9*1*0.52'일반이음'》=4.68	
		외측수평근	H10	《《(3.15-0.55)/(300/1000)》=9*7.5*1-《2.7864/(300/1000)*2.7	46.3
				864'개구부'》=25.88》=41.6+《9*1*0.52'일반이음'》=4.68	
		폭고정근	H10	《(7.15/(1000/1000))*((3.15-0.55)/(1000/1000))》=19*0.2*1-《	2.2
				(2.7864/(1000/1000))*(2.7864/(1000/1000))*0.2'개구부'》=1.55	
				3	
		개구부 보강 수직	H13	(((2.09+(2*0.6))*2)*4)*1	26.3
		개구부 보강 수평	H13	(((0.88+(2*0.6))*1)*4)*1	8.3
		개구부 보강 보강	H13	(((2*0.8)*2)*4)*1	12.8
		개구부 보강 수직	H13	(((1.655+(2*0.6))*2)*4)*1	22.8
		개구부 보강 수평	H13	(((3.58+(2*0.6))*2)*4)*1	38.2
		개구부 보강 보강	H13	(((2*0.8)*4)*4)*1	25.6
3 층	W2	[비 고]		(가로), X : 4-5, Y : B	
		콘크리트	25-240-15	(4.7*(3.15-0.55)*0.2)*1-《5.9249*0.2'개구부'》=1.185	1.259
		거푸집(내측)	유로폼	(4.7*(3.15-0.55))*1+《10.47*0.2'개구부'》=2.094-5.925	8.39

Koreasoft 고려전산(주)

부재별 산출서

[공사명] 석촌동 근린생활시설 [동명] 본동 옹벽

층	부 호	명 칭	규 격	산 식	결 과 치
		거푸집(외측)	유로폼	(4.7*(3.15-0.55))*1-5.925	6.3
		내측수직근	H10	《《4.7/(300/1000)》=16*《3.15+(0.55'기초두께'+0.2'기초정착'	51
				)》=3.9*1-《3.58/(300/1000)*1.655'개구부'》=19.75》=42.7+《1	
				6*0.52'일반이음'*1》=8.32	
		외측수직근	H10	《《4.7/(300/1000)》=16*《3.15+(0.55'기초두께'+0.2'기초정착'	51
				)》=3.9*1-《3.58/(300/1000)*1.655'개구부'》=19.75》=42.7+《1	
				6*0.52'일반이음'*1》=8.32	
		내측수평근	H10	《(3.15-0.55)/(300/1000)》=9*《5.1+0.4'일반정착'》=5.5*1-《1	29.8
				.655/(300/1000)*3.58'개구부'》=19.75	
		외측수평근	H10	《(3.15-0.55)/(300/1000)》=9*《5.1+0.4'일반정착'》=5.5*1-《1	29.8
				.655/(300/1000)*3.58'개구부'》=19.75	
		폭고정근	H10	《(4.7/(1000/1000))*((3.15-0.55)/(1000/1000))》=13*0.2*1-《(	1.4
				3.58/(1000/1000))*(1.655/(1000/1000))*0.2'개구부'》=1.185	
		개구부 보강 수직	H13	(((1.655+(2*0.6))*2)*4)*1	22.8
		개구부 보강 수평	H13	(((3.58+(2*0.6))*2)*4)*1	38.2
		개구부 보강 보강	H13	(((2*0.8)*4)*4)*1	25.6
3 층	W2	[비 고]		(세로), X : 1-2, Y : C-D	
		콘크리트	25-240-15	(3.85*(3.15-0.15)*0.2)*1-《3.9389*0.2'개구부'》=0.788	1.522
		거푸집(내측)	유로폼	(3.85*(3.15-0.15))*1+《8.07*0.2'개구부'》=1.614-3.939	9.23
		거푸집(외측)	유로폼	(3.85*(3.15-0.15))*1-3.939	7.61
		내측수직근	H10	《《3.85/(300/1000)》=13*《3.15+(0.55'기초두께'+0.2'기초정착	51.1
				')》=3.9*1-《2.38/(300/1000)*1.655'개구부'》=13.13》=37.6+《	
				13*0.52'일반이음'*2*1》=13.52	
		외측수직근	H10	《《3.85/(300/1000)》=13*《3.15+(0.55'기초두께'+0.2'기초정착	51.1
				')》=3.9*1-《2.38/(300/1000)*1.655'개구부'》=13.13》=37.6+《	
				13*0.52'일반이음'*2*1》=13.52	
		내측수평근	H10	《(3.15-0.15)/(300/1000)》=10*《3.9+0.4'일반정착'*2》=4.7*1-	33.9
				《1.655/(300/1000)*2.38'개구부'》=13.13	
		외측수평근	H10	《(3.15-0.15)/(300/1000)》=10*《3.9+0.4'일반정착'*2》=4.7*1-	33.9
				《1.655/(300/1000)*2.38'개구부'》=13.13	
		폭고정근	H10	《(3.85/(1000/1000))*((3.15-0.15)/(1000/1000))》=12*0.2*1-《	1.6
				(2.38/(1000/1000))*(1.655/(1000/1000))*0.2'개구부'》=0.788	
		개구부 보강 수직	H13	(((1.655+(2*0.6))*2)*4)*1	22.8
		개구부 보강 수평	H13	(((2.38+(2*0.6))*2)*4)*1	28.6
		개구부 보강 보강	H13	(((2*0.8)*4)*4)*1	25.6

Koreasoft 고려전산(주)

부재별 산출서

[공사명] 석촌동 근린생활시설 [동명] 본동 옹벽

층	부 호	명 칭	규 격	산 식	결 과 치
3 층	W2	[비 고]		(세로), X : 5, Y : C-D	
		콘크리트	25-240-15	(6.1*(3.15-0.55)*0.2)*1-《2.4124*0.2'개구부'》=0.482	2.69
		거푸집(내측)	유로폼	(6.1*(3.15-0.55))*1+《6.22*0.2'개구부'》=1.244-2.412	14.69
		거푸집(외측)	유로폼	(6.1*(3.15-0.55))*1-2.412	13.45
		내측수직근	H10	《《6.1/(300/1000)》=21*3.15*1-《1.48/(300/1000)*1.63'개구부	69
				'》=8.04》=58.1+《21*0.52'일반이음'*1》=10.92	
		외측수직근	H10	《《6.1/(300/1000)》=21*3.15*1-《1.48/(300/1000)*1.63'개구부	69
				'》=8.04》=58.1+《21*0.52'일반이음'*1》=10.92	
		내측수평근	H10	《《(3.15-0.55)/(300/1000)》=9*《6.9+0.4'일반정착'》=7.3*1-	62.4
				《1.63/(300/1000)*1.48'개구부'》=8.04》=57.7+《9*1*0.52'일반	
				이음'》=4.68	
		외측수평근	H10	《《(3.15-0.55)/(300/1000)》=9*《6.9+0.4'일반정착'》=7.3*1-	62.4
				《1.63/(300/1000)*1.48'개구부'》=8.04》=57.7+《9*1*0.52'일반	
				이음'》=4.68	
		폭고정근	H10	《(6.1/(1000/1000))*((3.15-0.55)/(1000/1000))》=16*0.2*1-《(	2.7
				1.48/(1000/1000))*(1.63/(1000/1000))*0.2'개구부'》=0.482	
		개구부 보강 수직	H13	(((1.63+(2*0.6))*2)*4)*1	22.6
		개구부 보강 수평	H13	(((1.48+(2*0.6))*2)*4)*1	21.4
		개구부 보강 보강	H13	(((2*0.8)*4)*4)*1	25.6
3 층	W2	[비 고]		(세로), X : 5, Y : B-C	
		콘크리트	25-240-15	(2.8*(3.15-0.55)*0.2)*1	1.456
		거푸집(내측)	유로폼	(2.8*(3.15-0.55))*1	7.28
		거푸집(외측)	유로폼	(2.8*(3.15-0.55))*1	7.28
		내측수직근	H10	《《2.8/(300/1000)》=10*3.15*1》=31.5+《10*0.52'일반이음'*1	36.7
				》=5.2	
		외측수직근	H10	《《2.8/(300/1000)》=10*3.15*1》=31.5+《10*0.52'일반이음'*1	36.7
				》=5.2	
		내측수평근	H10	《(3.15-0.55)/(300/1000)》=9*《3.3+0.4'일반정착'》=3.7*1	33.3
		외측수평근	H10	《(3.15-0.55)/(300/1000)》=9*《3.3+0.4'일반정착'》=3.7*1	33.3
		폭고정근	H10	《(2.8/(1000/1000))*((3.15-0.55)/(1000/1000))》=8*0.2*1	1.6
3 층	W2	[비 고]		(가로)	
		콘크리트	25-240-15	(4.6*(3.15-0.15)*0.2)*1-《5.9607*0.2'개구부'》=1.192	1.568
		거푸집(내측)	유로폼	(4.6*(3.15-0.15))*1+《10.49*0.2'개구부'》=2.098-5.961	9.94
		거푸집(외측)	유로폼	(4.6*(3.15-0.15))*1-5.961	7.84
		내측수직근	H10	《《4.6/(300/1000)》=16*3.15*1-《3.58/(300/1000)*1.665'개구	38.8
				부'》=19.87》=30.5+《16*0.52'일반이음'*1》=8.32	

부재별 산출서

[공사명] 석촌동 근린생활시설　　　　[동명] 본동　　　　옹벽

층	부 호	명 칭	규 격	산 식	결 과 치
		외측수직근	H10	《《4.6/(300/1000)》=16*3.15*1-《3.58/(300/1000)*1.665'개구	38.8
				부'》=19.87》=30.5+《16*0.52'일반이음'*1》=8.32	
		내측수평근	H10	《(3.15-0.15)/(300/1000)》=10*《5.1+0.4'일반정착'》=5.5*1-《	35.1
				1.665/(300/1000)*3.58'개구부'》=19.87	
		외측수평근	H10	《(3.15-0.15)/(300/1000)》=10*《5.1+0.4'일반정착'》=5.5*1-《	35.1
				1.665/(300/1000)*3.58'개구부'》=19.87	
		폭고정근	H10	《(4.6/(1000/1000))*((3.15-0.15)/(1000/1000))》=14*0.2*1-《(	1.6
				3.58/(1000/1000))*(1.665/(1000/1000))*0.2'개구부'》=1.192	
		개구부 보강 수직	H13	(((1.665+(2*0.6))*2)*4)*1	22.9
		개구부 보강 수평	H13	(((3.58+(2*0.6))*2)*4)*1	38.2
		개구부 보강 보강	H13	(((2*0.8)*4)*4)*1	25.6
3 층	W2	[비 고]		(가로)	
		콘크리트	25-240-15	(7*(3.15-0.15)*0.2)*1-《7.7641*0.2'개구부'》=1.553	2.647
		거푸집(내측)	유로폼	(7*(3.15-0.15))*1+《16.41*0.2'개구부'》=3.282-7.764	16.52
		거푸집(외측)	유로폼	(7*(3.15-0.15))*1-7.764	13.24
		내측수직근	H10	《《7/(300/1000)》=24*3.15*1-《2.7864/(300/1000)*2.7864'개구	62.2
				부'》=25.88》=49.7+《24*0.52'일반이음'*1》=12.48	
		외측수직근	H10	《《7/(300/1000)》=24*3.15*1-《2.7864/(300/1000)*2.7864'개구	62.2
				부'》=25.88》=49.7+《24*0.52'일반이음'*1》=12.48	
		내측수평근	H10	《《(3.15-0.15)/(300/1000)》=10*7.5*1-《2.7864/(300/1000)*2.	54.3
				7864'개구부'》=25.88》=49.1+《10*1*0.52'일반이음'》=5.2	
		외측수평근	H10	《《(3.15-0.15)/(300/1000)》=10*7.5*1-《2.7864/(300/1000)*2.	54.3
				7864'개구부'》=25.88》=49.1+《10*1*0.52'일반이음'》=5.2	
		폭고정근	H10	《(7/(1000/1000))*((3.15-0.15)/(1000/1000))》=21*0.2*1-《(2.	2.6
				7864/(1000/1000))*(2.7864/(1000/1000))*0.2'개구부'》=1.553	
		개구부 보강 수직	H13	(((2.09+(2*0.6))*2)*4)*1	26.3
		개구부 보강 수평	H13	(((0.88+(2*0.6))*1)*4)*1	8.3
		개구부 보강 보강	H13	(((2*0.8)*2)*4)*1	12.8
		개구부 보강 수직	H13	(((1.655+(2*0.6))*2)*4)*1	22.8
		개구부 보강 수평	H13	(((3.58+(2*0.6))*1)*4)*1	19.1
		개구부 보강 보강	H13	(((2*0.8)*2)*4)*1	12.8

Koreasoft 고려전산(주)

부재별 산출서

[공사명] 석촌동 근린생활시설　　　[동명] 본동　　　계단

층	부 호	명 칭	규 격	산 식	결 과 치
B1 층	-	[비 고]		■ 정화조	
B1 층	-	[비 고]		□ B1F	
B1 층	-	[비 고]		■ 코어	
B1 층	SS1	콘크리트	25-240-15	(《(1.05)*1.35*0.15》 =0.213+ 《(0.176*0.28*0.5*1.35)*9》 =0.29	1.072
				9+ 《2.743474*0.15*1.35》 =0.56)*1	
		거푸집(참부)	합판3회	((1.05)*1.35)*1	1.42
		거푸집(경사면)	경사	2.743474*1.35*1	3.7
		거푸집(챌판)	합판3회	0.176*1.35*9*1	2.14
		상부주근	H13	《1.35/(200/1000)》 =7* 《(1.05)+2.743474+0.67'상부정착'*2》 =5	35.9
				.133*1	
		하부주근	H13	《1.35/(200/1000)》 =7* 《(1.05)+2.743474+0.51'일반정착'*2》 =4	33.7
				.813*1	
		상부부근	H13	《(0/(200/1000))+(1.05/(200/1000))》 =6* 《1.35+0.67'상부정착'	12.1
				》 =2.02*1	
		하부부근	H13	《(0/(200/1000))+(1.05/(200/1000))》 =6* 《1.35+0.51'일반정착'	11.2
				》 =1.86*1	
		계단상부부근	H13	《2.743474/(200/1000)》 =14* 《1.35+0.67'상부정착'》 =2.02*1	28.3
		계단하부부근	H13	《2.743474/(200/1000)》 =14* 《1.35+0.51'일반정착'》 =1.86*1	26
		보강근(1)	H13	4*1.35*1	5.4
		보강근(2)	H13	4*1.35*1	5.4
B1 층	SS1	[비 고]		X : 1-2, Y : D-E	
		콘크리트	25-240-15	(《(0.15*0.3*0.5*2.7)*8》 =0.486+ 《2.418677*0.15*2.7》 =0.98)*	1.466
				1	
		거푸집(경사면)	경사	2.418677*2.7*1	6.53
		거푸집(챌판)	합판3회	0.15*2.7*8*1	3.24
		상부주근	H13	《2.7/(200/1000)》 =14* 《(0)+2.418677+0.67'상부정착'*2》 =3.75	52.6
				9*1	
		하부주근	H13	《2.7/(200/1000)》 =14* 《(0)+2.418677+0.51'일반정착'*2》 =3.43	48.1
				9*1	
		계단상부부근	H13	《2.418677/(200/1000)》 =13* 《2.7+0.67'상부정착'》 =3.37*1	43.8
		계단하부부근	H13	《2.418677/(200/1000)》 =13* 《2.7+0.51'일반정착'》 =3.21*1	41.7
		보강근(1)	H13	4*2.7*1	10.8
		보강근(2)	H13	4*2.7*1	10.8
B1 층	SS1	콘크리트	25-240-15	(《(1.55+1.05)*1.35*0.15》 =0.527+ 《(0.176*0.28*0.5*1.35)*10	1.53
				》 =0.333+ 《3.307204*0.15*1.35》 =0.67)*1	

부재별 산출서

[공사명] 석촌동 근린생활시설 [동명] 본동 계단

층	부 호	명 칭	규 격	산 식	결 과 치
		거푸집(참부)	합판3회	((1.55+1.05)*1.35)*1	3.51
		거푸집(경사면)	경사	3.307204*1.35*1	4.46
		거푸집(챌판)	합판3회	0.176*1.35*10*1	2.38
		상부주근	H13	《1.35/(200/1000)》=7*《(1.55+1.05)+3.307204+0.67'상부정착'*	50.7
				2》=7.247*1	
		하부주근	H13	《1.35/(200/1000)》=7*《(1.55+1.05)+3.307204+0.51'일반정착'*	48.5
				2》=6.927*1	
		상부부근	H13	《(1.05/(200/1000))+(1.55/(200/1000))》=13*《1.35+0.67'상부	26.3
				정착'》=2.02*1	
		하부부근	H13	《(1.05/(200/1000))+(1.55/(200/1000))》=13*《1.35+0.51'일반	24.2
				정착'》=1.86*1	
		계단상부부근	H13	《3.307204/(200/1000)》=17*《1.35+0.67'상부정착'》=2.02*1	34.3
		계단하부부근	H13	《3.307204/(200/1000)》=17*《1.35+0.51'일반정착'》=1.86*1	31.6
		보강근(1)	H13	4*1.35*1	5.4
		보강근(2)	H13	4*1.35*1	5.4

Koreasoft 고려전산(주)

부재별 산출서

[공사명] 석촌동 근린생활시설 [동명] 본동 계단

층	부 호	명 칭	규 격	산 식	결 과 치
1 층	-	[비 고]		□ 1F	
1 층	SS1	콘크리트	25-240-15	(《(1.55+1.05)*1.35*0.15》 =0.527+ 《(0.173*0.28*0.5*1.35)*10	1.524
				》 =0.327+ 《3.291337*0.15*1.35》 =0.67)*1	
		거푸집(참부)	합판3회	((1.55+1.05)*1.35)*1	3.51
		거푸집(경사면)	경사	3.291337*1.35*1	4.44
		거푸집(챌판)	합판3회	0.173*1.35*10*1	2.34
		상부주근	H13	《1.35/(200/1000)》 =7* 《(1.55+1.05)+3.291337+0.67'상부정착'*	50.6
				2》 =7.231*1	
		하부주근	H13	《1.35/(200/1000)》 =7* 《(1.55+1.05)+3.291337+0.51'일반정착'*	48.4
				2》 =6.911*1	
		상부부근	H13	《(1.05/(200/1000))+(1.55/(200/1000))》 =13* 《1.35+0.67'상부	26.3
				정착'》 =2.02*1	
		하부부근	H13	《(1.05/(200/1000))+(1.55/(200/1000))》 =13* 《1.35+0.51'일반	24.2
				정착'》 =1.86*1	
		계단상부부근	H13	《3.291337/(200/1000)》 =17* 《1.35+0.67'상부정착'》 =2.02*1	34.3
		계단하부부근	H13	《3.291337/(200/1000)》 =17* 《1.35+0.51'일반정착'》 =1.86*1	31.6
		보강근(1)	H13	4*1.35*1	5.4
		보강근(2)	H13	4*1.35*1	5.4
1 층	SS1	콘크리트	25-240-15	(《(1.05+1.55)*1.35*0.15》 =0.527+ 《(0.173*0.28*0.5*1.35)*9》	1.371
				=0.294+ 《2.727974*0.15*1.35》 =0.55)*1	
		거푸집(참부)	합판3회	((1.05+1.55)*1.35)*1	3.51
		거푸집(경사면)	경사	2.727974*1.35*1	3.68
		거푸집(챌판)	합판3회	0.173*1.35*9*1	2.1
		상부주근	H13	《1.35/(200/1000)》 =7* 《(1.05+1.55)+2.727974+0.67'상부정착'*	46.7
				2》 =6.668*1	
		하부주근	H13	《1.35/(200/1000)》 =7* 《(1.05+1.55)+2.727974+0.51'일반정착'*	44.4
				2》 =6.348*1	
		상부부근	H13	《(1.55/(200/1000))+(1.05/(200/1000))》 =13* 《1.35+0.67'상부	26.3
				정착'》 =2.02*1	
		하부부근	H13	《(1.55/(200/1000))+(1.05/(200/1000))》 =13* 《1.35+0.51'일반	24.2
				정착'》 =1.86*1	
		계단상부부근	H13	《2.727974/(200/1000)》 =14* 《1.35+0.67'상부정착'》 =2.02*1	28.3
		계단하부부근	H13	《2.727974/(200/1000)》 =14* 《1.35+0.51'일반정착'》 =1.86*1	26
		보강근(1)	H13	4*1.35*1	5.4
		보강근(2)	H13	4*1.35*1	5.4

Koreasoft 고려전산(주)

부재별 산출서

[공사명] 석촌동 근린생활시설 [동명] 본동 계단

층	부 호	명 칭	규 격	산 식	결 과 치
2 층	-	[비 고]		□ 2F	
2 층	SS1	콘크리트	25-240-15	(《(1.05+1.55)*1.35*0.15》 =0.527+ 《(0.173*0.28*0.5*1.35)*9》	1.371
				=0.294+ 《2.727974*0.15*1.35》 =0.55)*1	
		거푸집(참부)	합판3회	((1.05+1.55)*1.35)*1	3.51
		거푸집(경사면)	경사	2.727974*1.35*1	3.68
		거푸집(챌판)	합판3회	0.173*1.35*9*1	2.1
		상부주근	H13	《1.35/(200/1000)》 =7* 《(1.05+1.55)+2.727974+0.67'상부정착'*	46.7
				2》 =6.668*1	
		하부주근	H13	《1.35/(200/1000)》 =7* 《(1.05+1.55)+2.727974+0.51'일반정착'*	44.4
				2》 =6.348*1	
		상부부근	H13	《(1.55/(200/1000))+(1.05/(200/1000))》 =13* 《1.35+0.67'상부	26.3
				정착'》 =2.02*1	
		하부부근	H13	《(1.55/(200/1000))+(1.05/(200/1000))》 =13* 《1.35+0.51'일반	24.2
				정착'》 =1.86*1	
		계단상부부근	H13	《2.727974/(200/1000)》 =14* 《1.35+0.67'상부정착'》 =2.02*1	28.3
		계단하부부근	H13	《2.727974/(200/1000)》 =14* 《1.35+0.51'일반정착'》 =1.86*1	26
		보강근(1)	H13	4*1.35*1	5.4
		보강근(2)	H13	4*1.35*1	5.4
2 층	SS1	콘크리트	25-240-15	(《(1.55+1.05)*1.35*0.15》 =0.527+ 《(0.173*0.28*0.5*1.35)*10	1.524
				》 =0.327+ 《3.291337*0.15*1.35》 =0.67)*1	
		거푸집(참부)	합판3회	((1.55+1.05)*1.35)*1	3.51
		거푸집(경사면)	경사	3.291337*1.35*1	4.44
		거푸집(챌판)	합판3회	0.173*1.35*10*1	2.34
		상부주근	H13	《1.35/(200/1000)》 =7* 《(1.55+1.05)+3.291337+0.67'상부정착'*	50.6
				2》 =7.231*1	
		하부주근	H13	《1.35/(200/1000)》 =7* 《(1.55+1.05)+3.291337+0.51'일반정착'*	48.4
				2》 =6.911*1	
		상부부근	H13	《(1.05/(200/1000))+(1.55/(200/1000))》 =13* 《1.35+0.67'상부	26.3
				정착'》 =2.02*1	
		하부부근	H13	《(1.05/(200/1000))+(1.55/(200/1000))》 =13* 《1.35+0.51'일반	24.2
				정착'》 =1.86*1	
		계단상부부근	H13	《3.291337/(200/1000)》 =17* 《1.35+0.67'상부정착'》 =2.02*1	34.3
		계단하부부근	H13	《3.291337/(200/1000)》 =17* 《1.35+0.51'일반정착'》 =1.86*1	31.6
		보강근(1)	H13	4*1.35*1	5.4
		보강근(2)	H13	4*1.35*1	5.4

Koreasoft 고려전산(주)

10. 공사 배근자료 출력

산출부재별로 배근정보를
확인 할 수 있는 자료

[명칭]: 독립기초(단) [부호]: -

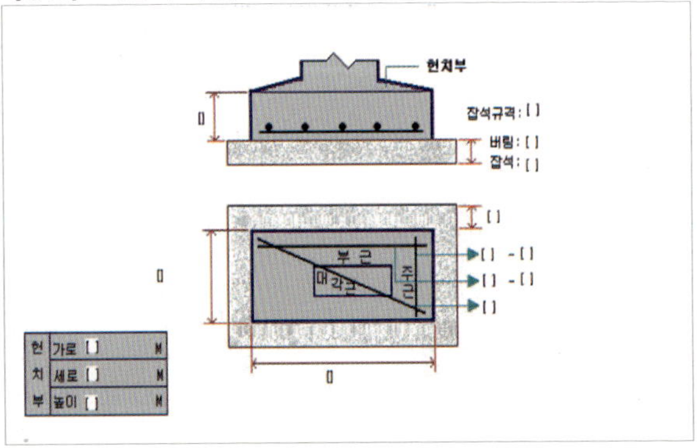

[명칭]: 독립기초(단) [부호]: 집수정

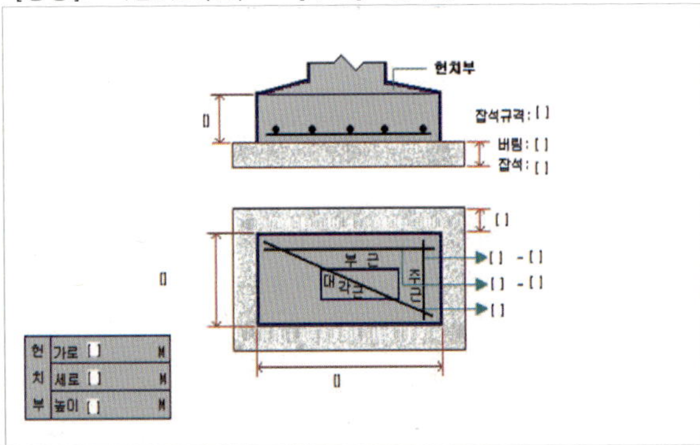

[명칭]: 독립기초(단) [부호]: 기초단차

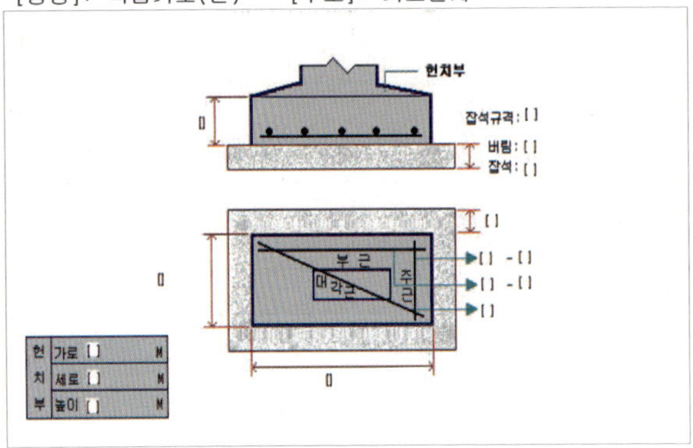

[명칭]: 매트기초(2) [부호]: MF1

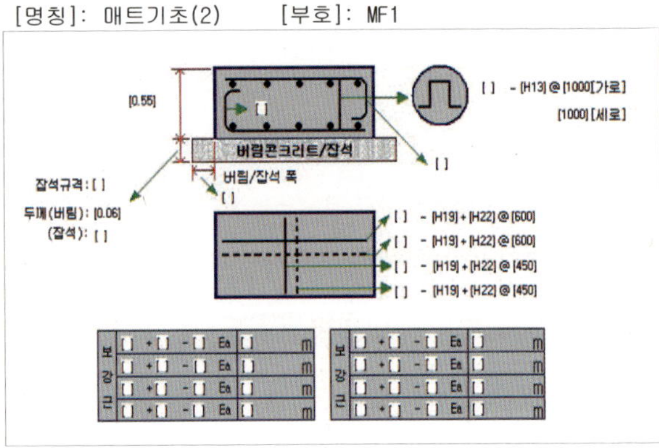

[명칭]: 매트기초(2) [부호]: MF2

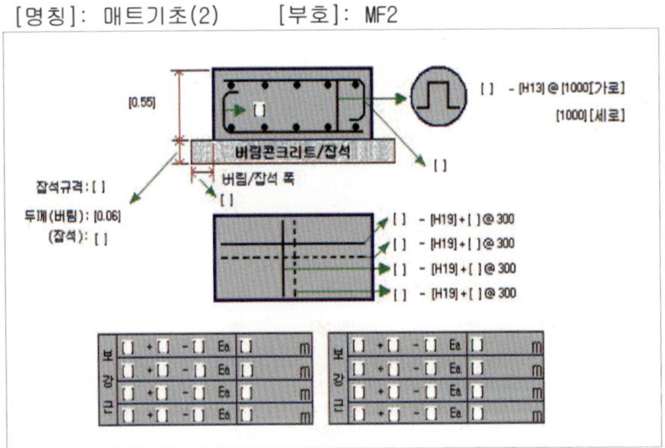

[명칭]: 매트기초(2) [부호]: FS1

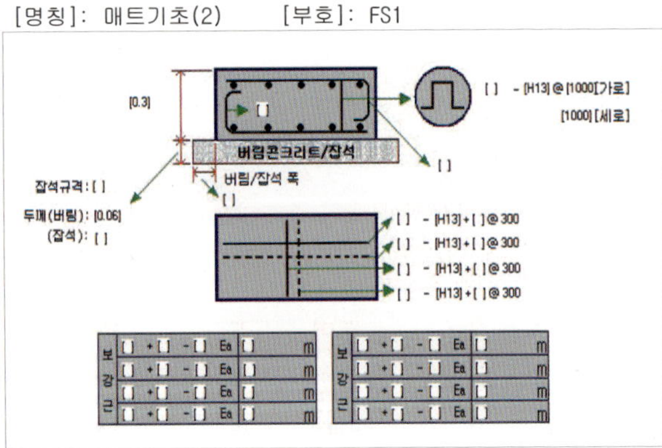

[명칭]: 매트기초(2) [부호]: RPS1

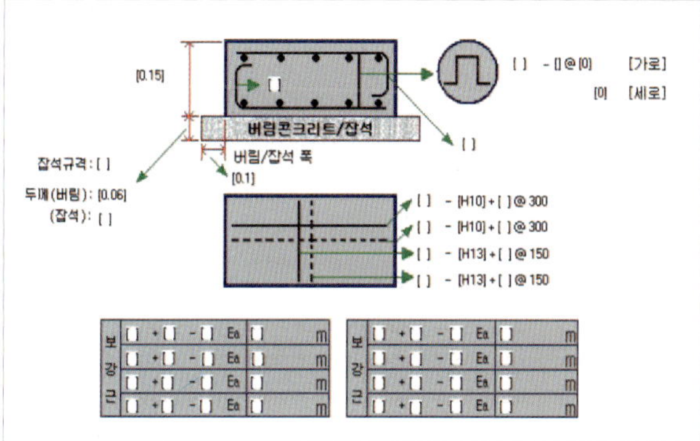

[명칭]: 매트기초(2) [부호]: DF1

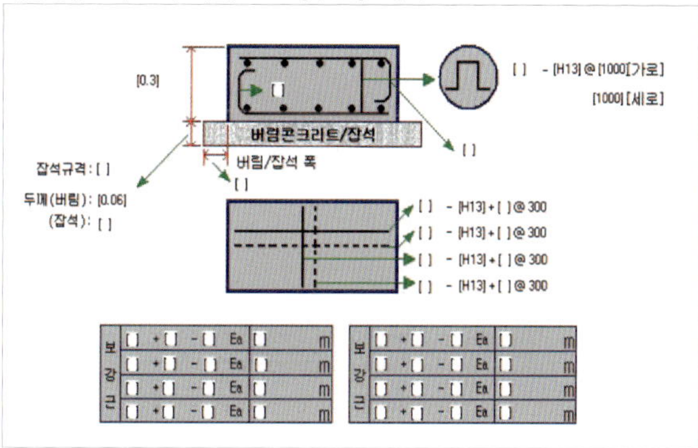

[명칭]: 줄기초형 [부호]: WF1

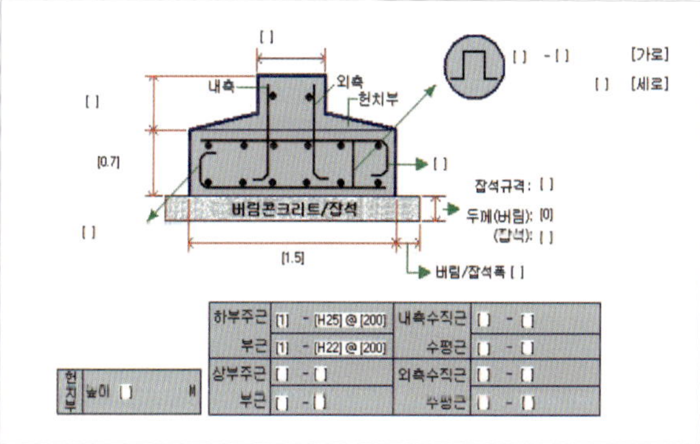

[명칭]: 독립기초(복) [부호]: F1

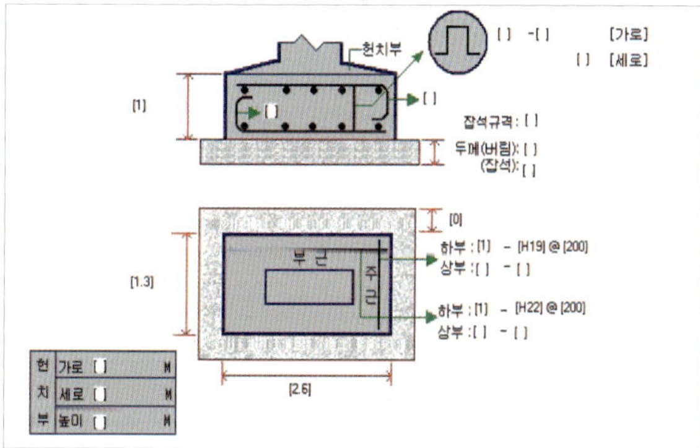

[명칭]: 독립기초(복) [부호]: F2

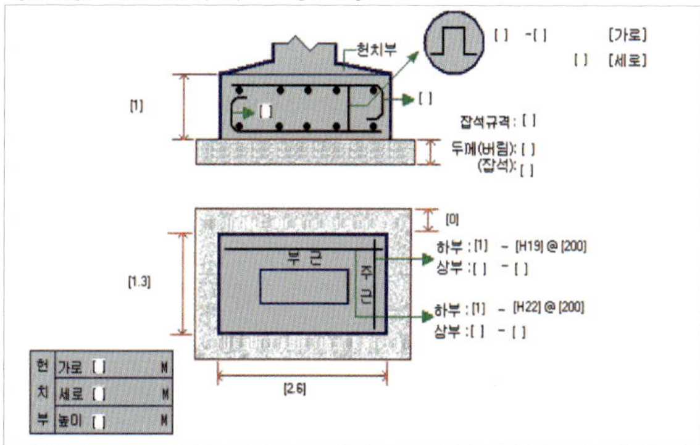

[명칭]: [부호]:

[명칭]: 기본형 [부호]: -

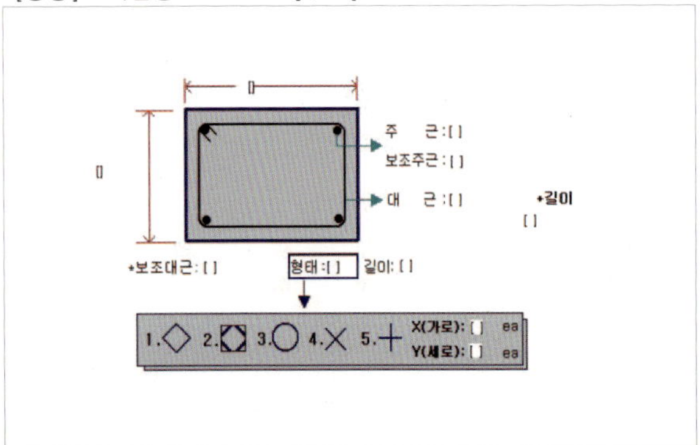

[명칭]: 원형2 [부호]: B1C1

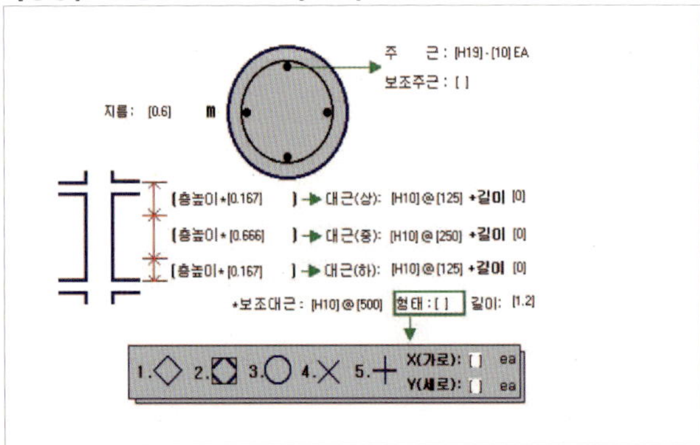

[명칭]: 기본형2 [부호]: 1C1

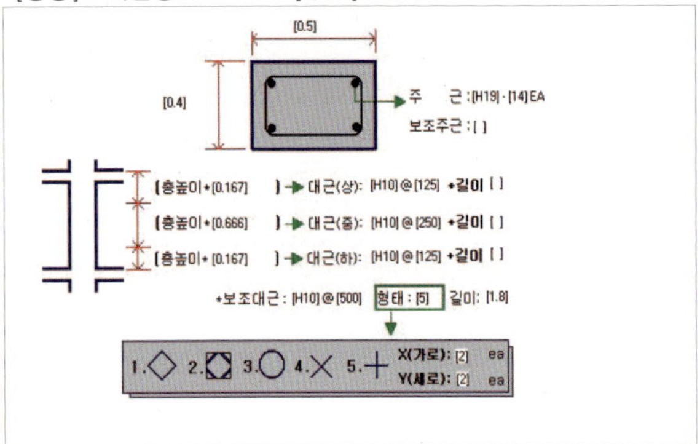

[명칭]: 기본형2 [부호]: 2C1

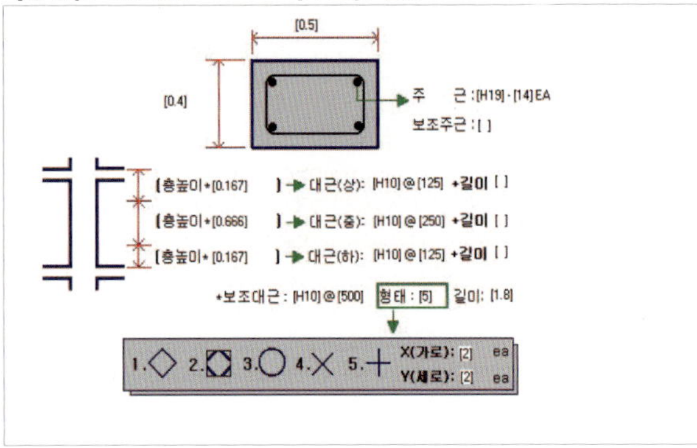

[명칭]: 기본형2 [부호]: 3C1

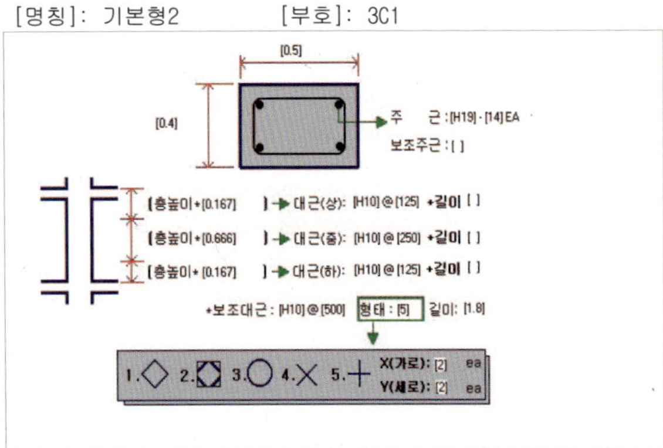

[명칭]: 기본형2 [부호]: B1C2

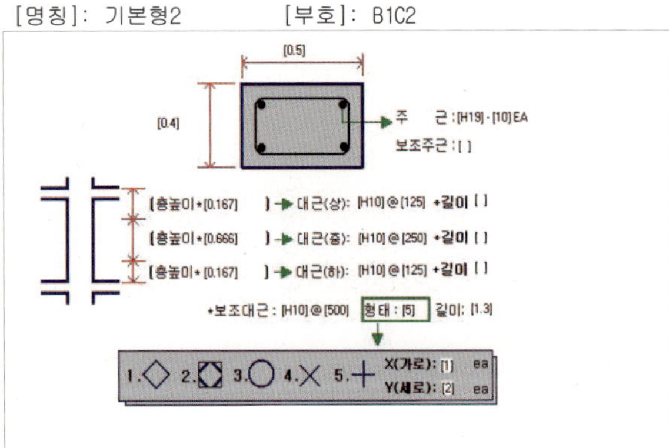

[명칭]: 기본형2 [부호]: 1C2

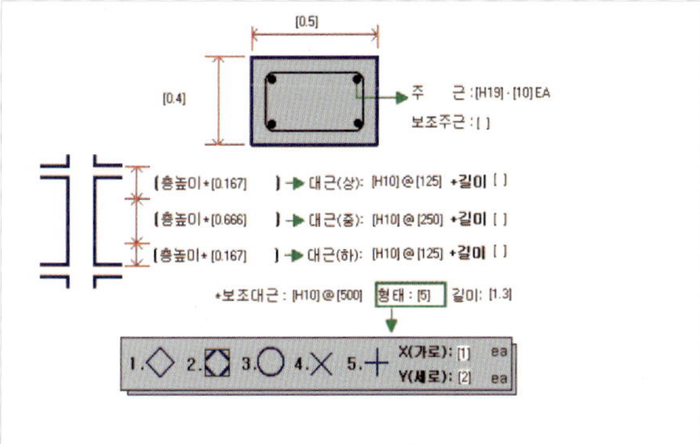

[명칭]: 기본형2 [부호]: 2C2

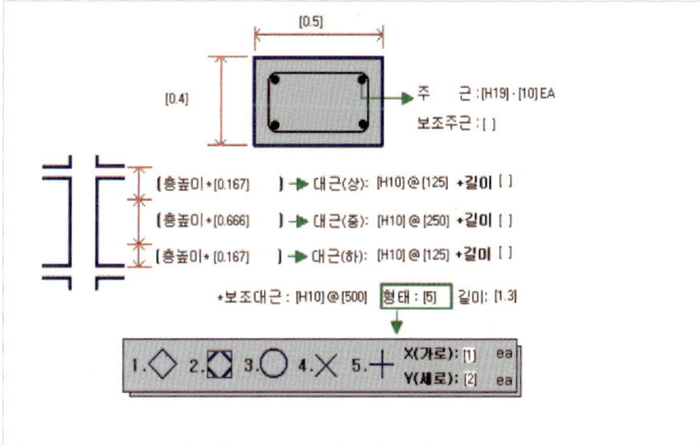

[명칭]: 기본형2 [부호]: 3C2

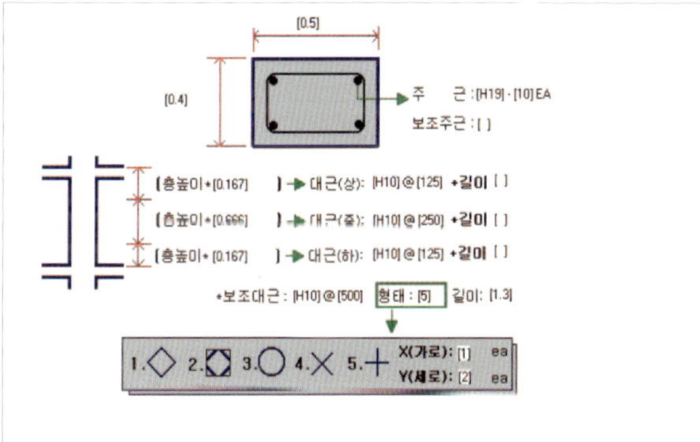

[명칭]: 기본형2 [부호]: B1C2A

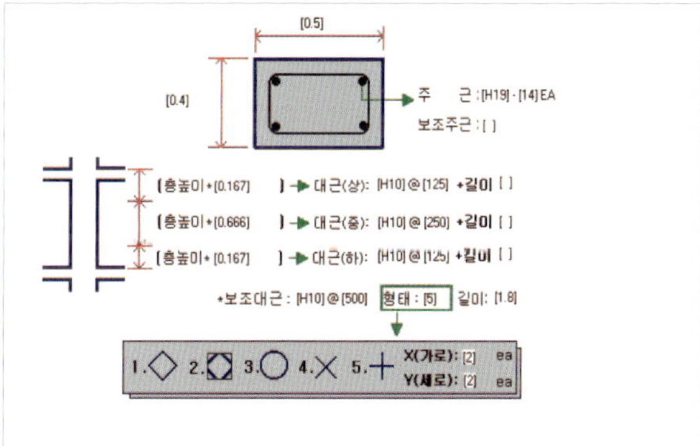

[명칭]: 기본형2 [부호]: 1C2A

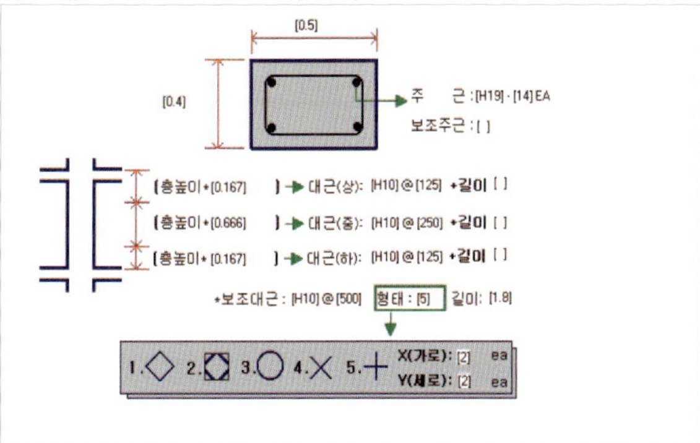

[명칭]: 기본형2 [부호]: 2C2A

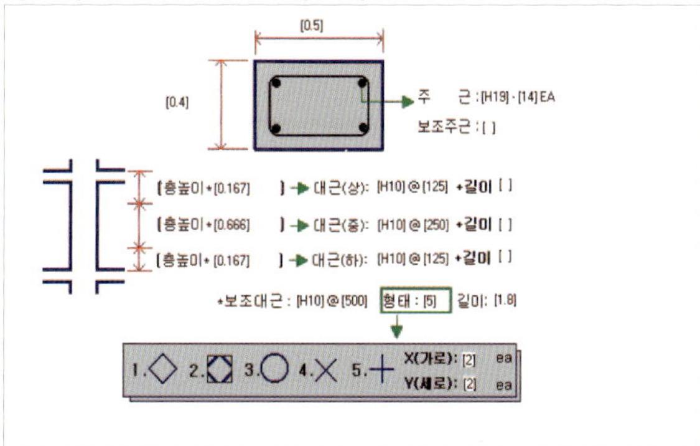

[명칭]: 기본형2 [부호]: 3C2A

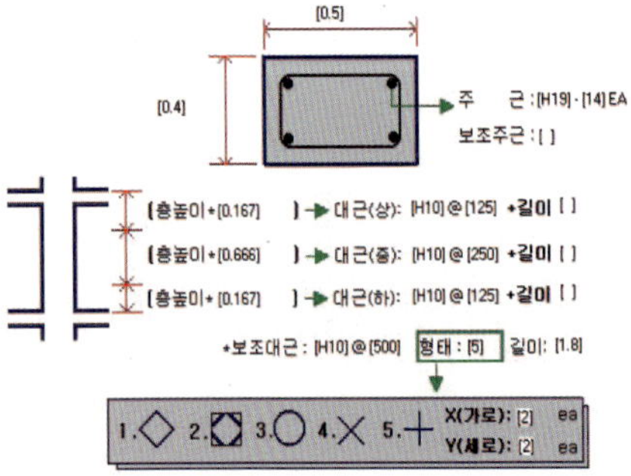

[명칭]: 기본형2 [부호]: B1C3

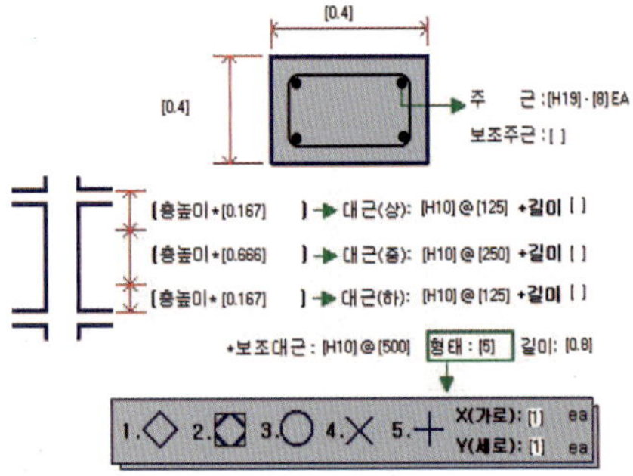

[명칭]: 기본형2 [부호]: B1C3A

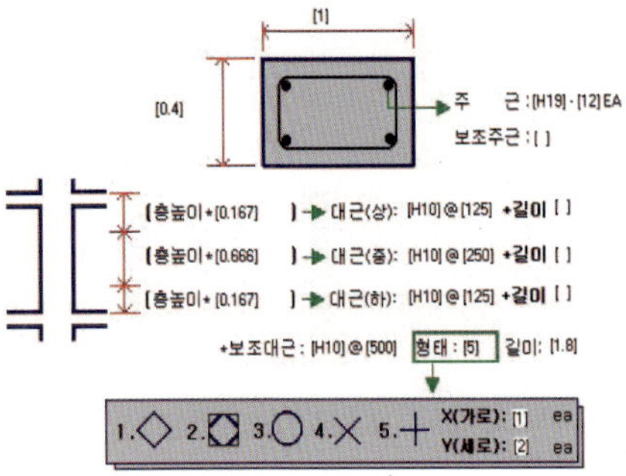

[명칭]: [부호]:

[명칭]: [부호]:

[명칭]: [부호]:

[명칭]: 양단중앙형 [부호]: 1G1

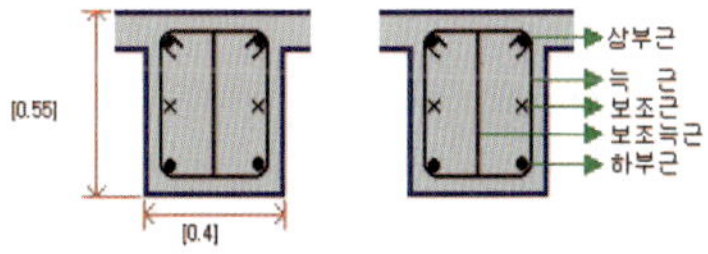

		내 단 부	중 앙 부	외 단 부
상 부 근		[H19]- [5]	- [3]	-
하 부 근		[H19]- [3]	- [5]	-
늑 근		[H10] @ [200] + [ ] m	[H10] @ [300] + [ ] m	+ m
보조 늑근	수직	[ ] - [ ] Ea	[ ] - [ ] Ea	- Ea
	수평	[ ] - [ ] Ea	[ ] - [ ] Ea	- Ea
보조근(1)		[ ] - [ ]	-	-
보조근(2)		[ ] - [ ]	[ ] - [ ]	-

[명칭]: 양단중앙형 [부호]: 2G1

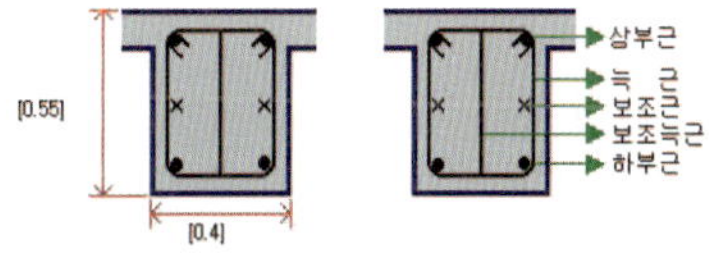

		내 단 부	중 앙 부	외 단 부
상 부 근		[H19]- [5]	- [3]	-
하 부 근		[H19]- [3]	- [5]	-
늑 근		[H10] @ [200] + [ ] m	[H10] @ [300] + [ ] m	+ m
보조 늑근	수직	[ ] - [ ] Ea	[ ] - [ ] Ea	- Ea
	수평	[ ] - [ ] Ea	[ ] - [ ] Ea	- Ea
보조근(1)		[ ] - [ ]	-	-
보조근(2)		[ ] - [ ]	[ ] - [ ]	-

[명칭]: 양단중앙형 [부호]: 3G1

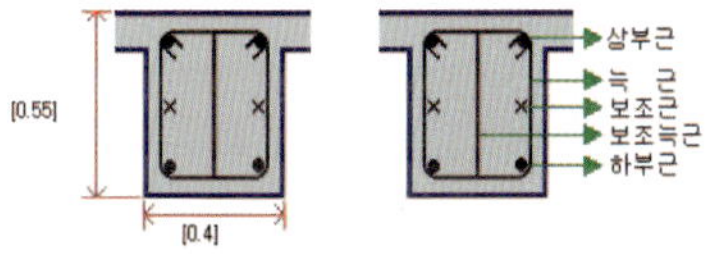

		내 단 부	중 앙 부	외 단 부
상 부 근		[H19]- [5]	- [3]	-
하 부 근		[H19]- [3]	- [5]	-
늑 근		[H10] @ [200] + [ ] m	[H10] @ [300] + [ ] m	+ m
보조 늑근	수직	[ ] - [ ] Ea	[ ] - [ ] Ea	- Ea
	수평	[ ] - [ ] Ea	[ ] - [ ] Ea	- Ea
보조근(1)		[ ] - [ ]	-	-
보조근(2)		[ ] - [ ]	[ ] - [ ]	-

[명칭]: 양단중앙형 [부호]: RG1

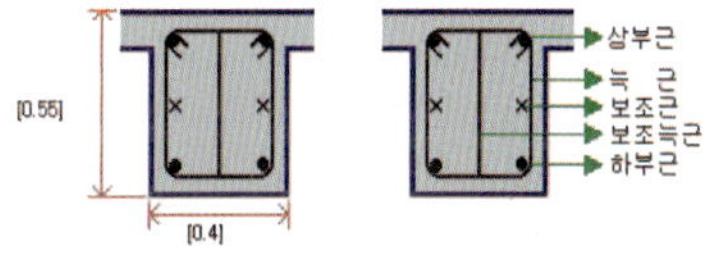

		내 단 부	중 앙 부	외 단 부
상 부 근		[H19]- [5]	- [3]	-
하 부 근		[H19]- [3]	- [5]	-
늑 근		[H10] @ [200] + [ ] m	[H10] @ [300] + [ ] m	+ m
보조 늑근	수직	[ ] - [ ] Ea	[ ] - [ ] Ea	- Ea
	수평	[ ] - [ ] Ea	[ ] - [ ] Ea	- Ea
보조근(1)		[ ] - [ ]	-	-
보조근(2)		[ ] - [ ]	[ ] [ ]	-

[명칭]: 양단중앙형 [부호]: 1G3

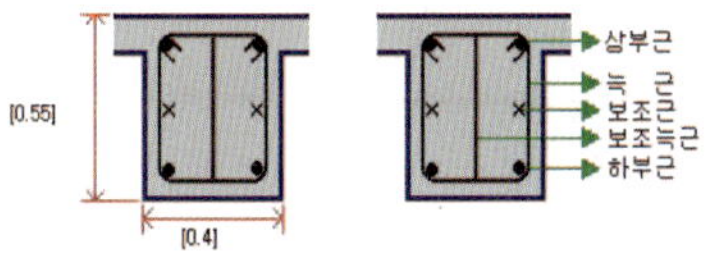

		내 단 부	중 앙 부	외 단 부
상 부 근		[H19]- [9]	- [3]	-
하 부 근		[H19]- [3]	- [9]	-
늑 근		[H10] @ [150] + [ ] m	[H10] @ [200] + [ ] m	+ m
보조 늑근	수직	[ ] - [ ] Ea	[ ] - [ ] Ea	- Ea
	수평	[ ] - [ ] Ea	[ ] - [ ] Ea	- Ea
보조근(1)		[ ] - [ ]	-	-
보조근(2)		[ ] - [ ]	[ ] - [ ]	-

[명칭]: 양단중앙형 [부호]: 2G3

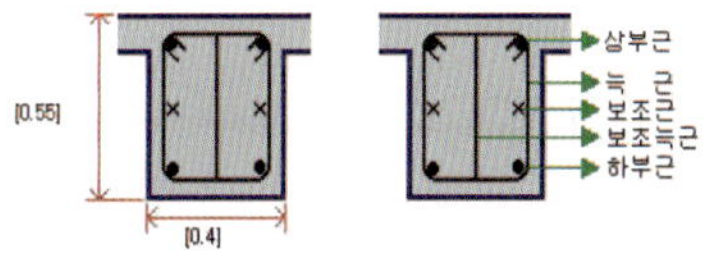

		내 단 부	중 앙 부	외 단 부
상 부 근		[H19]- [9]	- [3]	-
하 부 근		[H19]- [3]	- [9]	-
늑 근		[H10] @ [150] + [ ] m	[H10] @ [200] + [ ] m	+ m
보조 늑근	수직	[ ] - [ ] Ea	[ ] - [ ] Ea	- Ea
	수평	[ ] - [ ] Ea	[ ] - [ ] Ea	- Ea
보조근(1)		[ ] - [ ]	-	-
보조근(2)		[ ] - [ ]	[ ] - [ ]	-

[명칭]: 양단중앙형 [부호]: 3G3

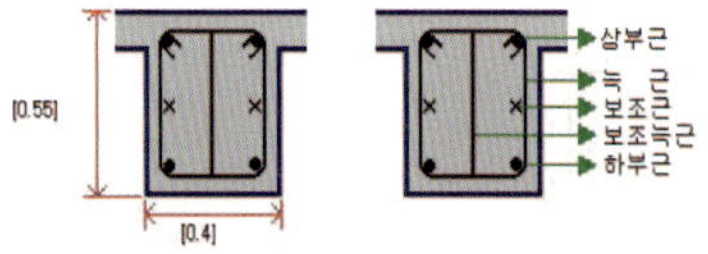

	내 단 부	중 앙 부	외 단 부
상 부 근	[H19]- [9]	- [3]	-
하 부 근	[H19]- [3]	- [9]	-
늑 근	[H10] @ [150] + [ ] m	[H10] @ [200] + [ ] m	+ m
보조늑근 수직	[ ] - [ ] Ea	[ ] - [ ] Ea	- Ea
보조늑근 수평	[ ] - [ ] Ea	[ ] - [ ] Ea	- Ea
보조근(1)	[ ] - [ ]	-	-
보조근(2)	[ ] - [ ]	[ ] - [ ]	-

[명칭]: 양단중앙형 [부호]: RG3

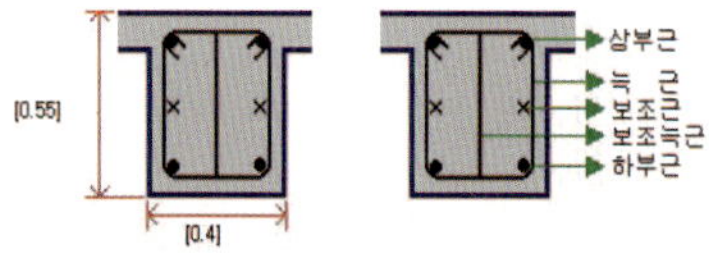

	내 단 부	중 앙 부	외 단 부
상 부 근	[H19]- [6]	- [4]	-
하 부 근	[H19]- [4]	- [6]	-
늑 근	[H10] @ [200] + [ ] m	[H10] @ [250] + [ ] m	+ m
보조늑근 수직	[ ] - [ ] Ea	[ ] - [ ] Ea	- Ea
보조늑근 수평	[ ] - [ ] Ea	[ ] - [ ] Ea	- Ea
보조근(1)	[ ] - [ ]	-	-
보조근(2)	[ ] - [ ]	[ ] - [ ]	-

[명칭]: 양단중앙형 [부호]: 1G3A

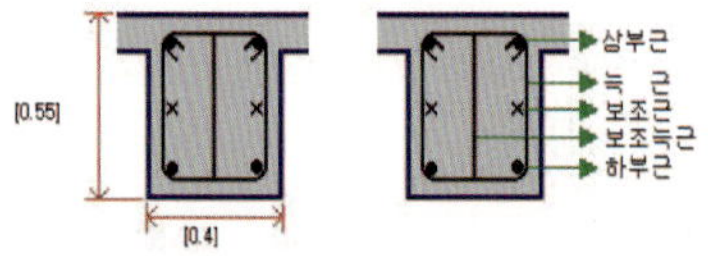

	내 단 부	중 앙 부	외 단 부
상 부 근	[H19]- [9]	- [3]	-
하 부 근	[H19]- [3]	- [9]	-
늑 근	[H13] @ [150] + [ ] m	[H13] @ [200] + [ ] m	+ m
보조늑근 수직	[H13] @ [150] - [1] Ea	[H13] @ [200] - [1] Ea	- Ea
보조늑근 수평	[H13] @ [450] - [1] Ea	[H13] @ [600] - [1] Ea	- Ea
보조근(1)	[ ] - [ ]	-	-
보조근(2)	[ ] - [ ]	[ ] - [ ]	-

[명칭]: 양단중앙형 [부호]: 1B4

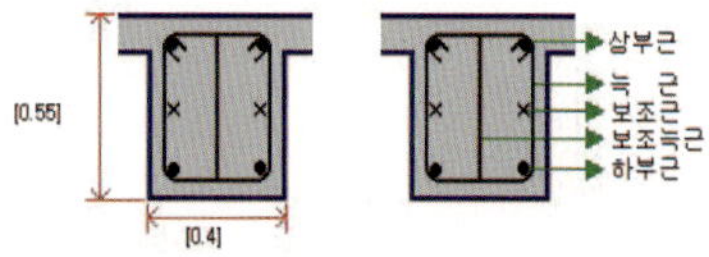

	내 단 부	중 앙 부	외 단 부
상 부 근	[H19]- [7]	- [4]	-
하 부 근	[H19]- [4]	- [7]	-
늑 근	[H10] @ [200] + [ ] m	[H10] @ [250] + [ ] m	+ m
보조늑근 수직	[] @ [0] - [0] Ea	[] @ [0] - [0] Ea	- Ea
보조늑근 수평	[] @ [0] - [0] Ea	[] @ [0] - [0] Ea	- Ea
보조근(1)	[ ] - [ ]	-	-
보조근(2)	[ ] - [ ]	[ ] - [ ]	-

[명칭]: 전단형 [부호]: 1G2

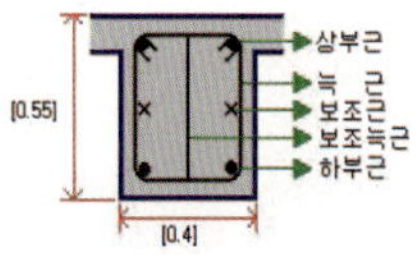

	내 단 부	중 앙 부	외 단 부
상 부 근	-	[H19]- [3]	-
하 부 근	-	[H19]- [2]	-
늑 근	+ m	[H10] @ [200] + [ ] m	+ m
보조늑근 수직	- Ea	[ ] - [ ] Ea	- Ea
보조늑근 수평	- Ea	[ ] - [ ] Ea	- Ea
보조근(1)	-	[ ] - [ ]	-
보조근(2)	-	[ ] - [ ]	-

[명칭]: 전단형 [부호]: 2G2

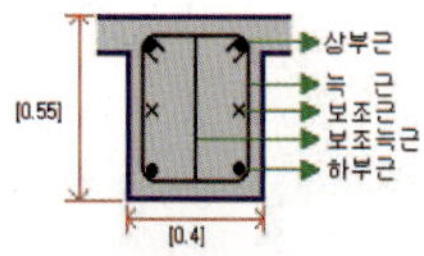

	내 단 부	중 앙 부	외 단 부
상 부 근	-	[H19]- [3]	-
하 부 근	-	[H19]- [2]	-
늑 근	+ m	[H10] @ [200] + [ ] m	+ m
보조늑근 수직	- Ea	[ ] - [ ] Ea	- Ea
보조늑근 수평	- Ea	[ ] - [ ] Ea	- Ea
보조근(1)	-	[ ] - [ ]	-
보조근(2)	-	[ ] - [ ]	-

[명칭]: 전단형 [부호]: 3G2

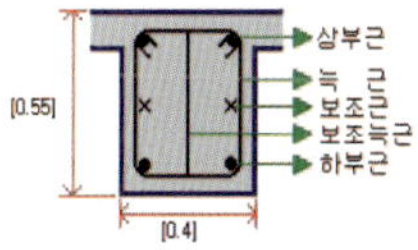

	내 단 부	중 앙 부	외 단 부
상 부 근	-	[H19]- [3]	-
하 부 근	-	[H19]- [2]	-
늑 근	+ m	[H10] @ [200] +[ ] m	+ m
보조늑근 수직	- Ea	[ ] - [ ] Ea	- Ea
보조늑근 수평	- Ea	[ ] - [ ] Ea	- Ea
보조근(1)	-	[ ] - [ ]	-
보조근(2)	-	[ ] - [ ]	-

[명칭]: 전단형 [부호]: RG2

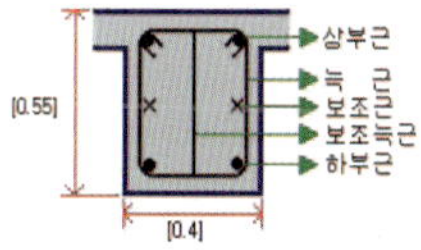

	내 단 부	중 앙 부	외 단 부
상 부 근	-	[H19]- [3]	-
하 부 근	-	[H19]- [2]	-
늑 근	+ m	[H10] @ [200] +[ ] m	+ m
보조늑근 수직	- Ea	[ ] - [ ] Ea	- Ea
보조늑근 수평	- Ea	[ ] - [ ] Ea	- Ea
보조근(1)	-	[ ] - [ ]	-
보조근(2)	-	[ ] - [ ]	-

[명칭]: 전단형 [부호]: 1G4

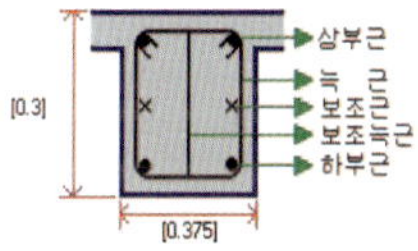

	내 단 부	중 앙 부	외 단 부
상 부 근	-	[H19]- [3]	-
하 부 근	-	[H19]- [2]	-
늑 근	+ m	[H10] @ [250] +[ ] m	+ m
보조늑근 수직	- Ea	[ ] - [ ] Ea	- Ea
보조늑근 수평	- Ea	[ ] - [ ] Ea	- Ea
보조근(1)	-	[ ] - [ ]	-
보조근(2)	-	[ ] - [ ]	-

[명칭]: 전단형 [부호]: 2G4

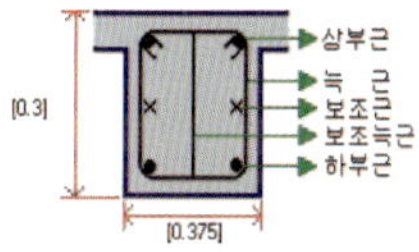

	내 단 부	중 앙 부	외 단 부
상 부 근	-	[H19]- [3]	-
하 부 근	-	[H19]- [2]	-
늑 근	+ m	[H10] @ [250] +[ ] m	+ m
보조늑근 수직	- Ea	[ ] - [ ] Ea	- Ea
보조늑근 수평	- Ea	[ ] - [ ] Ea	- Ea
보조근(1)	-	[ ] - [ ]	-
보조근(2)	-	[ ] - [ ]	-

[명칭]: 전단형 [부호]: 3G4

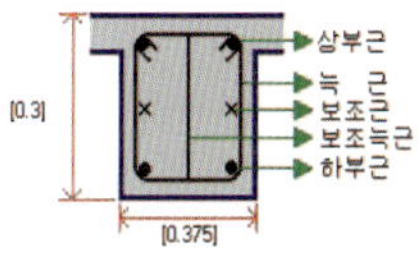

	내 단 부	중 앙 부	외 단 부
상 부 근	-	[H19]- [3]	-
하 부 근	-	[H19]- [2]	-
늑 근	+ m	[H10] @ [250] +[ ] m	+ m
보조늑근 수직	- Ea	[ ] - [ ] Ea	- Ea
보조늑근 수평	- Ea	[ ] - [ ] Ea	- Ea
보조근(1)	-	[ ] - [ ]	-
보조근(2)	-	[ ] - [ ]	-

[명칭]: 전단형 [부호]: RG4

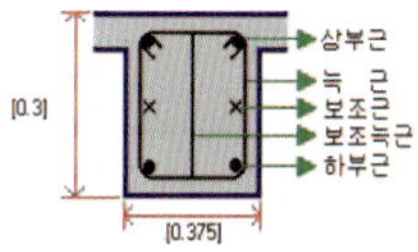

	내 단 부	중 앙 부	외 단 부
상 부 근	-	[H19]- [3]	-
하 부 근	-	[H19]- [2]	-
늑 근	+ m	[H10] @ [250] +[ ] m	+ m
보조늑근 수직	- Ea	[ ] - [ ] Ea	- Ea
보조늑근 수평	- Ea	[ ] - [ ] Ea	- Ea
보조근(1)	-	[ ] - [ ]	-
보조근(2)	-	[ ] - [ ]	-

[명칭]: 전단형 [부호]: 1WG1

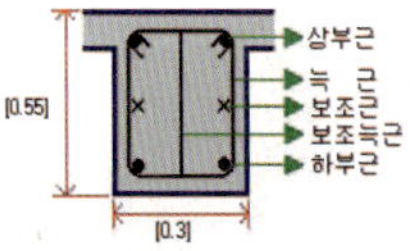

		내 단 부	중 앙 부	외 단 부
상 부 근		-	[H19]- [3]	-
하 부 근		-	[H19]- [2]	-
늑 근		+ m	[H10] @ [250] +[ ] m	+ m
보조 늑근	수직	- Ea	[ ] - [ ] Ea	- Ea
	수평	- Ea	[ ] - [ ] Ea	- Ea
보조근(1)		-	[ ] - [ ]	-
보조근(2)		-	[ ] - [ ]	-

[명칭]: 전단형 [부호]: 2WG1

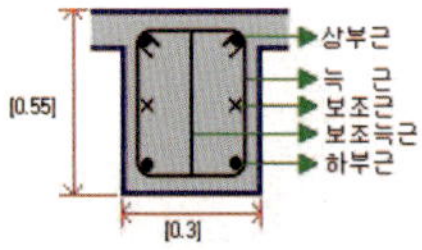

		내 단 부	중 앙 부	외 단 부
상 부 근		-	[H19]- [3]	-
하 부 근		-	[H19]- [2]	-
늑 근		+ m	[H10] @ [250] +[ ] m	+ m
보조 늑근	수직	- Ea	[ ] - [ ] Ea	- Ea
	수평	- Ea	[ ] - [ ] Ea	- Ea
보조근(1)		-	[ ] - [ ]	-
보조근(2)		-	[ ] - [ ]	-

[명칭]: 전단형 [부호]: 3WG1

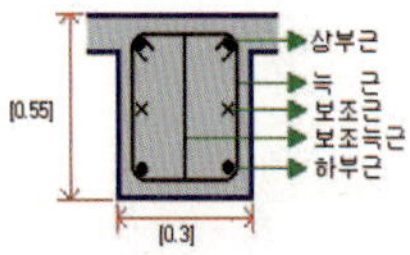

		내 단 부	중 앙 부	외 단 부
상 부 근		-	[H19]- [3]	-
하 부 근		-	[H19]- [2]	-
늑 근		+ m	[H10] @ [250] +[ ] m	+ m
보조 늑근	수직	- Ea	[ ] - [ ] Ea	- Ea
	수평	- Ea	[ ] - [ ] Ea	- Ea
보조근(1)		-	[ ] - [ ]	-
보조근(2)		-	[ ] - [ ]	-

[명칭]: 전단형 [부호]: RWG1

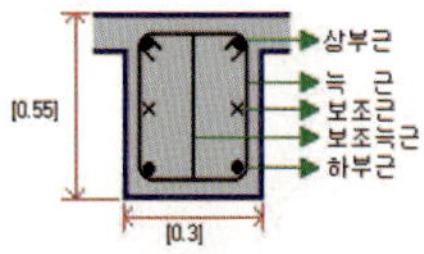

		내 단 부	중 앙 부	외 단 부
상 부 근		-	[H19]- [3]	-
하 부 근		-	[H19]- [2]	-
늑 근		+ m	[H10] @ [250] +[ ] m	+ m
보조 늑근	수직	- Ea	[ ] - [ ] Ea	- Ea
	수평	- Ea	[ ] - [ ] Ea	- Ea
보조근(1)		-	[ ] - [ ]	-
보조근(2)		-	[ ] - [ ]	-

[명칭]: 전단형 [부호]: 1WG2

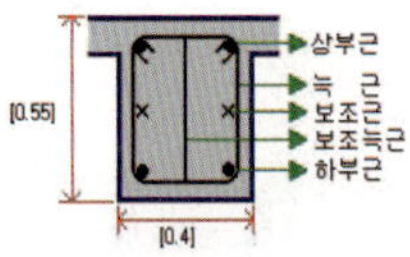

		내 단 부	중 앙 부	외 단 부
상 부 근		-	[H19]- [3]	-
하 부 근		-	[H19]- [3]	-
늑 근		+ m	[H10] @ [250] +[ ] m	+ m
보조 늑근	수직	- Ea	[ ] - [ ] Ea	- Ea
	수평	- Ea	[ ] - [ ] Ea	- Ea
보조근(1)		-	[ ] - [ ]	-
보조근(2)		-	[ ] - [ ]	-

[명칭]: 전단형 [부호]: 1B2

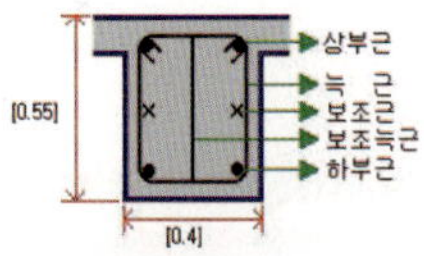

		내 단 부	중 앙 부	외 단 부
상 부 근		-	[H19]- [3]	-
하 부 근		-	[H19]- [2]	-
늑 근		+ m	[H10] @ [200] +[ ] m	+ m
보조 늑근	수직	- Ea	[ ] - [ ] Ea	- Ea
	수평	- Ea	[ ] - [ ] Ea	- Ea
보조근(1)		-	[ ] - [ ]	-
보조근(2)		-	[ ] - [ ]	-

[명칭]: 전단형 [부호]: 2B2

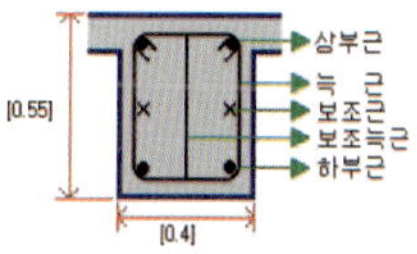

	내단부	중앙부	외단부
상부근	-	[H19]- [3]	-
하부근	-	[H19]- [2]	-
늑근	+ m	[H10] @ [200] +[ ] m	+ m
보조늑근 수직	- Ea	[ ] - [ ] Ea	- Ea
보조늑근 수평	- Ea	[ ] - [ ] Ea	- Ea
보조근(1)	-	[ ] - [ ]	-
보조근(2)	-	[ ] - [ ]	-

[명칭]: 전단형 [부호]: 3B2

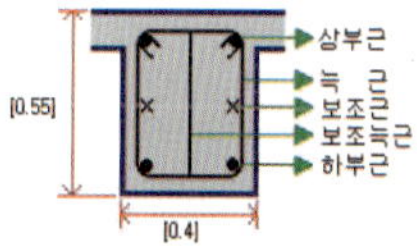

	내단부	중앙부	외단부
상부근	-	[H19]- [3]	-
하부근	-	[H19]- [2]	-
늑근	+ m	[H10] @ [200] +[ ] m	+ m
보조늑근 수직	- Ea	[ ] - [ ] Ea	- Ea
보조늑근 수평	- Ea	[ ] - [ ] Ea	- Ea
보조근(1)	-	[ ] - [ ]	-
보조근(2)	-	[ ] - [ ]	-

[명칭]: 전단형 [부호]: RB2

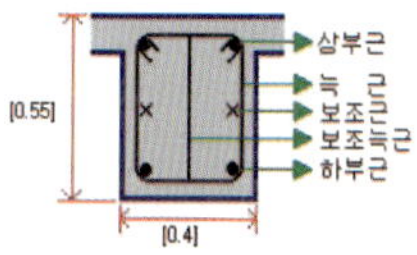

	내단부	중앙부	외단부
상부근	-	[H19]- [3]	-
하부근	-	[H19]- [2]	-
늑근	+ m	[H10] @ [200] +[ ] m	+ m
보조늑근 수직	- Ea	[ ] - [ ] Ea	- Ea
보조늑근 수평	- Ea	[ ] - [ ] Ea	- Ea
보조근(1)	-	[ ] - [ ]	-
보조근(2)	-	[ ] - [ ]	-

[명칭]: 전단형 [부호]: 1B5

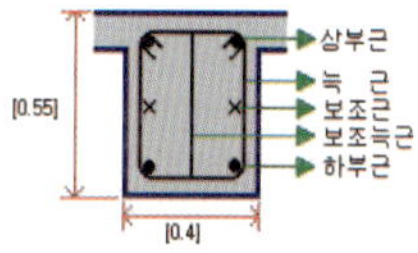

	내단부	중앙부	외단부
상부근	-	[H19]- [5]	-
하부근	-	[H19]- [5]	-
늑근	+ m	[H13] @ [250] +[ ] m	+ m
보조늑근 수직	- Ea	[ ] - [ ] Ea	- Ea
보조늑근 수평	- Ea	[ ] - [ ] Ea	- Ea
보조근(1)	-	[ ] - [ ]	-
보조근(2)	-	[ ] - [ ]	-

[명칭]: 내.중.외단형 [부호]: 2CG1

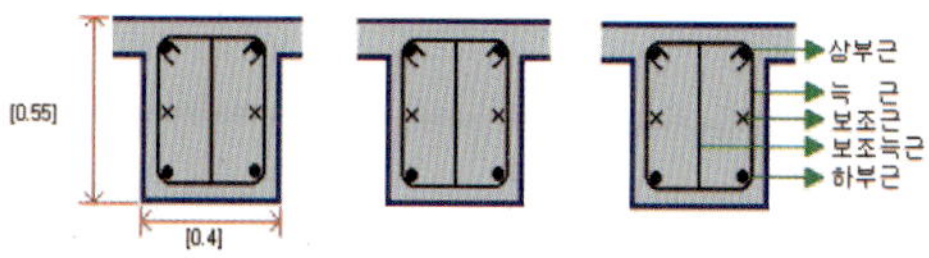

	내단부	중앙부	외단부
상부근	[H19]- [6]	- [4]	- [3]
하부근	[H19]- [3]	- [3]	- [3]
늑근	[H10] @ [250] +[ ] m	[H10] @ [250] +[ ] m	[H10] @ [250] +[ ] m
보조늑근 수직	[ ] - [ ] Ea	[ ] - [ ] Ea	[ ] - [ ] Ea
보조늑근 수평	[ ] - [ ] Ea	[ ] - [ ] Ea	[ ] - [ ] Ea
보조근(1)	[ ] - [ ]	-	-
보조근(2)	[ ] - [ ]	[ ] - [ ]	[ ] - [ ]

[명칭]: 내.중.외단형 [부호]: 3CG1

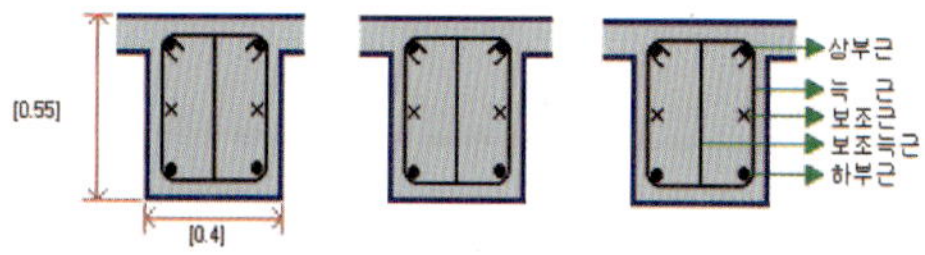

	내단부	중앙부	외단부
상부근	[H19]- [6]	- [4]	- [3]
하부근	[H19]- [3]	- [3]	- [3]
늑근	[H10] @ [250] +[ ] m	[H10] @ [250] +[ ] m	[H10] @ [250] +[ ] m
보조늑근 수직	[ ] - [ ] Ea	[ ] - [ ] Ea	[ ] - [ ] Ea
보조늑근 수평	[ ] - [ ] Ea	[ ] - [ ] Ea	[ ] - [ ] Ea
보조근(1)	[ ] - [ ]	-	-
보조근(2)	[ ] - [ ]	[ ] - [ ]	[ ] - [ ]

[명칭]: 내.중.외단형 [부호]: 1B1

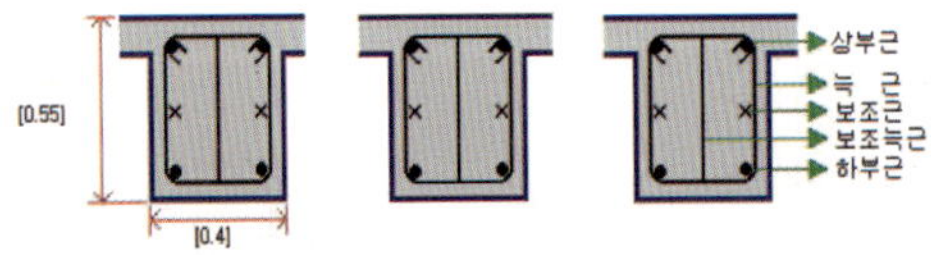

		내단부	중앙부	외단부
상부근		[H19]- [5]	- [3]	- [3]
하부근		[H19]- [3]	- [5]	- [3]
늑근		[H10] @ [200] + [ ] m	[H10] @ [300] + [ ] m	[H10] @ [200] + [ ] m
보조늑근	수직	[ ] - [ ] Ea	[ ] - [ ] Ea	[ ] - [ ] Ea
	수평	[ ] - [ ] Ea	[ ] - [ ] Ea	[ ] - [ ] Ea
보조근(1)		[ ] - [ ]	-	-
보조근(2)		[ ] - [ ]	[ ] - [ ]	[ ] - [ ]

[명칭]: 내.중.외단형 [부호]: 2B1

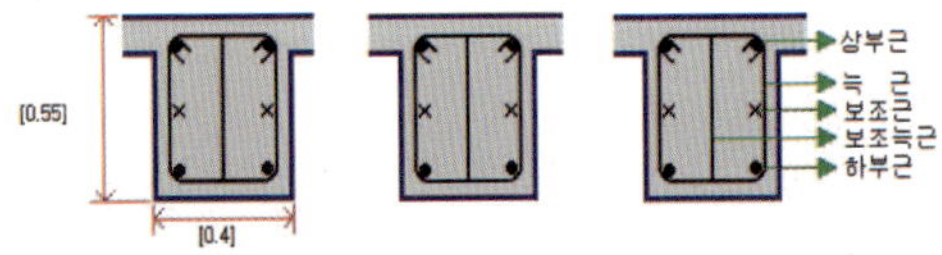

		내단부	중앙부	외단부
상부근		[H19]- [5]	- [3]	- [3]
하부근		[H19]- [3]	- [5]	- [3]
늑근		[H10] @ [200] + [ ] m	[H10] @ [300] + [ ] m	[H10] @ [200] + [ ] m
보조늑근	수직	[ ] - [ ] Ea	[ ] - [ ] Ea	[ ] - [ ] Ea
	수평	[ ] - [ ] Ea	[ ] - [ ] Ea	[ ] - [ ] Ea
보조근(1)		[ ] - [ ]	-	-
보조근(2)		[ ] - [ ]	[ ] - [ ]	[ ] - [ ]

[명칭]: 내.중.외단형 [부호]: 3B1

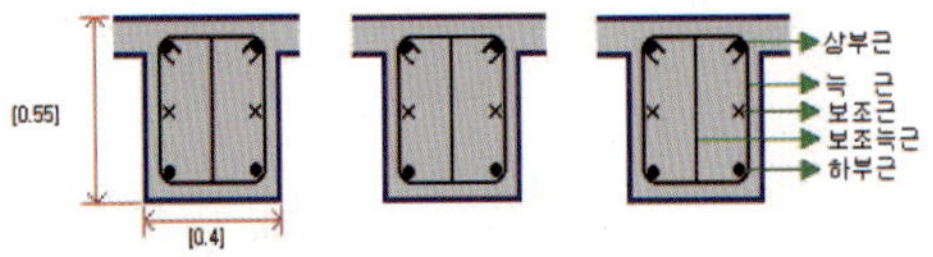

		내단부	중앙부	외단부
상부근		[H19]- [5]	- [3]	- [3]
하부근		[H19]- [3]	- [5]	- [3]
늑근		[H10] @ [200] + [ ] m	[H10] @ [300] + [ ] m	[H10] @ [200] + [ ] m
보조늑근	수직	[ ] - [ ] Ea	[ ] - [ ] Ea	[ ] - [ ] Ea
	수평	[ ] - [ ] Ea	[ ] - [ ] Ea	[ ] - [ ] Ea
보조근(1)		[ ] - [ ]	-	-
보조근(2)		[ ] - [ ]	[ ] - [ ]	[ ] - [ ]

[명칭]: 내.중.외단형 [부호]: RB1

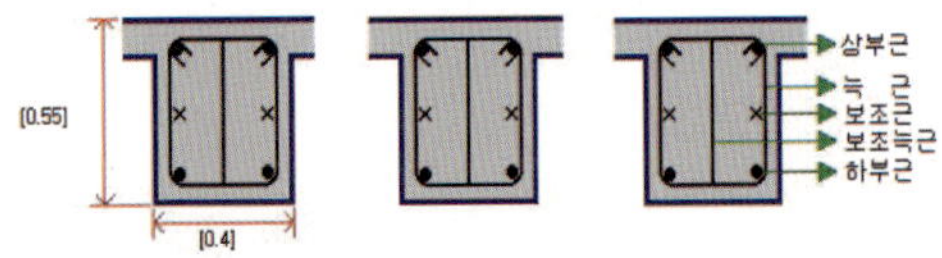

		내단부	중앙부	외단부
상부근		[H19]- [5]	- [3]	- [3]
하부근		[H19]- [3]	- [5]	- [3]
늑근		[H10] @ [200] + [ ] m	[H10] @ [300] + [ ] m	[H10] @ [200] + [ ] m
보조늑근	수직	[ ] - [ ] Ea	[ ] - [ ] Ea	[ ] - [ ] Ea
	수평	[ ] - [ ] Ea	[ ] - [ ] Ea	[ ] - [ ] Ea
보조근(1)		[ ] - [ ]	-	-
보조근(2)		[ ] - [ ]	[ ] - [ ]	[ ] - [ ]

[명칭]: 전단형 [부호]: [비____고]

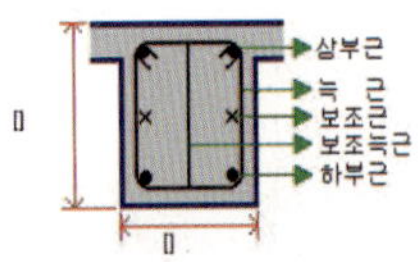

		내단부	중앙부	외단부
상부근		-	[ ] - [ ]	-
하부근		-	[ ] - [ ]	-
늑근		+ m	[ ] + [ ] m	+ m
보조늑근	수직	- Ea	[ ] - [ ] Ea	- Ea
	수평	- Ea	[ ] - [ ] Ea	- Ea
보조근(1)		-	[ ] - [ ]	-
보조근(2)		-	[ ] - [ ]	-

[명칭]: 전단형 [부호]: B3/3400

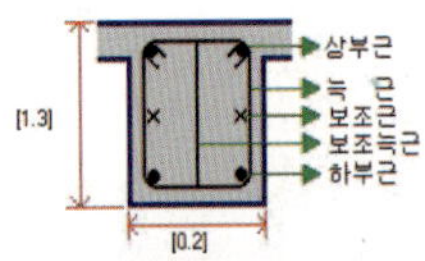

		내단부	중앙부	외단부
상부근		-	[H16]- [2]	-
하부근		-	[H16]- [2]	-
늑근		+ m	[H10] @ [150] + [ ] m	+ m
보조늑근	수직	- Ea	[ ] - [ ] Ea	- Ea
	수평	- Ea	[ ] - [ ] Ea	- Ea
보조근(1)		-	[H10]- [12]	-
보조근(2)		-	[ ] - [ ]	-

[명칭]: 전단형 [부호]: B3/3300

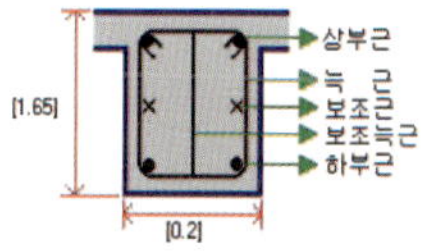

	내단부	중앙부	외단부
상부근	-	[H16]- [2]	-
하부근	-	[H16]- [2]	-
늑근	+ m	[H10] @ [150] +[ ] m	+ m
보조늑근 수직	- Ea	[ ] - [ ] Ea	- Ea
보조늑근 수평	- Ea	[ ] - [ ] Ea	- Ea
보조근(1)	-	[H10]- [14]	-
보조근(2)	-	[ ] - [ ]	-

[명칭]: 전단형 [부호]: B3/2700

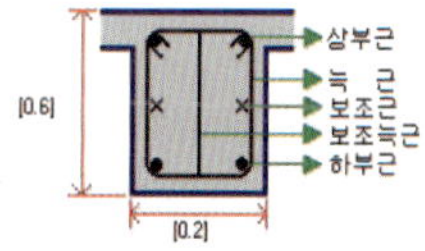

	내단부	중앙부	외단부
상부근	-	[H16]- [2]	-
하부근	-	[H16]- [2]	-
늑근	+ m	[H10] @ [150] +[ ] m	+ m
보조늑근 수직	- Ea	[ ] - [ ] Ea	- Ea
보조늑근 수평	- Ea	[ ] - [ ] Ea	- Ea
보조근(1)	-	[] - [0]	-
보조근(2)	-	[ ] - [ ]	-

[명칭]: 전단형 [부호]: -

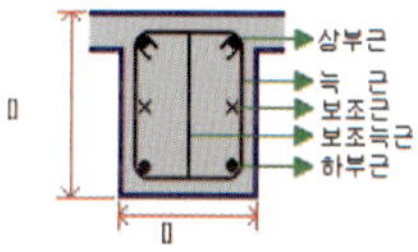

	내단부	중앙부	외단부
상부근	-	[ ] - [ ]	-
하부근	-	[ ] - [ ]	-
늑근	+ m	[ ] +[ ] m	+ m
보조늑근 수직	- Ea	[ ] - [ ] Ea	- Ea
보조늑근 수평	- Ea	[ ] - [ ] Ea	- Ea
보조근(1)	-	[ ] - [ ]	-
보조근(2)	-	[ ] - [ ]	-

[명칭]: 전단형 [부호]: 2WG2

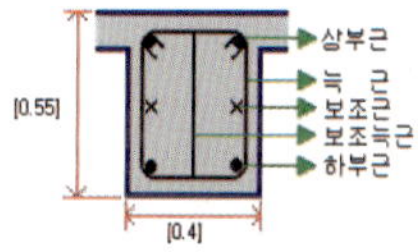

	내단부	중앙부	외단부
상부근	-	[H19]- [3]	-
하부근	-	[H19]- [3]	-
늑근	+ m	[H10] @ [250] +[ ] m	+ m
보조늑근 수직	- Ea	[ ] - [ ] Ea	- Ea
보조늑근 수평	- Ea	[ ] - [ ] Ea	- Ea
보조근(1)	-	[ ] - [ ]	-
보조근(2)	-	[ ] [ ]	-

[명칭]: 전단형 [부호]: 3WG2

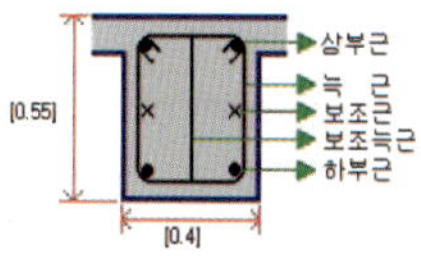

	내단부	중앙부	외단부
상부근	-	[H19]- [3]	-
하부근	-	[H19]- [3]	-
늑근	+ m	[H10] @ [250] +[ ] m	+ m
보조늑근 수직	- Ea	[ ] - [ ] Ea	- Ea
보조늑근 수평	- Ea	[ ] - [ ] Ea	- Ea
보조근(1)	-	[ ] - [ ]	-
보조근(2)	-	[ ] - [ ]	-

[명칭]: 전단형 [부호]: RWG2

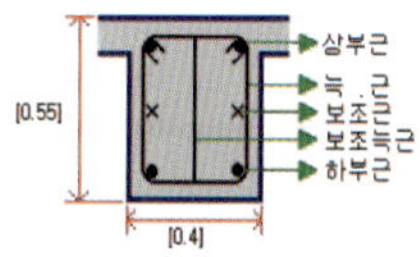

	내단부	중앙부	외단부
상부근	-	[H19]- [3]	-
하부근	-	[H19]- [3]	-
늑근	+ m	[H10] @ [250] +[ ] m	+ m
보조늑근 수직	- Ea	[ ] - [ ] Ea	- Ea
보조늑근 수평	- Ea	[ ] - [ ] Ea	- Ea
보조근(1)	-	[ ] - [ ]	-
보조근(2)	-	[ ] - [ ]	-

[명칭]: 일반형(1) [부호]: -

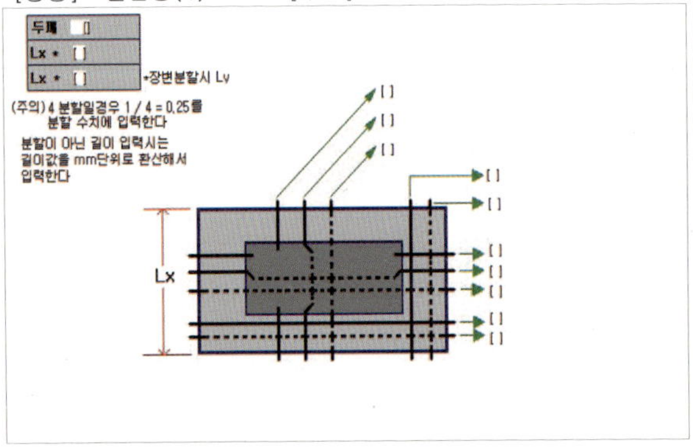

[명칭]: 일반형(1) [부호]: 1S1

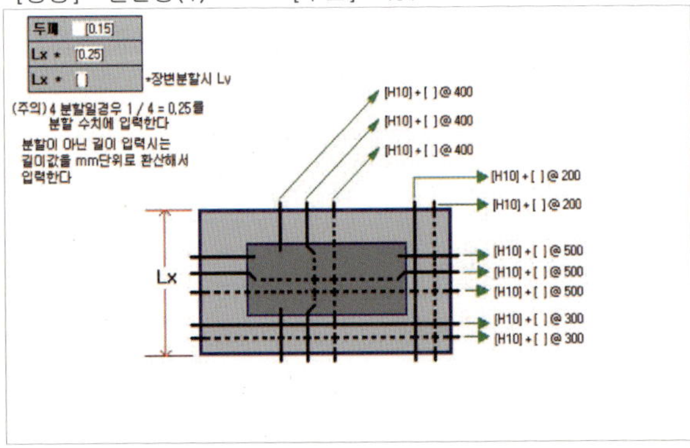

[명칭]: 복배근 [부호]: 1S1A

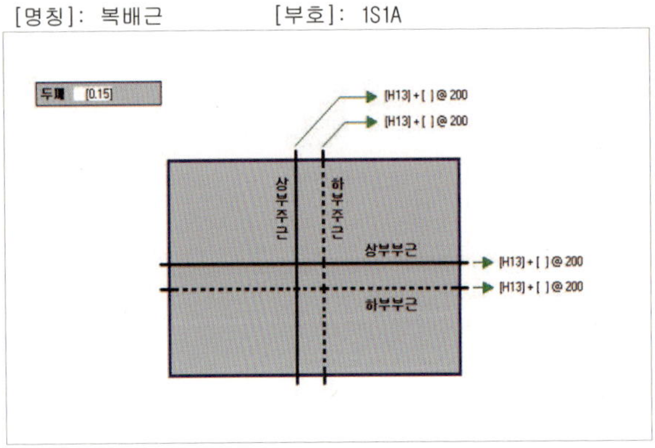

[명칭]: 복배근 [부호]: 1S2

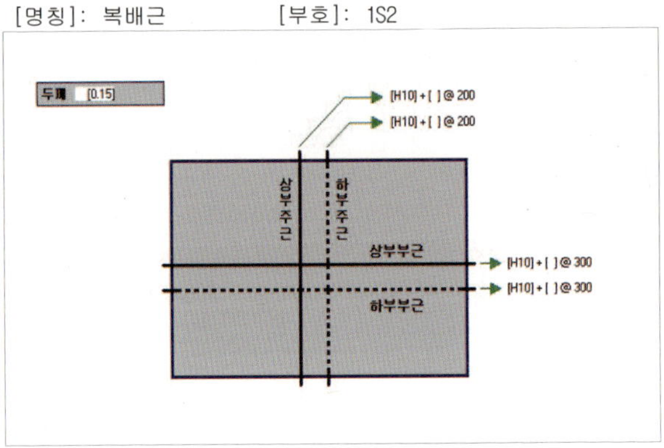

[명칭]: 일반형(2) [부호]: 1S3

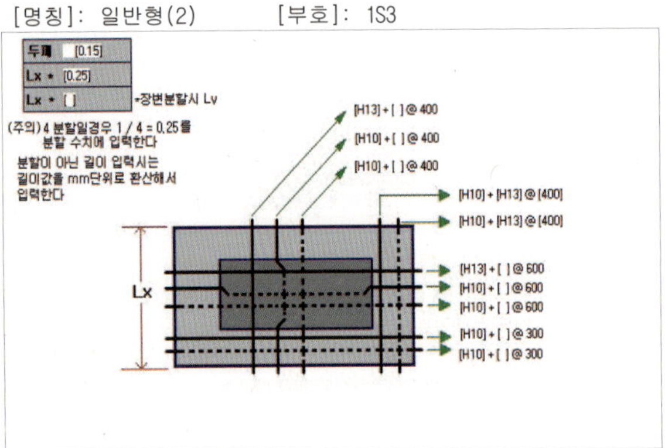

[명칭]: 일반형(2) [부호]: 1S4

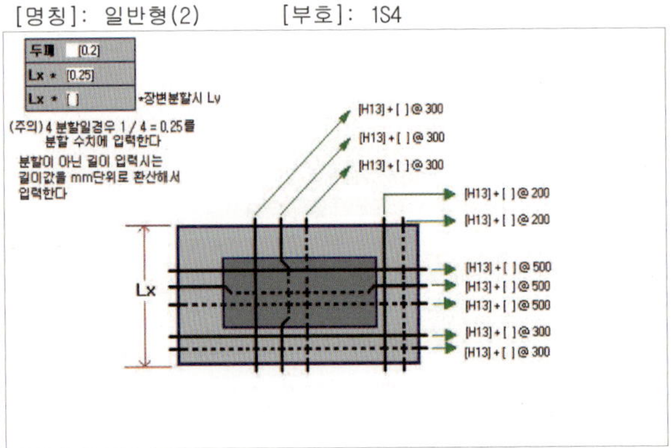

[명칭]: 일반형(2) [부호]: 1S5

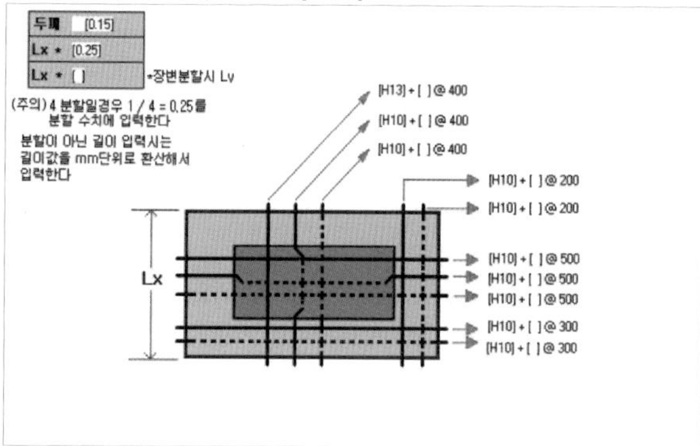

[명칭]: 복배근 [부호]: 2CS1

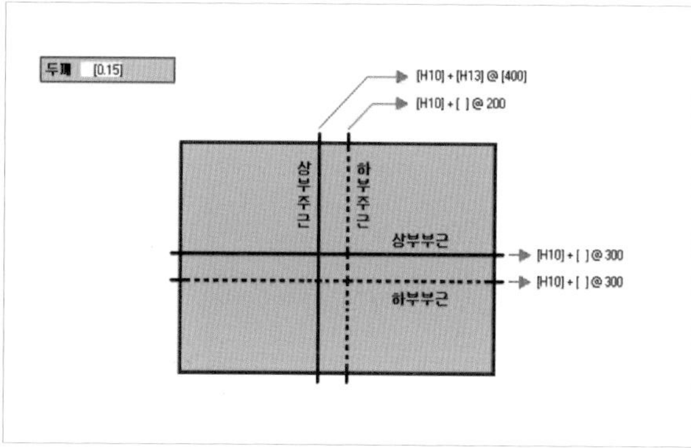

[명칭]: 복배근 [부호]: 2CS2

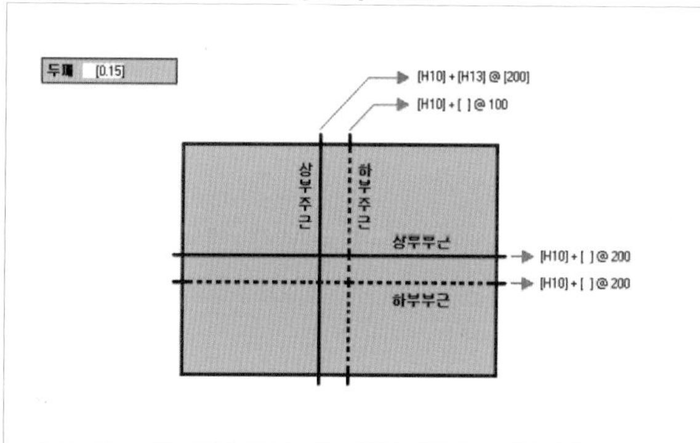

[명칭]: 일반형(1) [부호]: 2S1

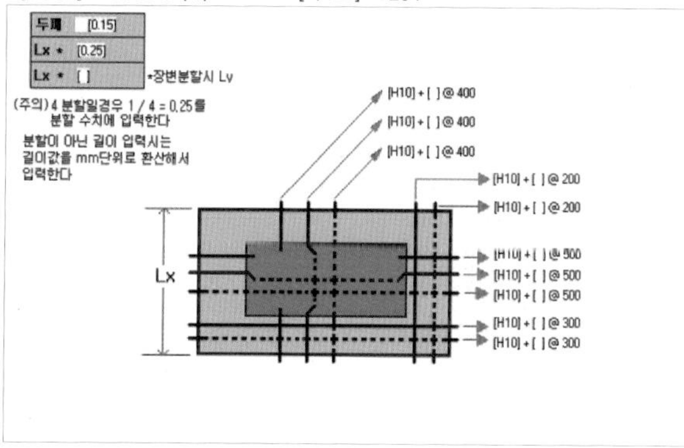

[명칭]: 복배근 [부호]: 2S2

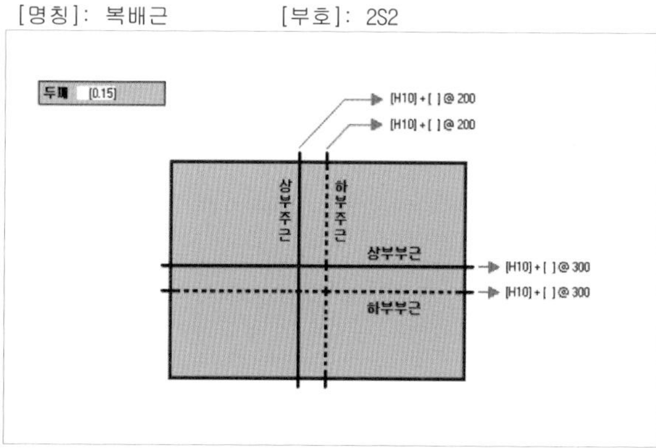

[명칭]: 복배근 [부호]: 3CS1

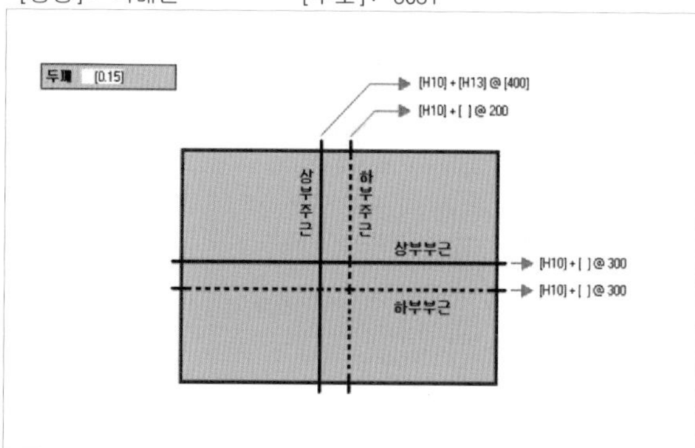

[명칭]: 복배근 [부호]: 3CS2

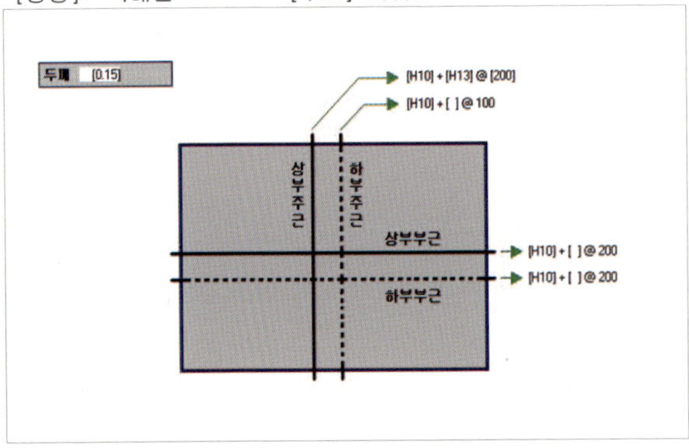

[명칭]: 일반형(1) [부호]: 3S1

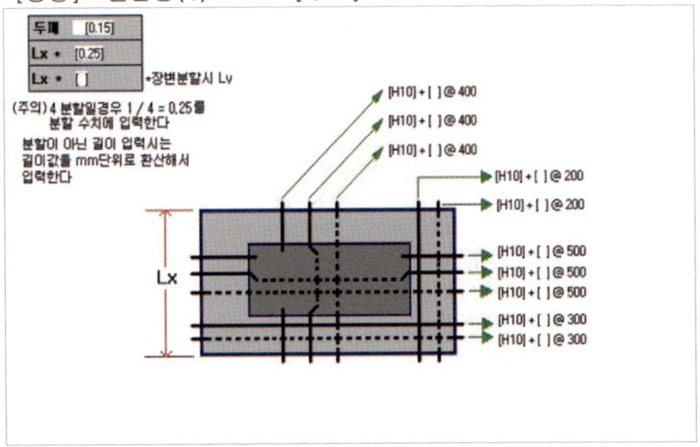

[명칭]: 복배근 [부호]: 3S2

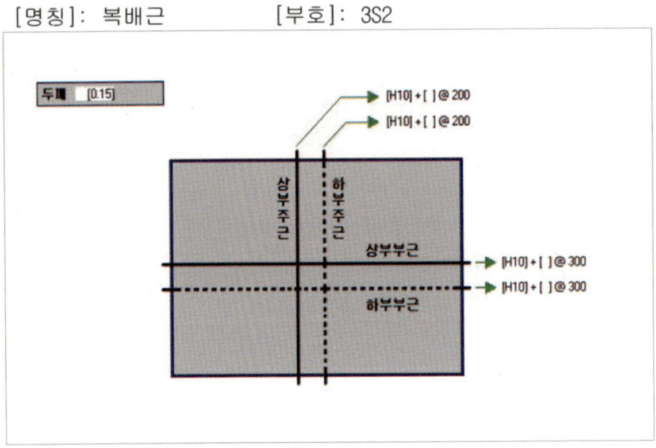

[명칭]: 복배근 [부호]: BS1

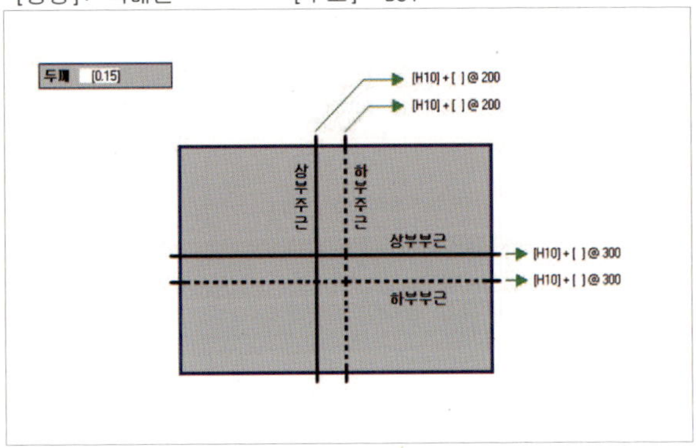

[명칭]: 복배근 [부호]: D.A

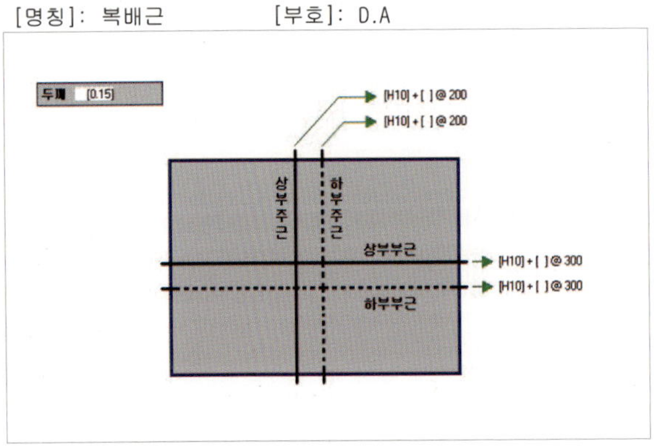

[명칭]: 복배근 [부호]: RPS1

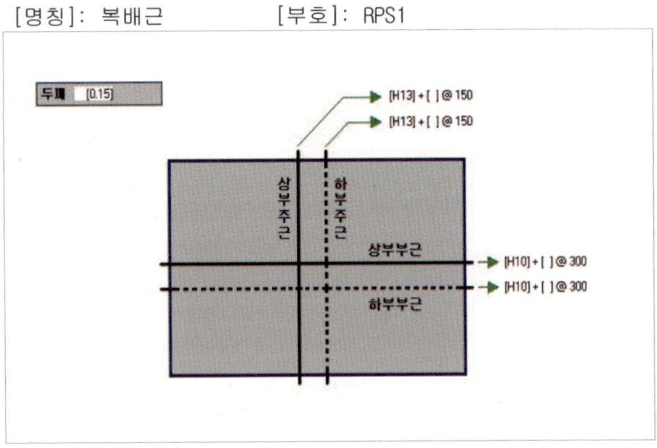

[공사명] 석촌동 근린생활시설 [동명] 본동 (동별범위) 슬라브

[명칭]: 복배근 [부호]: RS1

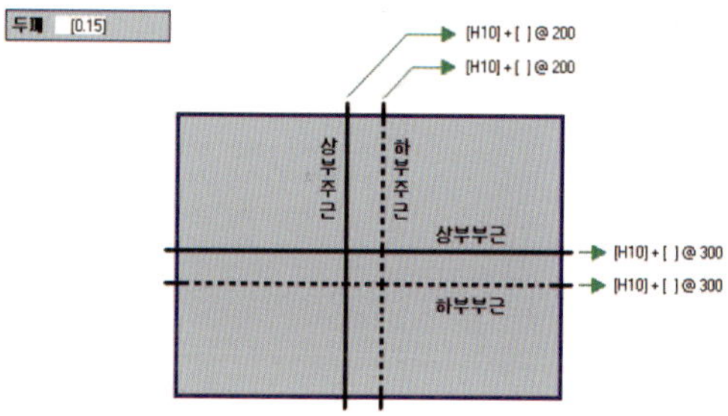

[명칭]: 일반형(1) [부호]: [비____고]

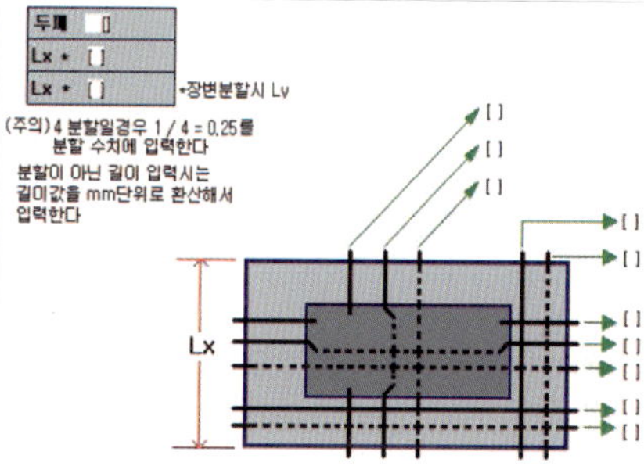

[명칭]: [부호]:

[명칭]: [부호]:

[명칭]: [부호]:

[명칭]: [부호]:

[명칭]: 단배근 [부호]: -

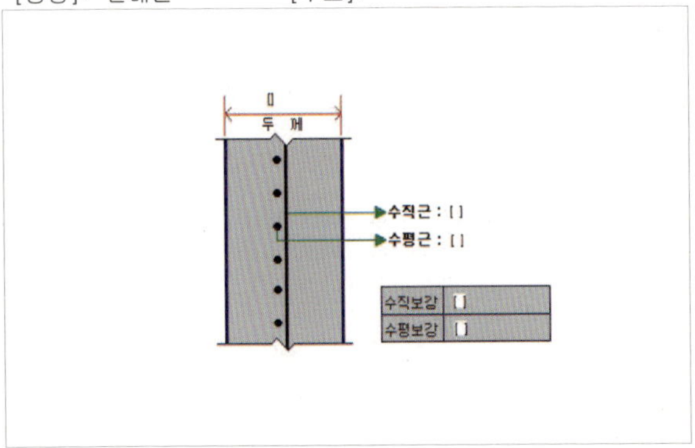

[명칭]: 복배근 [부호]: W1

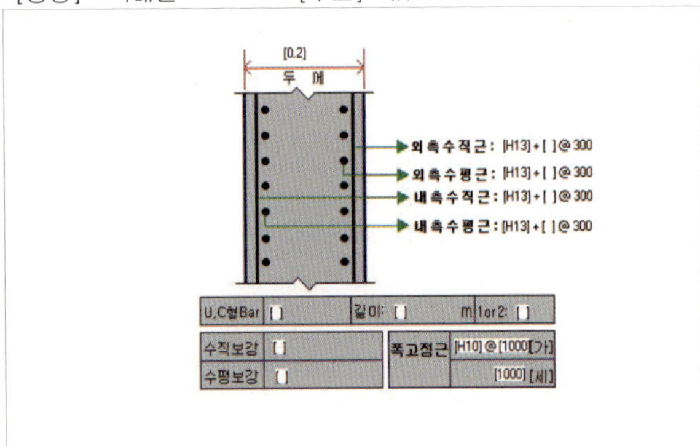

[명칭]: 복배근 [부호]: W2

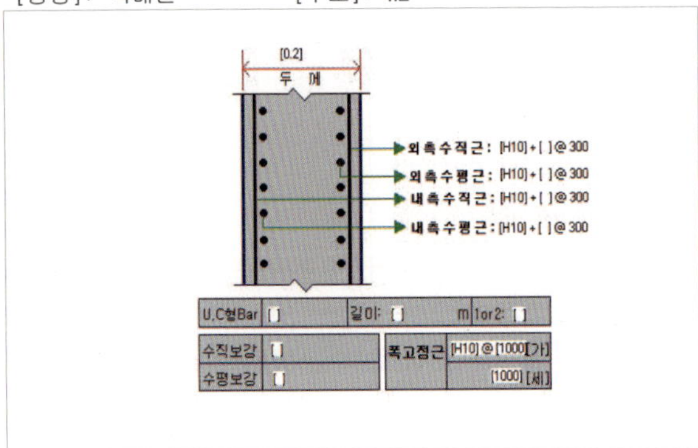

[명칭]: 복배근 [부호]: W3

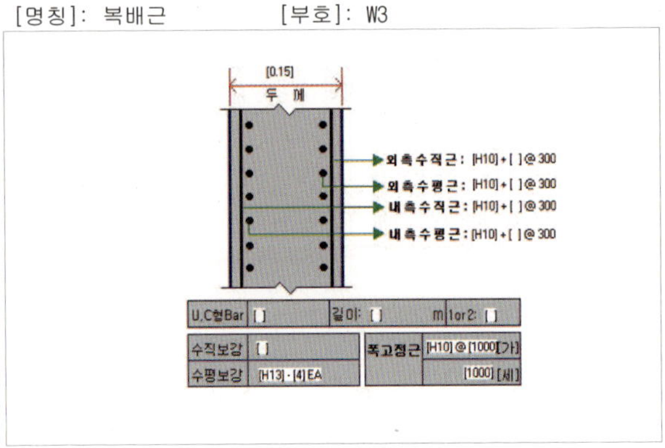

[명칭]: 복배근 [부호]: DW1

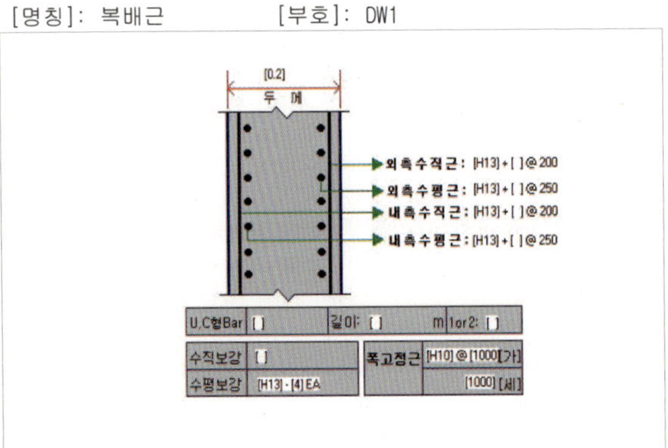

[명칭]: 복배근 [부호]: 조경옹벽

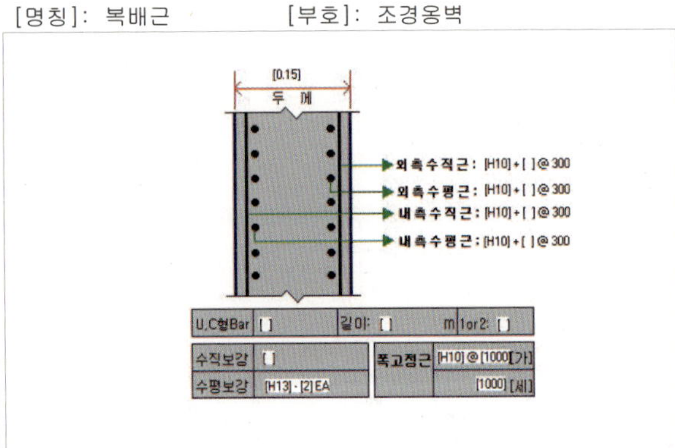

[명칭]: CUT보강2 [부호]: RW1-(합벽)

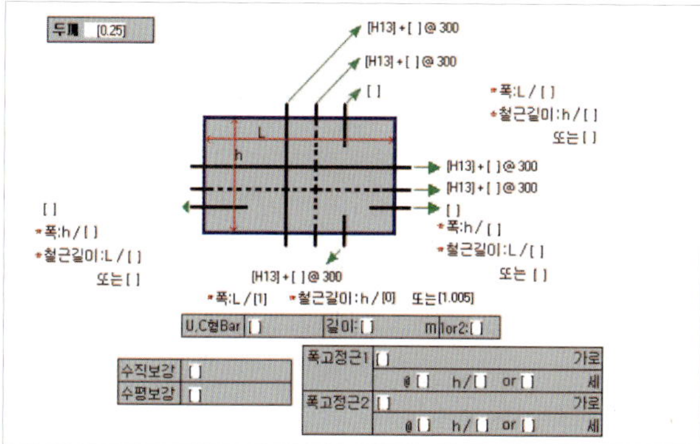

[명칭]: CUT보강2 [부호]: RW1

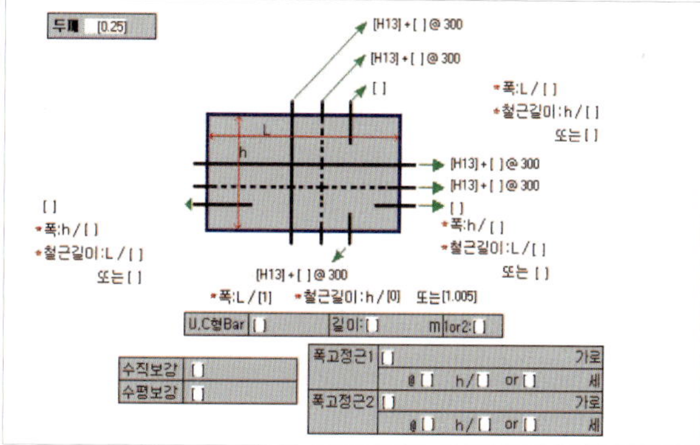

[명칭]: CUT보강2 [부호]: RW2-(합벽)

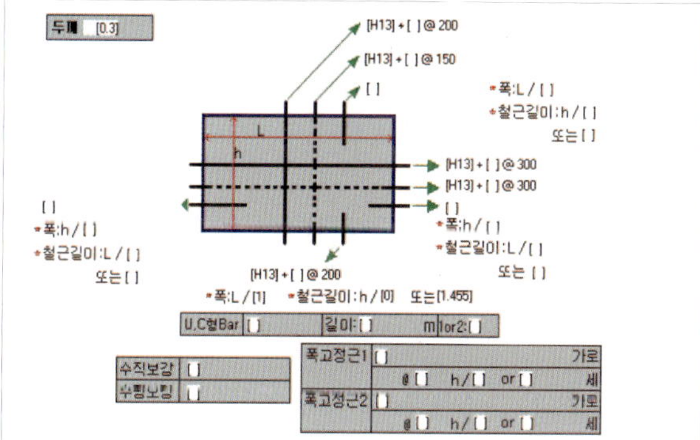

[명칭]: CUT보강2 [부호]: RW2

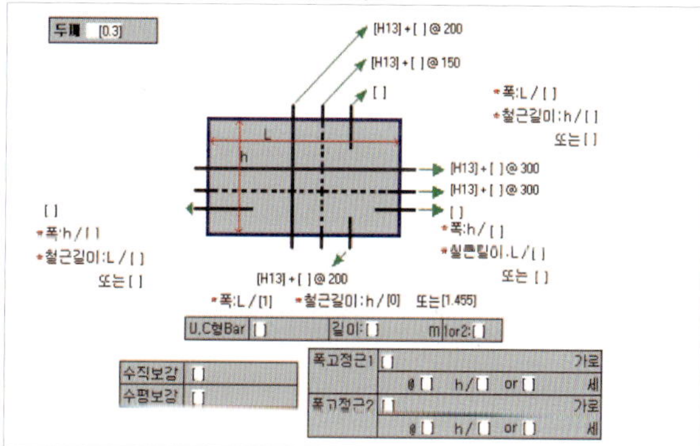

[명칭]: [부호]:

[명칭]: [부호]:

[명칭]: 일반-CUT [부호]: -

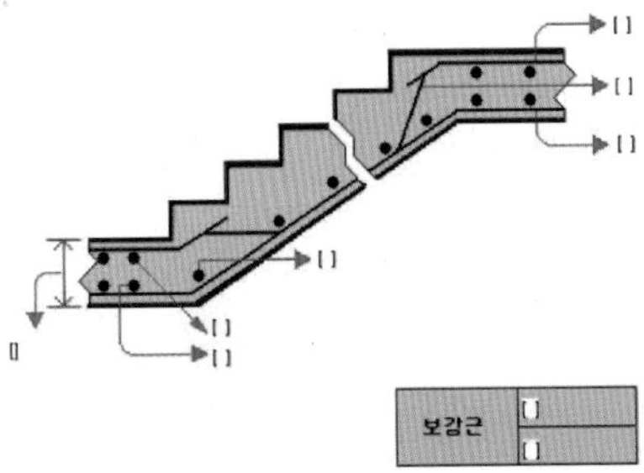

[명칭]: 일반형ST. [부호]: SS1

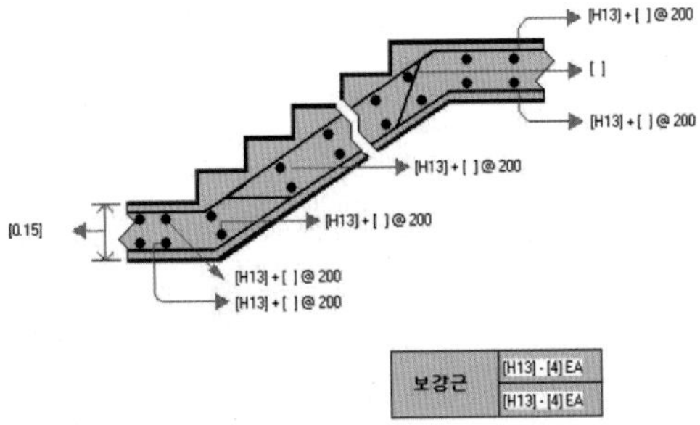

[명칭]: [부호]:

[명칭]: [부호]:

[명칭]: [부호]:

[명칭]: [부호]:

B

건설원가관리사 예상문제

1차 이론 시험

1교시. 건설사업관리 일반
2교시. 공사원가 산정기준
3교시. 건설원가관리 실무

2차 실기 시험

4교시. 원가계산(건축 선택)

4교시. 원가계산(토목 선택)

1차 1교시 시험

건설사업관리 일반

건설사업관리
건설관리법령
정무계약제도

건설원가관리사 자격검정시험 예상문제

1차 이론시험

1교시 건설사업관리 일반

1. 다음 중 사업의 특성과 사업관리의 목표가 아닌 것은?

① 결과물 생산
② 시간의 제약
③ 예산의 제약
④ 최상의 품질

2. 다음의 공사 환경 중에서 발주자가 설계시공분리 발주를 선택했을 경우, 가장 불리한 공사 조건은?

① 소규모이며 반복적으로 건설한 경험을 충분히 보유한 공사
② 공기가 촉박한 공사
③ 발주자가 사업관리 전담조직과 자체 관리시스템을 보유한 공사
④ 설계변경이 적을 것이라고 추정되는 공사

3. 다음 중 공정 계획 및 관리(Planning & Sched uling)의 목적이 아닌 것은?

① 수립된 공기/공정 목표의 준수를 위한 관리 도구
② 부적합사항(NCR) 판정의 기준 제공
③ 예상되는 문제점의 파악 및 목표 공기 준수를 위한 대안 및 대책 수립
④ 공사 수행 진도에 대한 성과측정의 기준 제공

4. 아래와 같은 공정표를 일정 계산을 수행하여 다음 보기와 같은 주공정(Critical Path) 경로 중 올바르게 제시된 것은?

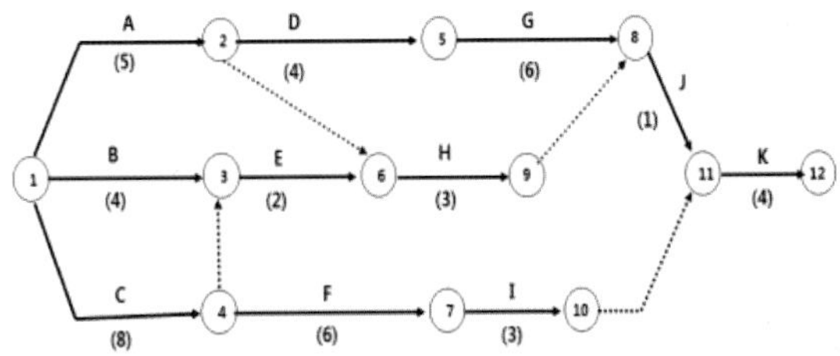

① 1 → 2 → 5 → 8 → 11 → 12
② 1 → 4 → 7 → 10 → 11 → 12
③ 1 → 2 → 6 → 9 → 8 → 11 → 12
④ 1 → 4 → 3 → 6 → 9 → 8 → 11 → 12

5. 다음 중 국내 사업비 관리의 현황에 대한 설명이 아닌 것은?

① 국내 건설 및 엔지니어링 회사의 개산견적 능력은 선진 건설기업과 거의 동일한 수준이다.
② 국내 발주자는 기획 및 설계 단계에서 전문적인 사업관리체계를 구축하여 운영하고 있어 체계적인 실적공사비 수집이 가능하다.
③ 국내 건설 사업은 설계 과정에서의 설계와 견적의 피드백이 주기적으로 이루어지고 있다.
④ 국내 공공 건설 사업은 예산 준수 설계(Design to Cost)의 개념을 철저하게 적용하지 않아 예산을 초과하는 경우가 많다.

6. 다음 중 건설회사의 원가관리사(Contractor's Estimator)가 수행하는 업무가 아닌 것은?

① 예비비를 포함한 총 사업예산의 견적
② 공사입찰용 단가 견적
③ 공사에 적용할 공법의 선택
④ 기자재 및 장비에 대한 회사 코스트 데이터 작성

7. 다음 중 건설업자의 시공자격을 판단하는 '부대공사'에 관한 설명이 아닌 것은?

① 전체 공사 중 종된 공사의 규모는 주된 공사의 규모를 초과하지 아니하여야 한다.

② 공사의 전 · 후 시공과정상 주된 공사에 반드시 수반되는 공사이어야 한다.

③ 2종이상의 전문공사가 복합된 공사로서 공사예정금액이 4억 이상이고, 주된 전문공사의 공사예정금액이 전체 공사예정금액의 2분의 1이상인 경우 그 나머지 부분의 공사는 부대공사로 의제한다.

④ 부대공사는 주된 공사를 시공하기 위하여 또는 시공함으로 인하여 필요하게 된 종된 공사를 말한다.

8. 다음 중 건설공사대장 통보제도에 관한 설명이 아닌 것은?

① 건설업자가 민간공사를 도급받는 경우 건설공사대장을 통보할 의무가 있다.

② 도급계약을 체결한 날부터 30일 이내에 건설공사대장을 발주자에게 통보하여야 한다.

③ 도급금액이 3천만원 미만인 건설공사는 통보대상이다.

④ 건설업자가 건설공사대장을 통보하지 않거나 허위통보를 하는 경우에는 행정처분이 부과된다.

9. 다음 중 수급인 및 하수급인의 자격에 관한 설명이 아닌 것은?

① 수급인은 공사내용에 상응하는 업종을 등록한 건설업자에게 하도급하여야 한다.

② 시설물의 안전관리에 관한 특별법상의 1종, 2종 시설물의 경우 인 · 허가기관이 시공자의 시공능력이 현저하게 부적합하다고 인정되는 경우에도 발주자에게 시공자의 교체를 권고할 수 있다.

③ 수급인은 공사특성에 따라 공사실적, 기술능력 등을 기준으로 하수급인의 자격을 제한할 수 없다.

④ 발주자는 도급하려는 건설공사의 종합적인 계획 · 관리 · 조정의 필요성, 시공기술상의 특성 및 현지여건 등을 고려하여 공사내용에 상응하는 업종을 등록한 건설업자에게 도급하여야 한다.

10. 다음 중 도급금액산출내역서에 반영된 보험료나 수수료 중에서 사후정산 대상이 아닌 것은?

① 건강보험료

② 산재보험료

③ 노인장기요양보험료

④ 하도급대금지급보증서 발급금액

11. 다음 중 일괄하도급에 해당되는 경우가 아닌 것은?

① 도급받은 건설공사를 계획.관리.조정하면서 2인 이상의 전문건설업자에게 업종별로 분할하여 하도급 하는 경우

② 복수의 전문건설업을 보유하고 있는 1인의 전문건설업자에게 주된 건설공사를 전부 하도급하는 경우

③ 도급받은 건설공사를 계획.관리.조정하면서 2인 이상의 종합건설업자에게 업종별로 분할하여 하도급 하는 경우

④ 여러 동의 건축공사를 도급받은 경우 1개 동의 건축공사를 1인의 종합건설업자에게 하도급 하는 경우

12. 다음 중 건설공사의 시공자 제한 제도에 대한 설명이 아닌 것은?

① 건축법에 따른 다세대 주택은 연면적에 관계없이 건설업자가 시공하여야 한다.

② 어업용으로 설치하는 저장고는 건축주가 절대로 직접 시공할 수 없다.
③ 9홀 이상의 골프장 건설공사는 건설업자가 시공하여야 한다.
④ 연면적 661제곱미터를 초과하는 주거용 건축물은 건설업자가 시공하여야 한다.

13. 다음 중 건설산업기본법 적용 관계에 대한 설명이 아닌 것은?

① 건설산업에 관하여 다른 법률에서 정하고 있는 경우를 제외하고는 건설산업기본법이 적용된다.
② 건설공사의 범위에 대해서는 건설산업기본법이 우선 적용된다.
③ 건설용역업은 건설산업기본법이 전혀 적용되지 않는다.
④ 건설업 등록에 관한 사항은 건설산업기본법이 우선 적용된다.

14. 다음 중 수급인 하자담보책임에 대한 설명이 아닌 것은?

① 발주자가 제공한 재료의 품질이나 규격 등의 기준미달로 인하여 발생한 하자에 대하여는 수급인은 하자담보책임이 없다.
② 2이상의 공종이 복합된 공사의 하자담보책임기간은 하자책임을 구분 할 수 없는 경우를 제외하고는 각각의 세부 공종별로 하자담보책임기간을 정한다.
③ 공사 목적물의 성능, 특성 등을 고려하여 하자담보책임기간을 도급계약에서 따로 정할 수 없다.
④ 하자담보책임기간의 기산점은 완공일과 목적물의 관리.사용을 개시한 날 중에서 먼저 도래한 날이다.

15. 다음 중 건설기술에 해당하지 않는 것은?

① 건설공사에 관한 계획·조사
② 건축사법에 의한 설계
③ 시설물의 안전점검·유지·관리·보수
④ 건설공사의 견적

16. 다음 중 건설신기술에 관한 설명으로 가장 거리가 먼 것은?

① 국내에서 최초로 개발한 건설기술 또는 기존 건설기술을 개량한 것으로 신규성, 진보성 및 현장 적용성이 있다고 판단되는 건설기술
② 국토교통부장관은 신기술 활용 활성화를 위해 발주청에 신기술을 우선 적용하도록 권고할 수 있음
③ 신기술의 보호기간은 최초 5년, 활용실적 등의 검증을 통해 7년의 범위 내에서 연장 가능
④ 신기술로 지정되면 취소할 수 없음

17. 다음 중 건설기술용역사업과 관련하여 거리가 먼 것은?

① 발주청은 일정규모 이상인 건설기술용역사업의 집행계획을 공고하여야 함
② 설계의 상징성 · 기념성 · 예술성 등이 요구되는 경우 설계공모의 방법으로 설계자를 선정 가능
③ 특별히 기술이 뛰어난 자를 낙찰자로 선정하려는 경우 기술과 가격을 분리하여 입찰 가능
④ 건설기술용역업자가 용역을 도급받은 경우 그 일부를 다른 건설기술용역업자에게 하도급 할 수 없음

18. 설계의 경제성 검토에 대한 설명으로 옳지 않은 것은?

① 총공사비가 100억 이상인 건설공사의 기본설계 및 실시설계에 적용
② 최소의 생애주기비용으로 시설물의 필요한 기능을 확보하기 위해 실시
③ 설계내용에 대한 경제성 및 현장 적용의 타당성을 기능별, 대안별로 검토

④ 발주청은 설계의 경제성 검토 결과로 제시된 개선 제안 내용을 무조건 반영하여야 함

19. 국토부장관이 정하는 주요 건설자재 · 부재는 한국산업표준에 적합하다는 인증을 받거나 국토교통부장관이 적합하다고 인정한 것을 사용하여야 한다. 이에 해당하지 않는 것은?

① 레디믹스트콘크리트
② 타일
③ 바닷모래
④ 에이치(H)형강

20. 다음 중 건설공사 안전관리에 대한 설명이 아닌 것은?

① 건설업자는 일정규모 이상 건설공사에 대하여 안전관리계획을 수립하고, 이를 발주자에게 제출하여 승인을 받아야 함
② 건설업자는 안전관리계획을 수립하여 발주자에게 제출하는 경우 미리 공사감독자 또는 건설사업관리기술자의 검토 · 확인을 받아야 함
③ 해당 건설공사가 「산업안전보건법」에 따른 유해 · 위험 방지 계획 수립 대상인 경우에는 유해 · 위험방지계획과 안전관리계획을 통합하여 작성할 수 없음
④ 건설업자는 안전관리계획을 수립하였던 건설공사를 준공하였을 때 안전점검에 관한 종합보고서를 작성하여 발주청에 제출하여야 함

21. 다음 중 안전점검에 대한 설명이 아닌 것은?

① 건설업자는 건설공사의 공사기간 동안 매일 자체안전점검 실시
② 건설공사의 종류 및 규모 등을 고려하여 국토교통부장관이 정하여 고시하는 시기와 횟수에 따라 정기안전점검 실시
③ 정기안전점검 결과 건설공사의 물리적 · 기능적 결함 등이 발견되어 보수 · 보강 등의 조치를 위하여 필요한 경우에는 정밀안전점검 실시
④ 모든 건설공사에 대하여 공사 중단으로 1년 이상 방치된 경우에는 그 공사를 다시 시작하기 전에 정기안전점검 수준의 안전점검 실시

22. 다음 중 건설업자가 기술사 등 관계전문가로부터 구조적 안전성을 확인받아야 하는 가설구조물이 아닌 것은?

① 높이가 10미터 이상인 비계
② 작업발판 일체형 거푸집 또는 높이가 5미터 이상인 거푸집 및 동바리
③ 터널의 지보공(支保工) 또는 높이가 2미터 이상인 흙막이 지보공
④ 동력을 이용하여 움직이는 가설구조물

23. 다음 중 환경관리비에 대한 설명으로 가장 거리가 먼 것은?

① 환경관리비의 계상 및 사용방법 등은 환경부령으로 정함
② 건설공사현장에 설치하는 환경오염 방지시설 설치비용
③ 건설공사현장에서 발생하는 폐기물의 처리 비용
④ 발주자 또는 건설사업관리용역업자가 확인한 비용의 사용실적에 따라 정산함

24. 다음 중 입찰참가자격 사전심사(PQ)에 대한 설명으로 옳지 않은 것은?

① 1993년 도입된 제도이다.
② PQ심사는 2단계로 이루어지며, 1단계심사는 기술이행능력평가이다.
③ 기술이행능력 심사의 심사분야로는 시공경험, 시공평가결과 등이 있다.

④ 신인도 평가항목은 성실성, 하도급 관련사항, 건설재해 등이다.

25. 다음 중 장기계속계약에 대한 설명으로 옳지 않은 것은?

① 총 계약이행기간이 2회계년도 이상인 계약에 적용된다.
② 세출예산을 활용하는 관계로 매년 차수별로 계약을 체결한다.
③ 예산이월은 체차이월방식으로 완성년도까지 계속 이월하여 사용할 수 있다.
④ 상대적인 계약형태로는 5년까지 1회계약으로 체결할 수 있는 계속비계약이 있다.

26. 다음 중 외국의 낙찰자 결정제도에 대한 설명으로 옳지 않은 것은?

① 일본의 주 낙찰제도는 적격심사낙찰제이다.
② 기술제안입찰제도는 LCC평가가 가미된 제도로 선진각국에서도 시행하는 제도이다.
③ 영국은 파트너링 방식의 낙찰제도도 시행하고 있다.
④ 미국은 CM at RISK방식이 활성화 되어 있다.

27. 다음 중 현행 적격심사낙찰제도에 대한 설명으로 옳지 않은 것은?

① 최저가입찰자로부터 계약이행능력과 입찰가격을 평가하여 합계점수가 일정점수이상이면 낙찰자로 결정하는 제도이다.
② 규모별 낙찰하한율은 가격공식과 커트라인에 따라 결정되는 체계이다.
③ 공사규모별로 계약이행능력과 입찰가격의 가중치를 다르게 정하고 있다.
④ 공사규모가 클수록 입찰가격의 가중치가 높다.

28. 다음 중 현행 종합심사낙찰제도의 동일공사에 대한 분류로서 중분류로 옳은 것은?

① 토목 : 교통, 수자원, 기타토목
② 건축 : 아파트, 철도역사
③ 토목 : 터널, 수자원, 준설
④ 건축 : 주거, 초고층빌딩

29. 다음 중 기술형 낙찰제도에 대한 설명으로 옳지 않은 것은?

① 우리나라의 기술형 낙찰제도로는 설계시공일괄입찰(턴키입찰), 대안입찰, 기술제안입찰제도가 있다.
② 턴키입찰, 대안입찰제도는 참가비용이 과다하여 담합, 로비 등의 문제점이 최근 심각하게 불거지고 있다.
③ 기술제안입찰제도는 생애주기비용(LCC)을 강조하는 낙찰제도이며, 참가비용은 턴키입찰과 유사하다.
④ 기술제안입찰제도를 적용하는 경우 세부적인 낙찰자결정방법은 기술제안적합 최저가, 가중치 등 4가지 종류가 있다.

30. 정부계약의 이행 중 선금 및 기성대가 지급과 관련한 설명 중 옳지 않은 것은?

① 선금은 70%까지 지급할 수 있으며 동 비율 중 일부는 의무적으로 지급하도록 하고 있다.
② 공사계약의 의무선금율은 100억 이상 30%, 100억 미만~20억 이상 40%, 20억 미만 50%가 적용된다.
③ 선금 지급기한은 청구 받은 날로부터 14일 이내이다.
④ 기성대가는 기성검사 완료 후 계약상대자 청구일로부터 7일 이내에 지급하여야한다.

31. 다음 중 부정당업자제재를 대체하는 과징금부과에 대한 설명 중 옳지 않은 것은?

① 2017년부터 시행된 제도이다.
② 과징금부과조치의 주체는 입찰참가자격제한조치의 경우와 동일하다.
③ 부정당업자의 책임이 경미하다고 인정되는 경우 등에 부과하게 된다.
④ 기획재정부의 과징금부과 심의위원회의 심의를 거쳐야 한다.

32. 다음 중 예정가격작성기준에 관한 설명 중 옳은 것은?

① 공사원가계산에서 보상비는 해당 공사로 인해 공사현장에 인접한 도로 하천 · 기타 재산에 훼손을 가하거나 지장물을 철거함에 따라 발생하는 보상 · 보수비를 말한다. 다만, 해당공사를 위한 용지보상비는 제외한다.
② 공사원가계산에서 이윤은 영업이익을 말하며 공사원가 중 노무비, 경비와 일반관리비의 합계액(이 경우에 기술료는 제외한다)의 15%를 초과하여 계상할 수 없다.
③ 공사원가계산에서 일반관리비는 기업의 유지를 위한 관리활동부문에서 발생하는 제비용으로서 제조원가에 속하지 아니하는 모든 영업비용중 판매비 등을 제외한 다음의 비용, 즉, 임원급료, 사무실직원의 급료, 제수당, 퇴직급여충당금, 복리후생비, 여비, 교통 · 통신비, 수도광열비, 세금과 공과, 지급임차료, 감가상각비, 운반비, 차량비, 경상시험연구개발비, 보험료 등을 말하며 기업대차대조표를 기준하여 산정한다.
④ 공사원가계산에서 보험료는 산업재해보험, 고용보험, 국민건강보험 및 국민연금보험 등 법령이나 계약조건에 의하여 의무적으로 가입이 요구되는 보험의 보험료를 말하고, 동 보험료는 「건설산업기본법」 제22조제5항 등 관련법령에 정한 바에 따라 계상하며, 경비에 계상되는 보험료는 제외한다. 다만 공사손해보험료는 예정가격작성기준 제22조(공사손해보험료)에서 정한 바에 따라 별도로 계상된다.

33. 다음 중 공사의 분할계약금지에 관한 설명 중 옳지 않은 것은?

① 각 중앙관서의 장 또는 계약담당공무원은 기획재정부장관이 정하는 동일 구조물공사 및 단일공사로서 설계서 등에 의하여 전체 사업내용이 확정된 공사는 이를 시기적으로 분할하거나 공사량을 분할하여 계약할 수 없다.
② 하자책임구분이 용이하고 공정관리에 지장이 없고, 설계서가 별도로 작성되는 공사로서 분리 시공하는 것이 효율적이라고 인정되는 공사의 경우 예외적으로 시기적으로 분할하거나 공사량을 분할하여 계약할 수 있다.
③ 각 중앙관서의 장은 공사의 예산 편성과 기본설계 등 사업의 계획 단계부터 분할 · 분리 계약의 가능 여부를 검토할 수 있다.
④ 하자책임구분이 용이하고 공정관리에 지장이 없고, 공사의 성격상 공사의 종류별로 시공의 목적물, 시기와 장소 등이 명확히 구분되는 공사로서 분리 시공하는 것이 효율적이라고 인정되는 공사의 경우 예외적으로 시기적으로 분할하거나 공사량을 분할하여 계약할 수 있다.

34. 다음 중 지체상금율(또는 지연배상금율)에 관한 기술이 아닌 것은?

① 국가공사 : 1,000분의 1
② 지자체공사 : 1,000분의 1
③ 국가의 물품 제조.구매 계약 : 1,000분의 1.5
④ 국가의 용역계약 : 1,000분의 2.5

35. 다음 중 계약금액의 조정에 관한 설명 중 옳은 것은?

① 물가변동으로 인한 계약금액 증액 시에는 계약상대자의 청구에 의하여야 하고, 계약상대자는 준공대가(장기계속계약의 경우에는 각 차수별 준공대가) 수령 전까지 조정신청을 하여야 조정금액을 지급받을 수 있으며, 조정된 계약금액은 직전의 물가변동으로 인한 계약금액 조정기준일로부터 90일 이내에 이를 다시 조정할 수 없다. 다만, 천재 · 지변 또는 원자재의 가격급등으로 해당 기간 내에 계약금액을 조정하지 아니하고는 계약이행이 곤란하다고 인정되는 경우에는 계약을 체결한 날 또는 직전 조정기준일로부터 90일 이내에도 계약금액을 조정할 수 있다.

② 계약담당공무원은 설계변경으로 공사량의 증감이 발생하는 경우, 증감된 공사량의 단가는 예정가격단가를 기준으로 하여 계약금액을 조정하여야 한다.

③ 발주기관이 설계변경을 요구한 경우에는 증가된 물량 또는 신규비목의 단가는 설계변경당시를 기준으로 하여 산정한 단가와 동 단가에 낙찰율을 곱한 금액의 범위 안에서 발주기관과 계약상대자가 서로 주장하는 각각의 단가기준에 대한 근거자료 제시 등을 통하여 성실히 협의하여 결정하고, 다만, 계약당사자간에 협의가 이루어지지 아니하는 경우에는 설계변경당시를 기준으로 하여 산정한 단가와 동 단가에 낙찰율을 곱한 금액을 합한 금액의 100분의 30으로 한다.

④ 발주기관은 물가변동으로 계약금액을 증액하는 경우 계약상대자의 청구를 받은 날부터 60일 이내에 계약금액을 조정하여야 한다.

36. 다음 중 입찰참가자격의 판단기준에 관한 설명 중 옳지 않은 것은?

① 등록 · 시공능력 · 실적 등에 의한 입찰참가자격의 판단기준일은 입찰참가신청서류의 접수마감일(입찰참가등록마감일)로 하며, 입찰참가자는 입찰서 제출 마감일까지 해당 입찰참가자격을 계속 유지하여야 한다.

② 입찰참가자가 영업정지처분을 받은 경우에는「건설산업기본법」등 관련법령에 의한 처리기준에 따라 입찰참가자격을 판단하고, 입찰참가자가 입찰참가자격제한을 받은 경우에는 입찰참가등록마감일까지 입찰참가자격제한기간이 만료되어야 입찰참가가 가능하다.

③ 지역제한경쟁입찰에 부치는 경우 그 주된 영업소의 소재지 기준일은 입찰공고일 전일(다만, 시행령 제72조제3항 제2호에 따른 사업의 경우에는 입찰공고일 전일 현재 해당업체의 전입일 익일부터 기산하여 90일 이상이 경과하고 있어야 한다)로 하며 계약체결일까지 계속 유지하여야 한다.

④ 입찰 전에 상호 또는 대표자의 변경(법인의 경우에는 법인등기부를 기준으로 한다)이 있는 경우에는 변경신고를 한 후에 변경된 상호 또는 대표자 명의로 입찰에 참가하여야 한다.

37. 다음 중 일괄입찰에서의 실시설계적격자 선정방식에 속하지 않는 것은?

① 설계적합최저가방식
② 확정가격최상설계방식
③ 가격점수조정방식
④ 입찰가격조정방식

38. 다음 중 공동도급에 관한 설명 중 옳지 않은 것은?

① 분담이행방식으로 건설공사를 도급받은 공동수급체의 구성원은 자신이 분담한 부분에 대하여만 계약이행책임을 진다.

② 공동이행방식으로 건설공사를 도급받은 공동수급체의 구성원은 연대하여 계약이행의 책임을 진다.

③ 주계약자관리방식에서 구성원의 일부가 탈퇴한 경우에는 주계약자가 당해 구성원의 분담부분을 이행하여야 하나, 주계약자가 탈퇴한 경우에는 주계약자의 연대보증인이 당해 계약을 이행하여야 한다.

④ 공동이행방식으로 건설공사를 도급받은 공동수급체의 구성원의 일부가 탈퇴한 경우에는 잔존 구성원이 공동연대하여 당해 계약을 이행하여야 하나, 잔존 구성원만으로는 시공자격 등 당해 계약이행조건을 갖추지 못할 경우 발주자의 승낙을 얻어 당해 요건을 충족하거나 계약이행조건을 갖춘 구성원을 추가할 수 있다.

39. 다음 중 이의신청과 국가계약분쟁조정위원회에 관한 설명 중 옳지 않은 것은?

① 89억 규모의 공사계약(정부조달계약)에서, 해당 중앙관서의 장 또는 계약담당공무원의 계약금액 조정으로 불이익을 받은 자는 그 행위를 취소하거나 시정(是正)하기 위한 이의신청을 할 수 있다.

② 국가계약분쟁조정위원회 위원 중 공무원이 아닌 위원은 징역 이상의 형의 선고를 받거나 장기간의 심신쇠약으로 직무를 수행할 수 없게 된 때를 제외하고는 임기 중 그 의사에 반하여 해촉되지 아니한다.

③ 국가계약분쟁조정위원회는 위원장 1명을 포함하여 15명 이내의 위원으로 구성한다.

④ 국가계약분쟁조정위원회는 심사 · 조정에 착수하는 경우 청구인과 해당 중앙관서의 장에게 그 사실을 통지하여야 하고, 심사 · 조정 청구의 사실을 통지받은 중앙관서의 장은 통지를 받은 날부터 14일 이내에 이에 대한 의견을 서면으로 위원회에 제출하여야 한다.

40. 다음 중 「기타 계약 내용의 변경으로 인한 계약금액 조정」사유에 해당되지 않는 경우는?

① 예산 미확보로 인하여 계약서상의 공사기간이 연장되어 공사비가 늘어난 경우

② 운반거리가 축소되어 공사비가 감소되는 경우

③ 도면의 변경으로 공사물량이 늘어난 경우

④ 관련 법령의 제.개정으로 법정경비의 증감이 발생한 경우

1차 2교시 시험

공사원가 산정기준

공사원가 산정기준

공사원가 산정체계

공사원가 관리

1차 이론시험

2교시 공사원가 산정기준

1. 다음은 우리나라에서 표준품셈이 발표되고 있는 공종을 나타낸 것으로 가장 거리가 먼 것은?

① 기계설비 부문
② 전자부문
③ 전기부문
④ 문화재부문

2. 다음은 설계 시 표준품셈을 적용하여 공사비를 산정하여야 하는 공사를 나열한 것이다. 가장 거리가 먼 것은?

① 한국농어촌공사 신청사건물 건설공사
② 삼성전자 평택 반도체 공장 증설공사
③ 남대문 복구 건설공사
④ 서울시 노량진 수산시장 리모델링 공사

3. 다음은 표준품셈을 이용하여 공사비 산정 시 종목별 금액의 단위표준을 연결한 것이다. 연결이 잘못된 것은?

① 설계서의 총액 – 1,000원이하 버림
② 설계서의 금액란 – 1원미만 버림
③ 일위대가표의 합계금액 – 1원미만 버림
④ 일위대가표의 금액란 – 1원미만 버림

4. 표준품셈에 의하여 공사 현장 내 자재운반비 산정을 위한 소운반 거리를 계산하고자 한다. 이동거리가 아래설명과 같은 경우 A에서 B를 지나 C까지의 총 운반거리는 얼마로 계산하여야 하는가?

지점(A)에서부터 지점(B)까지는 수평으로 이동하고 이동거리는 20m이다. 지점(B)에서부터 지점(C)까지는 오르막 경사면으로 되어있고 경사면길이는 13m이고, 도면상 수평거리는 12m이며 지점(B)면과 지점(C)면의 수직높이 차는 1m이다.

① 33m
② 34m
③ 38m
④ 46m

5. 다음은 건설공사 현장에서 다짐용으로 사용할 수 있는 건설기계를 나열한 것으로 가장 거리가 먼 것은?

① 램머
② 진동로울러
③ 탬퍼
④ 로우더

6. 다음은 표준품셈에 의한 건설기계경비 산정 시 기계경비의 구성요소 중 기계손료 항목으로 거리가 가장 먼 것은?

① 주연료비
② 감가상각비
③ 정비비
④ 관리비

7. 다음은 공공공사의 공사비 산정 시 적용하는 표준시장단가의 기초자료를 열거한 것으로 가장 거리가 먼 것은?

① 입찰단가
② 계약단가
③ 설계단가
④ 시공단가

8. 다음은 공공공사의 공사비 산정 시 표준시장단가를 적용해야 하는 공사규모로 가장 올바른 것은?

① 추정가격 10원 이상
② 추정가격 50억 이상
③ 추정가격 100억 이상
④ 추정가격 300억 이상

9. 국토교통부장관이 정하는 표준품셈의 구성요소가 아닌 것은?

① 항만공사
② 조경공사
③ 전기공사
④ 궤도공사

10. 설계도에 의한 구조물 수량계산시 공제하지 않는 항목이 포함된 것은?

① 철골철근콘크리트중의 철골자리
② 콘크리트 구조물중의 말뚝머리
③ 볼트의 구멍
④ 포장공종의 1개소당 0.1㎡이하의 구조물자리

11. 다음 노임 및 품의 할증에 대한 설명으로 가장 거리가 먼 것은?

① 고소작업의 경우 작업 능률저하를 고려하여 품을 할증할 수 있다.
② 공사성질상 부득이 야간작업을 하여야 할 경우에는 노임의 할증과 별개로 품의 25%까지 가산할 수 있다.
③ 군작전 지구내의 경우 작업능률의 저하로 인한 품을 20%까지 할증할 수 있다.
④ 장소협소, 소음, 진동 등으로 작업능률저하가 현저할 경우 100%까지 할증할 수 있다.

12. 다음 표준품셈에서 제시하는 건설기계 중 운반기계와 가장 거리가 먼 것은?

① 불도우저
② 트랜처
③ 덤프트럭
④ 벨트콘베이어

13. 다음과 같은 조건하에서 불도우저의 작업능력으로 가장 올바른 것은?

【조건】
㉮ 거리를 고려하지 않는 삽날의 용량(q') : 1.2㎥
㉯ 운반거리계수(e) : 0.95
㉰ 체적환산계수(f) : 0.8
㉱ 작업효율(E) : 0.9
㉲ 1회 작업싸이클 시간(cm) : 0.8

① 59.56 ㎥/hr
② 60.80 ㎥/hr
③ 61.56 ㎥/hr
④ 64.80 ㎥/hr

14. 국가를 당사자로 하는 계약에 관한 법령에서 규정하고 있는 표준시장단가에 대한 설명으로 거리가 가장 먼 것은?

① 표준시장단가는 계약단가만을 활용하여 산정된다.
② 표준시장단가는 예정가격 결정기준의 하나이다.
③ 표준시장단가는 노무비, 재료비, 기계경비 등을 포함한다.
④ 현재 표준시장단가는 300억 이상 공공공사에 적용되고 있다.

15. 표준시장단가는 직접공사비와 간접공사비 등으로 구성된다. 그 구성요소 중 직접공사비와 가장 거리가 먼 것은?

① 재료비
② 기계경비
③ 안전관리비
④ 운반비

16. 체적환산계수에 대한 설명이 잘못된 것은?

① 토공의 체적환산계수(f)는 토질시험을 하여 적용하는 것을 원칙으로 하나, 소량의 경우에는 원칙적으로 표준품셈의 체적환산계수표에 따를 수 있다.
② 체적변화 L = 흐트러진 상태의 체적(m^3) ÷ 자연 상태의 체적(m^3)
③ 체적변화 C = 다져진 상태의 체적(m^3) ÷ 자연 상태의 체적(m^3)
④ 일반적으로 체적변화 L은 1보다 작다.

17. 수평거리가 50m이고 수직높이가 10m인 경사진 작업장에서 자재를 소운반하려고 한다. 자재를 이동해야 하는 운반거리는?

① 80m
② 90m
③ 100m
④ 110m

18. 다음은 공공공사 발주를 위하여 설계 시 미리 산정하는 예정가격에 관한 설명으로 가장 거리가 먼 것은?

① 예정가격은 공사 입찰시 낙찰자 및 계약금액의 결정기준으로 삼기위하여 미리 작성하는 가격이다.
② 예정가격은 계약을 체결하고자 하는 사항에 대한 가격의 총액에 대하여 결정한다.
③ 기초금액을 먼저 산정하고 이를 기초로 예정가격을 결정한다.
④ 예정가격에는 부가가치세액과 관급자재가격이 포함되어 있다.

19. 다음은 공공사업 수행 시 예정가격의 작성절차를 순서대로 설명한 것으로 가장 올바른 것은?

① 추정가격 – 설계가격 – 기초금액 – 복수예비가격 – 예정가격
② 추정가격 – 기초금액 – 설계가격 – 복수예비가격 – 예정가격
③ 기초금액 – 추정가격 – 설계가격 – 복수예비가격 – 예정가격
④ 설계가격 – 추정가격 – 기초금액 – 복수예비가격 – 예정가격

20. 다음 보기는 공사비 산정 과정을 5단계로 구분한 것이다. ( ) 안에 들어갈 말로 가장 적합한 것은?

〈보기〉
품목작성 및 물량산출 – 품목별 가격조사 – (　　　) – 공사비내역서 산출 – 간접공사비 및 총괄표 작성

① 단위당 단가 산출
② 제경비 산출
③ 시중 노임단가 적용
④ 적접공사비 산출

21. 다음은 공공공사 설계 시 원가계산에 의한 공사비 산정과정에서 작성되는 자료목록을 열거한 것으로 가장 거리가 먼 것은?

① 가격조사표
② 단가산출서
③ 총괄집계표
④ 공사원가계산서

22. 다음은 공공공사에서 총액입찰로 발주되는 공사의 계약문서에 관한 것으로 가장 거리가 먼 것은?

① 설계도면
② 물량산출서
③ 공사계약특수조건
④ 입찰유의서

23. 다음은 총액입찰로 발주된 공사에서 설계변경에 의한 계약금액조정이 가능한 사유를 설명한 것으로 가장 올바른 것은?

① 일위대가표 착오로 일부 과다 계상된 경우 과다 계상된 부분에 대하여 감액 조치
② 표준품셈을 과다 계상하여 계약된 경우 표준품셈에 맞도록 감액조치
③ 공사착공 이후 표준품셈 중 개정된 항목 발생 시 해당항목에 대하여 개정된 품셈을 기준으로 정산조치
④ 기계실 펌프가 시방서에는 100HP이나 물량내역서에는 80HP로 표기된 경우 100HP로 변경조치

24. 다음은 공공공사의 원가계산에 의한 공사비 산정과 관련하여 '순공사원가'항목을 열거한 것으로 가장 거리가 먼 것은?

① 재료비
② 노무비
③ 경비
④ 공사손해보험료

25. 공공공사의 원가계산에 의한 공사비 산정 시 현장에서 사용하는 바이스, 렌치 등 소모성공구를 표준품셈에 의하여 '공구손료'로 계상할 경우 다음 중 어느 비목으로 분류하여야 하는가?

① 재료비
② 노무비
③ 경비
④ 일반관리비

26. 공공공사의 공사비 산정 시 상시고용근로자의 상여금과 퇴직금 산정을 위하여 상여계수를 14/12로 계상하였다면 상여금을 몇%로 반영한 것인가?

① 100%
② 200%
③ 300%
④ 400%

27. 다음 중 국가를 당사자로 하는 계약에 관한 법령에 의한 예정가격 결정기준을 적용해야 하는 기관과 가장 거리가 먼 것은?

① 국토교통부
② 행정자치부
③ 서울특별시
④ 헌법재판소

28. 원가계산에 의한 예정가격 작성기준에서 간접노무비 대상과 가장 거리가 먼 것은?

① 현장소장
② 경리담당
③ 본사지원자
④ 청소원

29. 원가계산에 의한 예정가격 작성기준 상 경비 항목과 가장 거리가 먼 것은?

① 지급임차료
② 보관비
③ 간접노무비
④ 관급자재관리비

30. 원가계산에 의한 예정가격 작성기준 상 종합공사 50억 미만공사의 일반관리비율로 가장 적절한 것은?

① (재료비+노무비+경비) × 6.5%
② (재료비+노무비+경비) × 6.0%
③ (재료비+노무비+경비) × 5.5%
④ (재료비+노무비+경비) × 5.0%

31. 건강보험료는 ( ) × 요율(1.7%)로서 원가계산을 하도록 되어 있다. 괄호 안에 들어갈 말로 가장 적절한 것은?

① 직접노무비
② 간접노무비
③ 노무비
④ 재료비

32. 노인장기요양보험료는 ( ) × 요율(6.55%)로서 원가계산을 하도록 되어 있다. 괄호 안에 들어갈 말로 가장 적절한 것은?

① 직접노무비
② 연금보험료
③ 건강보험료
④ 산재보험료

33. 다음 항목 중 산업안전보건관리비와 가장 거리가 먼 것은?

① 안전관리자 인건비
② 기술지도비
③ 안전보건교육비
④ 내역서에 반영된 안전시설비

34. 다음 항목 중 안전관리비와 가장 거리가 먼 것은?

① 안전관리계획서 작성 비용
② 안전점검 비용
③ 안전관리자 인건비
④ 공사장 주변의 통행안전관리대책 비용

35. 원가관리에 대한 설명으로 가장 거리가 먼 것은?

① 사전 계획한 목표 달성을 위하여 원가절감, 성과관리, 자금관리 등 PROJECT의 전 과정에서 이루어지는 모든 통제 활동
② 예산 내 공사 완공을 위해 최종 공사비를 예측하고, 투입원가를 관리하는 활동
③ 원가관리는 견적, 입찰, 실행, 정산의 프로세스 전 과정에서 이루어진다.
④ 최종원가의 예측은 현재까지 발생한 비용과 앞으로 발생할 이윤을 합산한다.

36. 공사원가 구성항목에 대한 설명으로 가장 거리가 먼 것은?

① 일반관리비는 기업의 관리활동 부문에서 발생하는 제비용
② 공사비는 순공사원가(현장원가), 일반관리비, 이윤으로 구성된다.
③ 간접노무비는 직접작업에 종사하는 종업원과 노무자의 기본급, 제수당, 상여금, 퇴직급여 충당금의 합계
④ 공사원가 계산 시 계약목적물의 시공 중에 발생하는 작업 부산물은 재료비로부터 공제하여야 한다.

37. 견적 단계별 업무내용으로 가장 거리가 먼 것은?

① 직접비, 간접비 산정 이후 입찰금액 작성 단계의 업무 중 가장 중요한 업무는 물량산출 및 검증 업무이다.
② 입찰준비 단계에서는 시장 및 리소스(Resource) 조사 등의 업무가 이루어진다.
③ 간접비 작성은 인건비, 현장경비, 가설비 등의 비용을 산정한다.
④ 시공계획 작성업무는 가설계획, 공정계획, 현장조직 편성 등을 포함한다.

38. 견적(입찰) 단계별 업무 중 견적의뢰 단계의 업무로 가장 거리가 먼 것은?

① 입찰요구 사항을 반영한 견적의뢰 대상업체 선정

② 대상업체의 재무상태, 실적 등 기본역량 조사
③ 견적의뢰를 위한 공종 및 대상업체 리스트(List) 작성
④ NSC(Nominated Subcontractor)대상 업체에 대한 견적의뢰 강화

39. 견적 리스크(Risk)에 대한 설명으로 가장 올바른 것은?

① 견적 리스크는 공사원가 또는 공기에 영향을 줄 수 있는 제반 불확실한 요인이다.
② 견적 리스크의 종류는 계약, 설계, 기술, 실적 등이 있다.
③ 견적 리스크에 대한 대응전략은 회피, 거부, 전이, 보유로 구분한다.
④ 견적 리스크 회피 전략은 프로젝트 전체 계획을 재점검하여 수용하는 전략이다.

40. 실행예산의 정의로서 가장 거리가 먼 것은?

① 공사 초기단계의 예산계획 및 현장의 경영목표
② 실행예산은 집행에 차질이 없도록 항상 예산 내 발주 가능한 안정적이고 정확한 금액으로 작성되어야 한다.
③ 간접비 운영의 가이드라인(Guideline) 역할
④ 현장 평가의 기준

3
1
5

1차 3교시 시험

건설원가관리 실무

계약금액 조정실무

건설공사 회계관리

공사관련 보험

건설사업비 산정 및 관리

1차 이론시험

3교시 건설원가관리 실무

1. 다음 중 국가계약법령에 따른 계약금액조정에 대한 설명 중 옳지 않은 것은?

① 계약금액조정은 사정변경의 원칙에 따른 것으로 국가계약법령에서는 물가변동, 설계변경 및 기타계약내용에 의한 변경 등 3가지의 조정요건이 있다.

② 물가변동에 따른 계약금액조정을 위해서는 원칙적으로 기간요건과 조정률 요건 모두 충족되어야 한다.

③ 기타계약내용 변경 사유로는 사토장 변경, 공기연장 등에 따른 간접비 증가 등이 있다.

④ 설계변경 및 계약금액 조정은 설계시공분리입찰, 설계시공일괄입찰 여부와 관계없이 동일하게 적용된다.

2. 다음 중 국가계약법령에 따른 공사계약의 물가변동 제도와 관련 없는 사항은?

① 소비자물가지수

② 건설시중노임

③ 생산자물가지수

④ 지수조정률

3. 가계약법령에 따른 물가변동 시 조정률 산정을 위해 적용되는 품목조정률 또는 지수조정률 방식에 대한 설명으로 옳지 않은 것은?

① 지수조정률은 조정률 산출이 용이하여 대규모 공사 등에 적합한 방식이다.

② 품목조정률은 작업에 적은 시간이 소요될 수 있으나, 지수조정률 방식에 비하여 정확한 조정률 산정이 불가능 하다.

③ 지수조정률은 대상 계약금액의 산출 내역을 구성하는 각 비목군의 지수변동을 비교하여 조정률을 산정하는 방식이다.

④ 물가변동의 원칙은 품목조정률방식이며, 지수조정률 방식은 선택이다.

4. 국가계약법령상 물가변동 특례에 해당하는 경우는?

① 원자재의 가격 급등 등으로 조정률이 100분의 5 이상 증가하는 경우에는 기간요건(90일) 이내에도 조정이 가능하다.

② 특정자재의 가격의 조정률이 100분의 10이상인 경우에는 그 자재에 한하여 계약금액을 조정할 수 있다.

③ 노무비가 100분의 10이상인 경우에는 노무비에 한하여 계약금액을 조정할 수 있다.

④ 환율변동은 조정사유에 해당하지 않는다.

5. 지수조정률 산정 시 적용되는 비목군이 아닌 것은?

① 이윤

② 국산기계경비

③ 산재보험료

④ 표준시장단가

6. 다음 중 설계시공일괄입찰공사(턴키공사)의 설계변경에 대한 설명으로 옳지 않은 것은?

① 실시설계과정에서 발주기관의 요구로 추가되는 공사부분이 있으면 계약체결 후 계약금액 증감 조정이 가능하다.

② 지장물의 존치 등으로 지질조사가 불가능했던 부분의 경우에는 설계서와 현장상태가 상이한 경우 시공사의 책임으로 보지 않는다.
③ 발주기관 외에 당해공사와 관련된 인허가기관 등의 요구가 있어 이를 발주기관이 수용하는 경우에는 발주기관의 귀책사유로 본다.
④ 계약상대자의 귀책사유에 의한 경우 설계변경의 경우 사유별로 각각 감액만 가능하며, 증액이 허용되지 않는다.

7. 다음 설계변경 절차과정 중 발주기관의 단가산출서, 수량산출서 등의 확인 과정이 필요한 사유는?

① 설계서 불분명
② 설계서 오류
③ 설계서 누락
④ 설계서간 상호모순

8. 다음 중 산출(물량)내역서의 성격이 다른 공사는?

① 대안입찰공사의 원안부분
② 적격심사낙찰제 대상 공사
③ 종합심사낙찰제 대상공사
④ 기본설계기술제안입찰 대상공사

9. 다음 중 기타 계약내용의 변경 중 토지보상, 예산부족 등에 의한 공기연장 시 추가되는 주요 비용이 아닌 것은?

① 보통인부 등 직접노무비
② 계약보증금 기간연장 수수료
③ 현장소장 임금
④ 품질, 안전기술자 임금

10. 다음 중 계약금액 조정제도에 대한 설명으로 가장 거리가 먼 것은?

① 계약체결 시 계약당사자간 약정내용 변경 시 가능
② 계약목적물의 변경이 없는 경우 계약금액 조정 불가
③ 설계변경, 물가변동, 기타 계약내용의 변경
④ 예외적 허용(사정변경의 원칙), 의무사항

11. 계약금액 조정제도의 구분내용으로 가장 거리가 먼 것은?

① 계약목적물 변경 없는 경우 – 물가변동, 기타 계약내용의 변경
② 계약상대자 책임구분 – 설계변경
③ 계약상대자 책임구분 없는 경우 – 기타 계약내용의 변경
④ 계약목적물 변경 있는 경우 – 설계변경

12. 설계변경 사유에 대한 설명으로 가장 거리가 먼 것은?

① 설계서 하자가 없는 경우도 가능
② 설계서의 오류, 누락, 불분명, 상호간의 모순이 있는 경우
③ 계약상대자의 새로운 기술 · 공법 요구
④ 시공사 요청에 의한 관급자재의 사급자재 전환

13. 다음 중 기술형공사 설계변경에 대한 설명으로 가장 적합한 것은?

① 정부의 책임 있는 사유 또는 불가항력 사유를 제외하고는 설계변경 불가
② 설계변경 증 · 감 물량은 변경 전 · 후 산출내역서를 비교하여 산출
③ 설계서 하자 사유에 의한 설계변경은 기본적으로 시공사 책임
④ 물량내역서의 누락사항이나 오류에 의한 설계변경 가능

14. 발주기관이 설계서를 작성한 후 계약상대자에게 제공하는 공사계약의 경우 계약상대자의 책임 없는 사유에 의한 설계변경의 계약금액 조정방법으로 가장 적합한 것은?

① 증가물량 – 계약단가 ~ 설계변경 당시 단가 사이 협의
② 감소물량 – 계약단가와 설계단가(예가) 중 낮은 단가
③ 신규비목 – 설계변경 당시단가 ~ 동 단가 × 낙찰률 적용 단가 사이 협의
④ 증감물량 – 계약단가(산출내역서상 단가)

15. 물가변동으로 인한 계약금액 조정제도에 대한 설명으로 가장 거리가 먼 것은?

① 예정가격제도 적용으로 물가변동제도 별도 운영 필요
② 기간요건과 조정률요건을 동시에 충족하는 경우 조정가능
③ 기간요건 및 조정률요건 관련 특례규정 존재
④ 조정률 산정은 품목, 지수조정방법 중 계약체결 시 발주기관이 결정

16. 물가변동으로 인한 계약금액 조정신청에 대한 설명으로 가장 거리가 먼 것은?

① 조정신청은 당사자가 계약금액 조정내역서를 첨부하여 문서로 신청
② 계약금액 조정 신청기한은 준공대가(장기계속공사 차수별 준공대가) 수령 전까지
③ 책임감리 및 공사감독관을 경유하지 않고 계약담당공무원에 직접신청
④ 계약상대자가 계약금액조정신청을 하지 않을 경우 하수급인이 직접 계약담당공무원에게 계약금액 조정 신청 가능

17. 아래의 물가변동으로 인한 계약금액 조정내용에 대한 설명으로 가장 거리가 먼 것은?

〈 물가변동 조정현황 〉
– 계약금액 : 2,000억
– 물가변동적용대가 : 1,000억
– 계약체결일 : 2016년 3월 17일
– 조정기준일 : 2017년 1월 01일
– 물가변동 조정률 : 3%
– 선급금 수령액 : 600억
– 선급금 수령일 : 2017년 1월 03일

① 물가변동 조정금액 = 물가변동적용대가 × 물가변동조정률
② 선급금률(%) = (600억 ÷ 2,000억) × 100
③ 선급금 공제액(식) = 물가변동적용대가 × 선급금률 × 물가변동조정률
④ 선급금 공제액 = 1,000억 × 30% × 3% = 9억

18. 다음의 내용 중 기타 계약내용의 변경 사유로 가장 거리가 먼 것은?

① 토취장 또는 토사장 변경에 따른 운반거리 변경
② 공사이행기간의 연장
③ 관급자재의 사급자재 변경
④ 발주기관 요청에 의한 야간 및 휴일작업 발생

19. 기타 계약내용의 변경 사유 중 공사이행기간 연장으로 계약금액을 조정하는 경우에 대한 설명으로 가장 거리가 먼 것은?

① 공사중지가 있는 경우와 없는 경우로 구분하여 산정
② 공사중지 및 연장기간 현장관리노무인원에 대한 계약당사자간 배치계획 협의 필요
③ 공사이행기간 연장과 설계변경이 동시에 발생하는 경우 설계변경으로 증액된 간접비는 공제
④ 공기연장기간에 대한 계약상대자의 계약금액조

정 신청이 있는 경우 계약당사자간 협의하여 조정여부 결정

20. 기타 계약내용의 변경사항의 최소화 및 계약당사자간 분쟁 방지를 위해 노력해야 할 내용으로 가장 거리가 먼 것은?

① 토취장 또는 토사장 변경 최소화를 위한 노력 필요
② 공기연장 기간 현장관리노무인원 투입 시 계약당사자간 협의진행
③ 공사이행 기간 연장 후 계약당사자간 책임사항 확정 필요
④ 분쟁발생 시 기간 및 비용 최소화를 위한 분쟁해결 방법 사전합의

21. 다음 중 건설업 회계에 관한 일반적 설명으로 가장 적절하지 않은 것은?

① 일반기업회계기준에 의한 재무제표에는 재무상태표, 손익계산서, 자본변동표, 현금흐름표, 주석 등이 있다.
② 특정시점의 재무상태를 나타내는 보고서는 재무상태표이고, 손익계산서는 일정기간의 재무성과에 대한 정보를 제공하는 재무보고서이다.
③ 공사원가명세서는 재무제표인 손익계산서의 공사원가 금액에 대한 추가 정보를 제공하는 것이므로 외부 제3자에게 반드시 공시하여야 한다.
④ 재무회계는 기업의 외부 제3자에게 공시되므로 회계기준에 따라 객관적으로 작성되어야 한다.

22. 다음 중 건설 또는 분양원가의 항목으로 분류하기에 가장 불합리한 것은?

① 하도급 업체의 인력 투입과 관련하여 지급한 노무비(외주공사비)
② 자가 시공 및 분양 건축물의 분양을 위해 지급한 분양대행 수수료
③ 건설회사 본사의 공사 현장관리 부서의 현장 관리를 위한 경비
④ 건설현장의 설치 및 유지와 관련하여 납부하는 각종 조세와 분담금

23. 다음 중 다수의 건설현장에서 사용 가능한 크레인 운용 인력의 인건비에 대한 감가상각비 배부기준으로 가장 적절하다고 생각되는 것은?

① 본사 인건비의 각 건설현장 배부 비율
② 각 건설현장의 총 건설공사 기간 비율
③ 각 건설현장에서의 건설중장비 실제 사용시간 비율
④ 각 건설현장의 도급금액 또는 수입금액 비율

24. 다음과 같은 상황은 건설공사관련 수익과 건설원가 등에 대한 설명이다. 가장 적절하지 못한 것은?

도급금액 10,000원, 총 공사 예정원가(1차연도 및 2차연도 추정에 변화가 없음) 8,000원, 1차연도 실제 발생원가 2,800원, 2차연도 실제 발생원가 5,700원 (예정원가에 반영되지 않는 추가 원가 500원 발생)

① 총 공사 예정원가 8,000원보다 실제 발생원가가 8,500원이므로 불리한 차이가 발생하였다.
② 공사진행기준에 의한 1차연도의 공사원가는 2,800원이고, 2차연도의 공사원가는 5,700원이다.
③ 공사진행기준에 의한 1차연도의 누적 공사진행율은 실제 발생원가 2,800원을 총 실제 발생원가 8,500원으로 나누어 계산한 32.9%이고, 2차연도의 누적공사 진행율은 100%이다.
④ 공사완료기준에 의한 1차연도의 공사수익과 공사원가 인식은 없으며, 공사완료기준에 의한 1차연도의 미성공사(재고자산)는 2,800원이고 2차연도의 총공사 매출원가는 8,000원이다.

25. 건설원가의 분류에 관한 아래의 기술 내용 중 가장 적절하지 못한 것은?

① 특정 원가대상(공사현장)에 추적이 가능한 원가를 직접원가라 하고, 특정 원가대상(공사현장)에 추적이 불가능한 원가를 간접원가라 한다.
② 간접원가의 원가대상(공사현장)에 대한 배분은 원가 항목이나 특성을 고려하여 가장 합리적인 배부기준에 따라 관련 원가대상에 배부하여야 한다.
③ 특정 원가대상에 추적이 가능한 재료비는 직접재료비라 하고, 추적이 불가능한 원가는 간접재료비라 한다.
④ 특정 원가대상의 직접비로 분류된 직접재료비는 원가대상의 변동과 관계없이 항상 직접재료비에 해당한다.

26. 다음 중 원가행태와 원가추정에 관한 설명이 아닌 것은?

① 원가추정은 과거의 원가자료를 분석하여 원가형태를 분석하고, 미래의 원가를 예측하여 미래의 경영활동을 위한 계획 목적에 활용하기 위함이다.
② 원가추정의 일반적 절차는 추정할 원가요소를 선택, 조업도의 선택, 추정방법의 선택, 원가추정과 적합성 분석의 단계로 구성된다.
③ 건설현장의 경비는 각 항목의 특성과 성격을 구분하여 분석하여 원가를 추정하되, 원가 추정을 위한 특성은 실무상 편의를 고려해 조업도와 관계없이 발생하는 고정비로만 분류한다.
④ 원가추정이란 조업도(독립변수)와 총원가(종속변수)와의 관계를 분석함으로써 원가형태를 결정하는 것을 말한다.

27. 다음과 같은 상황은 건설공사 원가 항목 등에 관한 설명이다. 가장 적절하지 못한 것은?

·건설기계 원가계획 = 연간 총 감가상각비 90,000,000원, 총 사용 예정시간 1,000시간(A 현장 300시간, B 현장 200시간, C 현장 500 시간) ·건설기계 실제사용 = 총 실제 사용시간 900시간(A 현장 400시간, B 현장 0시간, C 현장 500 시간)

① 건설기계의 시간 단위당 추정 원가는 90,000원이고, 실제 시간 단위당 원가는 100,000원으로 조업도 차이에 의한 차이가 발생하였다.
② C 현장의 추정 건설기계 사용시간이 동일하므로, 불리 또는 유리한 차이가 발생하지 아니한다.
③ B 현장에서 건설기계를 실제 사용하지 않았기 때문에, 추정 시간당 공사원가와 실제 시간당 공사원가의 차이가 실제 원가계산에서는 다른 A와 C현장 원가의 증가로 나타난다.
④ A 현장의 추정 건설기계 공사원가는 27,000,000원이고, 실제 건설기계 원가는 40,000,000원이다.

28. 다음과 같은 상황은 건설공사 원가의 차이분석 등에 관한 설명이다. 가장 적절하지 못한 것은?

·원가계획 = 총 90,000원의 노무비 발생(투입수량 10시간, 시간당 임률 9,000원) ·실제 발생 = 총 120,000의 노무비 발생(투입시간 12시간, 시간당 임률 10,000원

① 공사원가의 차이는 표준 투입량과 실제 투입량, 표준가격과 실제가격의 차이 등으로 발생한다.

② 표준 시간과 실제 시간에 대하여는 시간차이가 발생하는 바, 이러한 유리한 시간차이는 총 18,000원이다.

③ 표준 임률과 실제 임률의 차이는 불리한 차이로서, 그 금액은 표준 시간에 임률차이 1,000원을 곱하여 산출한 총 12,000원이다.

④ 표준과 실제의 총 노무비 차이는 30,000원으로서 위의 시간차이와 임률차이로 인하여 발생한 금액이다.

29. 다음 중 건설원가 관리 등에 관한 설명으로 가장 적절하지 못한 것은?

① 건설현장 노무비는 일반적으로 시간급과 성과급(야근 등)으로 구분되어 지급되고, 시간급과 성과급의 시간당 임률(노임단가)은 다른 것이 일반적이다.

② 노무비 시간당 임률(노임단가)이 다른 경우, 표준 투입량과 실제 투입량이 동일하더라도 공사원가의 차이가 발생될 수 있다.

③ 건설원가에 대한 통제가능 여부와 관계없이 건설현장에서 발생한 원가는 건설현장 책임자의 성과평가에 반영하는 것이 원칙이다.

④ 실제 건설현장 재료비 투입량이 예정가격 산정 과정에서 고려된 재료비 투입량을 초과함에도 불구하고 보상 받을 수 없는 경우에는 불리한 원가차이가 발생한다.

30. 다음 중 건설관련 용어에 대한 설명으로 옳지 않은 것은?

① 특정 조업도 내에서 단위당 고정비는 감소하므로, 조업도의 변동(증가 또는 감소)과 관계없이 변동비 총액은 항상 일정하다.

② 원가보상계약이란 공사원가의 일정비율이나 고정된 이윤을 공사원가에 가산한 금액을 건설사업자가 보상받는 공사계약이다.

③ 공사 착공시점부터 원가를 산정하는 특정시점까지 발생된 공사원가의 합계인 기발생 누적원가는 실제 발생원가를 의미한다.

④ 총공사예정원가는 확정된 도급공사 계약조건에 따라 공사를 수행함에 있어 보고기간종료일 현재 이미 발생된 공사원가와 향후 발생할 공사원가를 합한 금액이다.

31. 다음 중 건설공사의 안전보건관리비 산정 및 계상을 위한 기준 사항이 아닌 것은?

① 하나의 사업장내에 건설공사 종류가 2개 이상인 경우 대표적인 공사 종류를 적용한다.

② 안전관리비 대상액은 해당 공사의 공사원가 구성 항목에 의하여 결정된다.

③ 발주자가 재료를 제공할 경우에는 해당 재료비를 대상액에 포함한다.

④ 일반 건설공사의 경우에는 계상을 위한 적용 기준을 갑, 을로 구분하여 적용하고 있다.

32. 다음 중 건설공사에 대한 산재보상보험료 계상 기준이 아닌 것은?

① 해당공사의 노무비에 노동부 장관이 고시하는 요율을 적용하여 계상한다.

② 총 공사금액 2천만원 미만의 건설업자가 아닌 자가 시공하는 건설공사는 적용을 제외 한다.

③ 보험료 요율은 고용보험 및 산업재해보상보험의 보험료 징수 등에 관한 법률을 적용한다.

④ 산재보상보험료 건설업의 사업세목은 산업안전보건관리비 공사 종류 구분을 적용한다.

33. 다음 중 건설공사에 대한 공사 손해보험료 계상 기준이 아닌 것은?

① 계약목적물에 대한 손해 담보 및 제3자 손해배상책임 담보를 포함한다.

② 건설공사 추정가격이 200억 이상인 PQ 대상 건설공사는 의무적으로 가입해야 한다.
③ 설계변경으로 금액 변동이 있는 경우에도 당초 보험가입금액은 조정 할 수 없다.
④ 계약 상대자가 필요한 경우 계약 상대자 비용으로 추가 약관 가입이 가능하다.

34. 국가 발주공사의 원가계산 시 회계예규 규정에 의한 경비 항목으로 관계가 없는 항목으로만 연결되어진 것은?

① 일반관리비-이윤-지급임차료
② 간접노무비-일반관리비-이윤
③ 일반관리비-건설근로자퇴직공제부금비-이윤
④ 산업재해보상보험의 보험료-공사손해보험료-이윤

35. 다음 중 건설공사의 고용보험의 보험료 계상 기준이 아닌 것은?

① 총 공사금액 2천만원 미만의 건설업자가 아닌 자의 시공을 포함한 모든 건설공사에 적용한다.
② 해당 공사의 노무비에 보험료 요율을 곱하여 산정한다.
③ 보험료 요율은 조달청의 유자격자 명부기준을 근거로 7등급으로 구분하여 적용한다.
④ PQ, 실적대상공사의 경우 공사금액에 따라 토목, 건축을 구분하여 요율을 적용한다.

36. 시공 및 유지관리 단계에서 BIM을 활용한 기대효과로 올바른 것은?

① 정확한 설계의 시각화를 활용한 의사소통의 원활
② 설계단계의 투입자원은 증가하나 시각화 기반의 시공단계활용을 위한 정보의 재사용으로 투입자원의 절감
③ 정확하고 일정한 2D, 3D 설계도면 생성
④ 설계단계 동안의 물량 및 공사비 예측

37. 건설사업관리를 효과적이고 체계적으로 관리하기 위하여 작업분류체계(WBS: Work Breakdown Structure) 정보와 비용분류체계(CBS: Cost Breakdown Structure)정보가 매우 중요한 역할을 한다. 이들 각각에 대한 설명 중 가장 거리가 먼 것은?

① WBS란 프로젝트 요소를 성과물의 관점에서 계층적 그룹화한 물리적이고 체계적으로 구성한 체계를 말한다.
② WBS-CBS통합정보는 건설사업관리를 함에 있어서 매우 중요한 정보이며, 이 과정은 물량산출 과정에서 통합할 수 있다.
③ WBS의 요소는 '시설-공간-부위'로 구성되어 있으므로, WBS를 독립적으로 활용하여 물량산출을 통해 예산을 작성할 수 있다.
④ 비용분류체계(CBS)정보를 활용하여 내역서를 구성할 수 있으며, 계약변경으로 인한 설계변경 등에 활용할 수 있다.

38. BIM(Building Information Modeling)을 활용한 공정-공사비 통합관리의 기대효과로 올바른 것은?

ㄱ. 시각화를 이용한 대안공정 수립 ㄴ. 공정 및 공사비 분석 능력과 공사현황 이해도 향상 ㄷ. 시각화를 통한 기간대(년, 월)별 투입공사비 예측 ㄹ. 시각화 기반으로 예산 집행의 투명성 확보

① ㄱ, ㄴ, ㄷ, ㄹ
② ㄴ, ㄷ, ㄹ
③ ㄷ, ㄹ
④ ㄱ, ㄴ

39. 국내 조달청에서 발주하는 일정금액 이상의 턴기/설계공모 공사에는 BIM(Building Information Modeling)적용이 의무화되어 있다. 다음 중2016부터 BIM(Building Information Modeling)적용이 의무화되는 공공건축공사 규모로 올바른 것은?

① 100억 이상
② 200억 이상
③ 300억 이상
④ 500억 이상

40. BIM(Building Information Modeling) 기반의 수량산출정보를 활용한 공정-공사비 통합관리의 기대효과로 거리가 먼 것은?

① 공정 및 공사비 성과측정 및 예측 가능
② 시각화 기반으로 공사 진척현황 파악 및 투입 비용예측
③ 3D모델을 활용한 사전 시공간섭
④ 공정진도 및 기성 처리의 효율성 향상으로 인한 투명성확보

3
1
5

2차 실기 시험

원가계산(건축 선택)

수량 산출(구조, 마감)

공사원가계산서 이해

표준품셈 및 일위대가

2차 실기시험

4교시 원가계산(건축 선택)

1. 일반적으로 건축공사 수량산출 방법을 설명한 다음 항목 중 가장 적합하지 않은 것은?

① 기둥과 보가 접하는 보단면은 기둥 거푸집 수량에서 공제하지 않는다.

② 흙에 접한 기초바닥은 기초 거푸집 산출시 산출하지 않는다.

③ 스라브 거푸집 수량 산출시 1㎡ 이상 개구부는 공제하지 않는다.

④ 옹벽 거푸집 수량 산출시 1㎡ 미만 개구부는 공제하지 않는다.

2. 직접재료비, 직접노무비에 대한 금액을 가지고, 간접노무비와 고용보험료를 산출 하였을 때 그 합은 얼마인가?

> 【일반기준】
> – 직접 재료비는 10,000,000원
> – 직접 노무비는 6,000,000원
> – 간접 노무비율은 10%, 고용보험료율은 2%로 한다.
> – 기타 제시되지 않는 조건은 없는 것으로 한다.

① 732,000원

② 932,000원

③ 1,332,000원

④ 1,520,000원

※ 다음 표를 참고하여 3번 물음에 답하시오.

다음은 조달청 발주공사의 건축공사 설계원가계산시 한 예이다.

공 사 원 가 계 산 서

단위 : 원

비목			금액	구성비	비고
순공사원가	재료비	직접재료비	7,500,000,000		
		간접재료비			
		작업설, 부산물(△)			
		[소계]	7,500,000,000		
	노무비	직접노무비	3,400,000,000		
		간접노무비	326,400,000	직접노무비 * 9.6%	
		[소계]	3,726,400,000		
	경비	기계경비	157,000,000		
		산재보험료	141,603,200	노무비 * 3.8%	
		고용보험료	32,419,680	노무비 * 0.87%	
		국민 건강 보험료	57,800,000	직접노무비 * 1.7%	
		국민 연금 보험료	84,660,000	직접노무비 * 2.49%	
		노인장기요양보험료	3,785,900	건강보험료 * 6.55%	
		퇴직 공제 부금비	78,200,000	직접노무비 * 2.3%	
		산업안전보건관리비	270,320,000	(재료비+직노) * 2.93*1.2%	
		환경보전비	55,285,000	(재료비+직노+기계경비) * 0.5%	
		기타경비	673,584,000	(재료비+노무비) * 6.0%	
		하도급지급보증수수료	7,739,900	(재료비+직노+기계경비) * 0.07%	
		[소계]	1,562,397,680		

3. 상기 건축공사 원가계산서 중 직접재료비, 직접노무비, 기계경비의 내역서 항목에 반영 할 수 있는 것은?

① 세륜장시설 설치

② 낙하물 방지망 설치

③ 외부 쌍줄비계 설치

④ 이동식 간이화장실

※ 다음 【표1】,【표2】를 참고하여 주관식 4번부터 6번까지의 물음에 답하시오.

【표1】

다음은 oo신축공사의 조달청 발주 원가계산서 한 예이다.

공 사 원 가 계 산 서

단위 : 원

비 목			금 액	구 성 비	비 고
순공사원가	재료비	직 접 재 료 비	①		
		간 접 재 료 비			
		작업설, 부산물(△)			
		[소 계]			
	노무비	직 접 노 무 비	②		
		간 접 노 무 비		직접노무비 * 9.4%	
		[소 계]			
	경비	산 출 경 비	③		
		산 재 보 험 료		노무비 * 3.9%	
		고 용 보 험 료		노무비 * 0.87%	
		국민 건강 보험료		직접노무비 * 1.7%	
		국민 연금 보험료		직접노무비 * 2.49%	
		노인장기요양보험료		건강보험료 * 6.55%	
		퇴직 공제 부금비		직접노무비 * 2.3%	
		산업안전보건관리비		(재료비+직노) * 2.93*1.2%	
		환 경 보 전 비		(재료비+직노+기계경비) *	
		기 타 경 비		(재료비+노무비) * 5.0%	
		하도급지급보증수수료		(재료비+직노+기계경비) *	
		[소 계]			
계					
일 반 관 리 비				계 * 6.0%	
이 윤				(노무비+경비+일반관리비)	
공 급 가 액					
부 가 가 치 세				공급가액 * 10%	
도 급 액					
관 급 자 재 비					
총 공 사 비					

【표2】

공 사 별 집 계 표

[oo 신축공사] 단위 : 원

품 명	규격	단위	수량	재료비 단가	재료비 금액	노무비 단가	노무비 금액	경비 단가	경비 금액	합계 단가	합계 금액	비고
1.공 사 별 집 계												
1-01.건 축 공 사		식	1		432,255,000		456,000,000		13,035,000		901,290,000	
1-02.토 목 공 사		식	1		21,210,000		22,140,000		4,350,000		47,700,000	
1-03.기 계 공 사		식	1		59,400,000		48,345,000		19,500		107,764,500	
1-04.전 기 공 사		식	1		82,905,000		90,105,000		18,000		173,028,000	
1-05.소 방 공 사		식	1		30,945,000		7,485,000		465,000		38,895,000	
1-06.관급자재비		식	1		198,652,000						198,652,000	
합 계					825,367,000		624,075,000		17,887,500		1,467,329,500	

4. 상기 "OO신축공사"의 직접공사비 공사별 집계표로 원가계산서를 작성하려고 한다. 순공사원가 재료비 중 직접재료비 금액(①)에 적용할 금액은?

(원)

5. 상기 "OO신축공사"의 직접공사비 공사별 집계표로 원가계산서를 작성하려고 한다. 순공사원가 노무비 중 직접노무비 금액(②)에 적용할 금액은?

(원)

6. 상기 "OO신축공사"의 직접공사비 공사별 집계표로 원가계산서를 작성하려고 한다. 순공사원가 경비 중 산출경비 금액(③)에 적용할 금액은?

(원)

7. 아래 독립기초 도면을 보고 구매해야할 철근의 자재비(원)를 구하시오.

【공사조건】
- 가로 6,000mm, 세로 3,000mm, 두께 800mm의 독립기초
- 철근의 배근은 가로, 세로 근 HD25@200mm 임
- 철근의 자재할증은 3% 로 적용한다.
- 철근의 가격은 kg 당 700 원이다.
- HD 25mm 철근의 단위중량은 3.98 kg/m
- 계산은 단가를 곱하기 전에 소수 둘째자리에서 반올림한다.
- 기타 제시되지 않은 조건은 없는 것으로 한다.

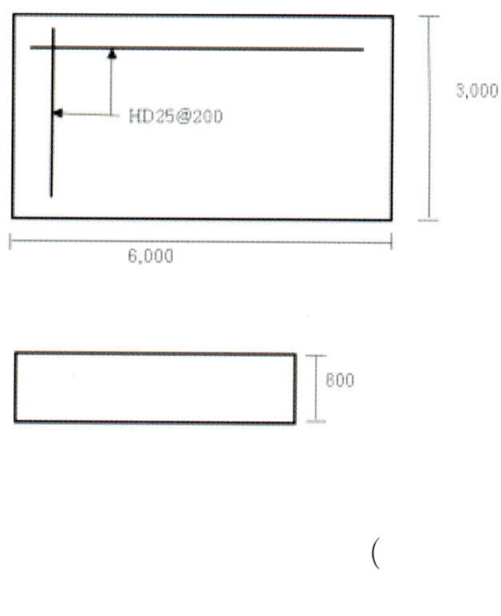

(원)

8. 다음 FDS-1 창호의 조합페인트 수량(㎡)을 구하시오.

【공사조건】

- 가로 2,000mm, 높이 2,200mm 의 방화문임
- 철재도어의 도장 배수는 2.5로 한다.
- 문짝은 정전분체 도장이며 도장 배수는 2.0 으로 한다.
- 문틀은 현장 조합페인트 도장이다.
- 소수 둘째자리에서 반올림하여 소수 첫째자리까지 구할 것
- 기타 제시되지 않은 조건은 없는 것으로 한다.

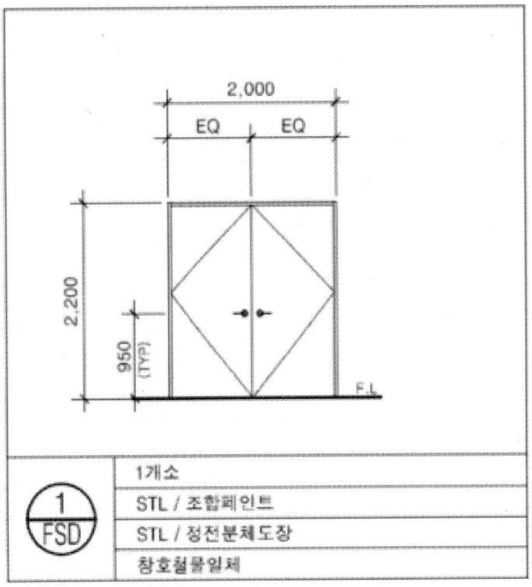

(㎡)

9. 아파트 건설공사에서 철근을 가공하고 조립하는 일위대가표를 작성하고 있다. 아래 제시된 조건을 기준으로 철근을 가공하고 조립할 때 톤당 소요되는 인건비는 얼마인가?

【공사조건】

- 철근을 가공하고 조립하는 데 톤당 철근공 1명 소요.
- 야간작업(22:00~06:00)으로 공사를 수행하고 있으며 이때 노임할증은 50%이다.
- 철근공에 대한 하루(8시간 기준) 임금은 150,000원이다.
- 기타 제시되지 않은 사항은 없는 것으로 한다.

① 175,000원
② 205,000원
③ 225,000원
④ 252,000원

10. 다음조건을 기준으로 백호의 시간당 기계 경비를 구하시오.

【공사조건】

- 건설기계운전수는 1인이고, 1일(8시간 기준) 임금은 80,000원이다.
- 백호 가격은 100,000,000원이고, 시간당 손료계수는 100×10-7로 한다.
- 경유, 잡재료 등의 비용은 시간당 20,000원으로 한다.
- 기타 제시되지 않은 조건은 없는 것으로 한다.

① 11,000원
② 21,000원
③ 31,000원
④ 41,000원

2차 실기 시험

원가계산(토목 선택)

수량 산출(토목)

공사원가 계산서

공사단가 산정

4교시 원가계산(토목 선택)

1. 암거 길이 2m에 대한 콘크리트 타설량(m^3)을 산출하시오.(단, 기초콘크리트량도 포함하며, 소수점 이하 절하한다.)

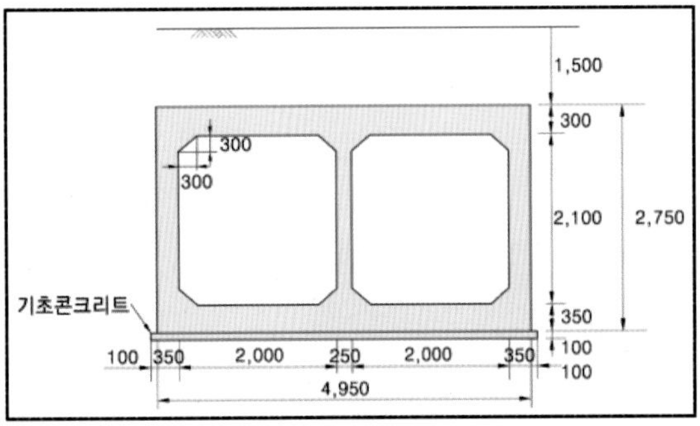

(m^3)

2. 레미콘 믹서트럭($6m^3$)이 1일 5대만 출입이 가능한 현장이다. 표준시장단가를 활용하여 콘크리트타설 단가(원/m^3)를 산정하시오. (이때 레미콘의 구입 할증은 2%이다. 소수점 이하 절하)

【조건】

■ EC*** 콘크리트타설/ 펌프카

공종코드	공종명칭	규격	단위	단가	노무비율
EC120.12321	무근콘크리트타설/펌프카	슬럼프 15 (100m^3이상/일)	m^3	11,370	76%
EC220.12321	철근콘크리트타설/펌프카	슬럼프 15 (100m^3이상/일)	m^3	12,706	77%

【단가정의】

① 이 단가는 콘크리트 펌프카를 사용하여 콘크리트를 타설(붐타설) 및 다짐하는데 소요되는 제비용을 포함한다.
② 다만, 레미콘 재료비, 콘크리트 타설 후 양생 및 보양비용은 제외한다.
③ 배관으로 타설해야 할 경우에는 이 단가를 적용하지 않는다.
④ 슬럼프값 또는 일일타설량에 따라, 위 단가 및 노무비율에 아래 표의 계수를 곱하여 적용한다.

무근콘크리트 타설(펌프카)	슬럼프 15				슬럼프 8-12			
	300m^3 이상/일	100m^3 이상/일	50~100m^3 미만/일	50m^3 미만/일	300m^3 이상/일	100m^3 이상/일	50~100m^3 미만/일	50m^3 미만/일
표준시장단가	0.92	1	1.07	1.28	0.96	1.05	1.14	1.37
노무비율	1.07	1	0.95	0.83	1.04	0.96	0.90	0.79

철근콘크리트 타설(펌프카)	슬럼프 15				슬럼프 8-12			
	300m^3 이상/일	100m^3 이상/일	50~100m^3 미만/일	50m^3 미만/일	300m^3 이상/일	100m^3 이상/일	50~100m^3 미만/일	50m^3 미만/일
표준시장단가	0.91	1	1.08	1.34	0.95	1.05	1.15	1.43
노무비율	1.08	1	0.94	0.80	1.04	0.96	0.90	0.76

(원)

3. 토사운반 단가산출을 할 때 괄호 안에 공통적으로 적용되는 체적변화율을 영문자로 쓰시오.

(1) 적재 (로우더 2.87m^3 타이어)

q0=2.87, K=1.2, f = (　　), E0=0.6

m=1.8, L=8m, t1=9, t2=14

cm=(m×L)+t1+t2= sec

Q1=3600×q0×K×f×E0/cm= m^3/hr

(2) 운반 (덤프 15ton)

L= km, E=0.9, f = (   )

q1=15/1.6ton/㎥×1.3=

n=q1/(2.87×K)= 회

T1=(cm×n)/(60×E0)= 분

T2=L/15×2×60= 분

T3=0.8, T4=0.42분, T5=0.5

cm=T1+T2+T3+T4+T5= 분

Q=60×q1×f×E/cm= ㎥/hr

4. 2016년도 국도건설공사 설계실무 요령(국토교통부) 1.토공(수량내역서)에서 1.05 흙깎기, 1.06 유용토 운반의 수량 상태 기준으로 맞는 것은?

① 다짐상태
② 흐트러진 상태
③ 자연상태
④ 원 지반 상태

5. 단가산출시 수량산출서의 단위수량을 확인하지 않아도 되는 가장 적합한 공종은?

① L형 측구 : m
② 터파기 : ㎥
③ 암거 : m
④ 집수정 : 개소

6. 콘크리트 1㎥당 철근량 0.008㎥ 발생하는 것으로 산출하여 자연발생품(철근고재)의 공제금액(원/㎥)을 산출하시오. (소수점 이하 절하)

단) 철근단위중량 7,850kg/㎥

공제량은 발생량의 70%

고철가격 80,000원/ton

(원)

7. 건설공사에서 "작업폐기물로서 부스러기, 파쇄 등으로 구체적인 형상이 있으며 경제적인 가치가 있는 것"을 무엇이라 하는가?

(   )

8. 표준품셈 적용에 있어서 "근로시간을 벗어난 시간외, 야간 및 휴일의 근무가 불가피 한 경우 또는 유해 위험작업인 경우"에 적용되는 할증은?

① 노임의 할증
② 재료의 할증
③ 품의 할증
④ 가격의 할증

9. 표준품셈 적용에 있어서 군작전지구내 인력 작업할증율 20%, 도서지구의 인력작업할증 50%일 때 기본품에 몇%의 할증을 가산하여야 하는가?

① 20%
② 50%
③ 70%
④ 80%

10. 관급자재 선정 검토서 작성 시[중소기업제품 구매촉진 및 판로지원에 관한 법률 시행령]제11조 제2항 제1호에 해당하는 직접구매대사 품목으로서 해당공사에 적용 가능한 자재 중 추정가격이 얼마 이상인 자재로 규정하고 있는가?

① 1,000만 원
② 2,000만 원
③ 3,000만 원
④ 5,000만 원

C

예상문제 정답 및 해설

건설원가관리사 자격검정시험 예상문제 정답 및 해설

1차 이론시험

1교시 건설사업 관리일반 정답 및 해설

1번 정답 : ④

정답 : 사업의 특성은 결과물 생산, 시간의 제약, 예산의 절약입니다.

2번 정답 : ②

해설 : 공기가 촉박한 공사는 설계시공분리발주를 선택하면 불리합니다.

3번 정답 : ②

해설 : 부적합사항(NCR) 판정의 기준 제공은 공정 계획 및 관리(Planning & Scheduling)의 목적이 아닙니다.

4번 정답 : ②

해설 : 주공정(Critical Path) 경로는 1 → 4 → 7 → 10 → 11 → 12입니다.

5번 정답 : ④

해설 : 국내 공공 건설 사업은 예산 준수 설계(Design to Cost)의 개념을 철저하게 적용하지 않아 예산을 초과하는 경우가 많지 않습니다.

6번 정답 : ①

정답 : 예비비를 포함한 총 사업예산의 견적은 건설회사의 원가관리사(Contractor's Estimator)가 수행하는 업무가 아닙니다.

7번 정답 : ③

해설 : 3번은 건설업자의 시공자격을 판단하는 '부대공사'에 관한 설명이 아닙니다.

8번 정답 : ③

해설 : 도급금액이 3천만원 미만인 건설공사는 통보대상이 아닙니다.

9번 정답 : ③

해설 : 수급인은 공사특성에 따라 공사실적, 기술능력 등을 기준으로 하수급인의 자격을 제한할 수 있습니다.

10번 정답 : ②

해설 : 산재보험료는 도급금액산출내역서에 반영된 보험료나 수수료 중에서 사후정산 대상이 아닙니다.

11번 정답 : ①

정답 : 도급받은 건설공사를 계획 · 관리 · 조정하면서 2인 이상의 전문건설업자에게 업종별로 분할하여 하도급 하는 경우 일괄하도급에 해당되지 않습니다.

12번 정답 : ②

해설 : 어업용으로 설치하는 저장고는 건축주가 직접 시공할 수 있습니다.

13번 정답 : ③

해설 : 건설용역업은 건설산업기본법에 적용을 받습니다.

14번 정답 : ③

해설 : 수급인 하자담보책임에 따르면 공사 목적물의 성능, 특성 등을 고려하여 하자담보책임기간을 도급계약에서 따로 정할 수 있습니다.

15번 정답 : ②

해설 : 건축사법에 의한 설계는 건설기술에 해당하지 않습니다.

16번 정답 : ④

정답 : 건설신기술에 관한 신기술로 지정되더라도 현장 여건에 따라 취소할 수 있습니다.

17번 정답 : ④

해설 : 건설기술용역사업에 따르면 건설기술용역업자가 용역을 도급받은 경우 그 일부를 다른 건설기술용역업자에게 하도급 할 수 있습니다.

18번 정답 : ④

해설 : 설계의 경제성 검토에 따르면 발주청은 설계의 경제성 검토 결과로 제시된 개선 제안 내용을 무조건 반영하여야 하는 것은 아닙니다.

19번 정답 : ②

해설 : 타일은 마감재 이므로 해당되지 않습니다.

20번 정답 : ③

해설 : 건설공사 안전관리에 따르면 해당 건설공사가 「산업안전보건법」에 따른 유해ㆍ위험 방지 계획 수립 대상인 경우에는 유해ㆍ위험방지계획과 안전관리계획을 통합하여 작성할 수 있습니다.

21번 정답 : ④

정답 : 중단시점에 따른 공정율이 다르므로 모든 건설공사에 대하여 공사 중단으로 1년 이상 방치된 경우에는 그 공사를 다시 시작하기 전에 정기안전점검 수준의 안전점검 실시를 하지 않습니다.

22번 정답 : ①

해설 : 높이가 10미터 이상인 비계는 건설업자가 기술사 등 관계전문가로부터 구조적 안전성을 확인받아야 하는 가설구조물이 아닙니다.

23번 정답 : ①

해설 : 환경관리비의 계상 및 사용방법 등은 환경부령으로 정하지 않습니다.

24번 정답 : ②

해설 : PQ 심사는 발주처마다, 공사 발주 방식마다 적용 기준이나 배점이 다릅니다.

25번 정답 : ③

해설 : 장기계속계약에 따르면 예산이월은 체차이월방식으로 완성년도까지 계속 이월하여 사용할 수 없습니다.

26번 정답 : ①

정답 : 일본의 주 낙찰제도는 적격심사낙찰제가 아닙니다.

27번 정답 : ④

해설 : 현행 적격심사낙찰제도에 따르면 공사규모가 클수록 입찰가격의 가중치가 낮습니다.

28번 정답 : ①

해설 : 현행 종합심사낙찰제도의 동일공사에 따르면 토목이 중분류는 교통, 수자원, 기타토목으로 구분됩니다.

29번 정답 : ③

해설 : 기술제안입찰제도는 생애주기비용(LCC)을 강조하는 낙찰제도이며, 참가비용은 턴키입찰과 유사하지 않습니다.

30번 정답 : ④

해설 : 정부계약의 이행 중 선금 및 기성대가 지급과 관련하여 기성대가는 기성검사 완료 후 계약상대자 청구일로부터 7일 이내에 지급하여야 하지 않습니다.

31번 정답 : ①

정답 : 부정당업자제재를 대체하는 과징금부과는 2010년 시행된 제도입니다.

32번 정답 : ①

해설 : 예정가격작성기준에 따르면 공사원가계산에서 보상비는 해당 공사로 인해 공사현장에 인접한 도로 하천 · 기타 재산에 훼손을 가하거나 지장물을 철거함에 따라 발생하는 보상 · 보수비를 말한다. 다만, 해당공사를 위한 용지보상비는 제외한다는 옳지 않습니다.

33번 정답 : ③

해설 : 공사의 분할계약금지에 따르면 각 중앙관서의 장은 공사의 예산 편성과 기본설계 등 사업의 계획 단계부터 분할 · 분리 계약의 가능 여부를 검토할 수 없습니다.

34번 정답 : ②

해설 : 지자체공사의 지체상금율(또는 지연배상금율)은 물품의 제조 구매에 있어서 1,000분의 0.8입니다.

35번 정답 : ①

해설 : 계약금액의 조정중 계약담당공무원은 설계변경으로 공사량의 증감이 발생하는 경우, 증감된 공사량의 단가는 예정가격단가를 기준으로 하여 계약금액을 조정하여야 합니다.

36번 정답 : ②

정답 : 입찰참가자격의 판단기준에 따르면 입찰참가자가 영업정지처분을 받은 경우에는 「건설산업기본법」 등 관련법령에 의한 처리기준에 따라 입찰참가자격을 판단하고, 입찰참가자가 입찰참가자격제한을 받은 경우에는 입찰참가등록 마감일까지 입찰참가자격제한기간이 만료되어야 입찰참가가 가능지 않습니다.

37번 정답 : ③

해설 : 가격점수조정방식은 일괄입찰에서의 실시설계 적격자 선정방식에 속하지 않습니다.

38번 정답 : ④

해설 : 4공동도급에 관한 내용중 공동이행방식으로 건설공사를 도급받은 공동수급체의 구성원의 일부가 탈퇴한 경우에는 잔존 구성원이 공동연대하여 당해 계약을 이행하여야 하나, 잔존 구성원만으로는 시공자격 등 당해 계약이행조건을 갖추지 못할 경우 발주자의 승낙을 얻어 당해 요건을 충족하거나 계약이행조건을 갖춘 구성원을 추가할 수 없습니다.

39번 정답 : ②

해설 : 이의신청과 국가계약분쟁조정위원회에 관한 설명e에 따르면 국가계약분쟁조정위원회 위원중 공무원이 아닌 위원은 징역 이상의 형의 선고를 받거나 장기간의 심신쇠약으로 직무를 수행할 수 없게 된 때를 제외하고도 임기 중 그 의사에 반하여 해촉될수 있습니다.

40번 정답 : ③

해설 : 도면의 변경으로 공사물량이 늘어난 경우는 「기타 계약 내용의 변경으로 인한 계약금액 조정」 사유에 해당되지 않습니다.

1차 이론시험

2교시 공사원가 산정기준 정답 및 해설

1번 정답 : ②

정답 : 전자부문은 우리나라에서 표준품셈이 발표되고 있는 공종이 아닙니다.

2번 정답 : ②

해설 : 삼성전자 평택 반도체 공장 증설공사와 같은 민간공사는 설계시 표준품셈을 적용하여 공사비를 산정하여야 하는 공사가 아닙니다.

3번 정답 : ④

해설 : 표준품셈을 이용하여 공사비 산정 시 종목별 금액의 단위표준에 따르면 일위대가표의 금액란은 1원미만도 반올림 합니다.

4번 정답 : ③

해설 : 운반거리는 A-B 거리 20m+18m (B-C 수평거리 12m×1.5) = 38m입니다.

5번 정답 : ④

해설 : 로우더는 건설공사 현장에서 다짐용으로 사용할 수 있는 건설기계가 아닙니다.

6번 정답 : ③

정답 : 정비비는 표준품셈에 의한 건설기계경비 산정 시 기계경비의 구성요소 중 기계손료 항목이 아닙니다.

7번 정답 : ③

해설 : 설계단가는 공공사의 공사비 산정 시 적용하는 표준시장단가의 기초자료가 아닙니다.

8번 정답 : ③

해설 : 공공공사의 공사비 산정 시 표준시장단가를 적용해야 하는 공사규모는 추정가격 100억 이상입니다.

9번 정답 : ③

해설 : 전기공사는 국토교통부장관이 정하는 표준품셈의 구성요소가 아닙니다.

10번 정답 : ①

해설 : 철골철근콘크리트중의 철골자리는 설계도에 의한 구조물 수량계산시 공제하지 않는 항목입니다.

11번 정답 : ④

정답 : 노임 및 품의 할증에 따르면 고소작업의 경우 작업 능률저하를 고려하여 품을 할증하지 않습니다.

12번 정답 : ②

해설 : 트랜처는 표준품셈에서 제시하는 건설기계 중 운반기계와 관련이 없습니다.

13번 정답 : ③

해설 : 산식은 시간당 작업량 : $Q=\frac{60qfEe}{Cm}$ $[m^3/hr]$ 이므로 정답은 61.56 ㎥/hr입니다.

14번 정답 : ①

해설 : 국가를 당사자로 하는 계약에 관한 법령에서 표준시장단가는 계약단가만을 활용하여 산정

되지 않습니다.

15번 정답 : ③

해설 : 표준시장단가는 직접공사비와 간접공사비 등으로 구성되는 데 안전관리비는 직접공사비가 아닌 간접공사비입니다.

16번 정답 : ④

정답 : 체적환산계수는 일반적으로 체적변화 L은 1보다 작지 않습니다.

17번 정답 : ④

해설 : 경사면의 소운반거리는 높이 1m 당 6m로 계산합니다.
수평거리 50m+60m(10 m×6) = 110m입니다.

18번 정답 : ④

해설 : 공공공사 발주를 위하여 설계 시 미리 산정하는 예정가격은 부가가치세액과 관급자재가격이 포함되어 있지 않습니다.

19번 정답 : ①

해설 : 공공사업 수행 시 예정가격의 작성절차는 추정가격–설계가격–기초금액–복수예비가격–예정가격 입니다.

20번 정답 : ①

해설 : 공사비 산정 과정을 5단계는 품목작성 및 물량산출–품목별 가격조사–단위당 단가 산출 – 공사비내역서 산출–간접공사비 및 총괄표 작성 순입니다.

21번 정답 : ③

정답 : 공공공사 설계 시 원가계산에 의한 공사비 산정과정에서 작성되는 자료목록중 총괄집계표는 중간 집계표이므로 해당되지 않습니다.

22번 정답 : ②

해설 : 공공공사에서 총액입찰로 발주되는 공사의 계약문서는 물량산출을 안한 경우이므로 아 물량산출서는 해당되지 않습니다.

23번 정답 : ④

해설 : 총액입찰로 발주된 공사에서 기계실 펌프가 시방서에는 100HP이나 물량내역서에는 80HP로 표기된 경우 100HP로 변경조치한 경우는 시공자가 물량내역서를 작성했으므로 설계변경에 의한 계약금액조정에 해당되지 않습니다

24번 정답 : ④

해설 : 공사손해보험료는 공공공사의 원가계산에 의한 공사비 산정과 관련하여 '순공사원가' 항목이 아닙니다.

25번 정답 : ①

해설 : 공공공사의 원가계산에 의한 공사비 산정 시 현장에서 사용하는 바이스, 렌치 등 소모성공구를 표준품셈에 의하여 '공구손료'로 계상할 경우 재료비 항목으로 분류합니다.

26번 정답 : ①

정답 : 공공공사의 공사비 산정 시 상시고용근로자의 상여금과 퇴직금 산정을 위하여 상여계수를 14/12로 계상하였다면 상여금을 100%로 반영합니다.

27번 정답 : ③

해설 : 국가를 당사자로 하는 계약에 관한 법령에 의한 예정가격 결정기준을 적용해야 하는 기관에 지방자치단체는 해당되지 아니하므로 서울특별시가 해당되지 않습니다.

28번 정답 : ③

해설 : 본사지원자는 원가계산에 의한 예정가격 작성기준에서 간접노무비 대상과 과련이 없습니다.

29번 정답 : ③

해설 : 간접노무비는 노무비 항목이므로 원가계산에 의한 예정가격 작성기준 상 경비 항목과 관련이 없습니다.

30번 정답 : ②

해설 : 원가계산에 의한 예정가격 작성기준 상 종합공사 50억 미만공사의 일반관리비율은 (재료비+노무비+경비)×6.0% 로 작용합니다.

31번 정답 : ①

정답 : 건강보험료는 직접노무비×요율로 원가계산을 합니다.

32번 정답 : ③

해설 : 노인장기요양보험료는 건강보험료×요율로 원가계산을 합니다.

33번 정답 : ④

해설 : 내역서에 반영된 안전시설비는 직접비이므로 산업안전보건관리비와에 해당되지 않습니다.

34번 정답 : ③

해설 : 안전관리자 인건비는 안전관리비에 계상하지 않습니다.

35번 정답 : ④

해설 : 최종원가의 예측은 현재까지 발생한 비용과 앞으로 발생할 이윤을 합산하는 것은 원가관리에 해당하지 않습니다.

36번 정답 : ③

정답 : 공사원가 구성항목에 대한 설명에 따르면 간접노무비는 직접작업에 종사하는 종업원과 노무자의 기본급, 제수당, 상여금, 퇴직급여 충당금의 합계가 아닙니다.

37번 정답 : ①

해설 : 직접비, 간접비 산정 이후 입찰금액 작성 단계의 업무 중 가장 중요한 업무는 물량산출 및 검증 업무가 아닌 금액 검토입니다.

38번 정답 : ④

해설 : 견적(입찰) 단계별 업무 중 견적의뢰 단계의 업무중 NSC(Nominated Subcontractor) 대상업체는 제외이므로 견적의뢰 강화는 해당되지 않습니다.

39번 정답 : ①

해설 : 견적 리스크는 공사원가 또는 공기에 영향을 줄 수 있는 제반 불확실한 요인입니다.

40번 정답 : ②

해설 : 실행예산은 현장의 불확실성이 크므로 집행에 차질이 없도록 항상 예산 내 발주 가능한 안정적이고 정확한 금액으로 작성되기가 쉽지 않습니다.

1차 이론시험

3교시 건설원가관리 실무 정답 및 해설

1번 정답 : ④

정답 : 국가계약법령에 따른 계약금액조정에 따르면 설계변경 및 계약금액 조정은 설계시공분리입찰, 설계시공일괄입찰 여부와 관계없이 동일하게 적용되지 않습니다.

2번 정답 : ①

해설 : 국가계약법령에 따른 공사계약의 물가변동 제도에 따르면 소비자물가지수는 반영하지 않는 항목입니다.

3번 정답 : ②

해설 : 국가계약법령에 따른 물가변동 시 조정률 산정을 위해 적용되는 품목조정률은 작업에 많은 시간이 소요되며, 지수조정률 방식에 비하여 정확한 조정률 산정이 가능합니다.

4번 정답 : ①

해실 : 국가계약빕령싱 물가변동 특례에 따르면 원자재의 가격 급등 등으로 조정률이 100분의 5이상 증가하는 경우에는 기간요건(90일) 이내에도 조정이 가능합니다.

5번 정답 : ①

해설 : 이윤은 지수조정률 산정 시 적용되는 비목군이 아닙니다.

6번 정답 : ④

정답 : 설계시공일괄입찰공사(턴키공사)의 설계변경에 따르면 계약상대자의 귀책사유에 의한 경우 설계변경의 경우 사유별로 증액이 허용됩니다.

7번 정답 : ①

해설 : 설계변경 절차과정 중 발주기관의 단가산출서, 수량산출서 등의 확인 과정이 필요한 사유는 설계서 불분명입니다.

8번 정답 : ④

해설 : 기본설계기술제안입찰 대상공사는 산출(물량) 내역서가 해당되지 않습니다.

9번 정답 : ①

해설 : 보통인부 등 직접노무비는 기타 계약내용의 변경 중 토지보상, 예산부족 등에 의한 공기연장 시 추가되는 주요 비용이 아닙니다.

10번 정답 : ②

해설 : 계약금액 조정제도에 따르면 계약목적물의 변경이 없는 경우에도 가변동, 기타 계약내용의 변경등의 요건에 따라 계약금액의 조정이 될 수 있습니다.

11번 정답 : ②

정답 : 계약금액 조정제도의 구분내용중 계약상대자 책임구분중 설계변경은 아닙니다.

12번 정답 : ④

해설 : 시공사 요청에 의한 관급자재의 사급자재 전환은 설계변경 사유에 해당되지 않습니다.

13번 정답 : ③

해설 : 기술형공사 설계변경중 설계서 하자 사유에 의한 설계변경은 기본적으로 시공사 책임입니다.

14번 정답 : ③

해설 : 발주기관이 설계서를 작성한 후 계약상대자에게 제공하는 공사계약의 경우 계약상대자의 책임 없는 사유에 의한 설계변경의 계약금액 조정방법중 신규비목은 설계변경 당시단가~동 단가×낙찰률 적용 단가 사이의 협의율로 적용합니다.

15번 정답 : ④

해설 : 물가변동으로 인한 계약금액 조정제도에 따르면 조정률 산정은 품목, 지수조정방법 중 계약체결 시 발주기관이 결정합니다.

16번 정답 : ④

정답 : 물가변동으로 인한 계약금액 조정신청에 따르면 계약상대자가 계약금액조정신청을 하지 않을 경우 하수급인이 직접 계약담당공무원에게 계약금액 조정 신청은 불가능합니다.

17번 정답 : ④

해설 : 선급금은 600억미므로 공제액 = 600억 × 30% × 3% = 5.4억 입니다.

18번 정답 : ③

해설 : 관급자재의 사급자재 변경은 기타 계약내용의 변경 사유가 아닙니다.

19번 정답 : ④

해설 : 기타 계약내용의 변경 사유 중 공사이행기간 연장으로 계약금액을 조정하는 경우 공기연장 기간에 대한 계약상대자의 계약금액조정 신청이 있는 경우 계약당사자간 협의하여 조정여부를 결정하지 않습니다.

20번 정답 : ③

해설 : 기타 계약내용의 변경사항의 최소화 및 계약당사자간 분쟁 방지를 위해 공사이행 기간 연장 후 계약당사자간 책임사항의 확정은 필요없습니다.

21번 정답 : ③

정답 : 건설업 회계에 있어서 공사원가명세서는 재무제표인 손익계산서의 공사원가 금액에 대한 추가 정보를 제공하는 것이지만 외부 제3자에게 반드시 공시할 필요는 없습니다.

22번 정답 : ③

해설 : 건설 또는 분양원가의 항목으로 분류할 때 건설회사 본사의 공사 현장관리 부서의 현장 관리를 위한 경비는 분류 항목이 아닙니다.

23번 정답 : ③

해설 : 다수의 건설현장에서 사용 가능한 크레인 운용인력의 인건비에 대한 감가상각비 배부기준은 각 건설현장에서의 건설중장비 실제 사용시간 비율입니다.

24번 정답 : ③

해설 : 공사진행기준에 의한 1차연도의 누적 공사진행율은 실제 발생원가 2,800원을 총 실제 발생원가는 8,000원이므로 이로 나누어 계산한 35%가 되어야 합니다.

25번 정답 : ④

해설 : 특정 원가대상의 직접비로 분류된 직접재료비는 원가대상의 변동과 관계없이 항상 직접재료비에 해당하지 않습니다.

26번 정답 : ③

정답 : 원가행태와 원가추정시에 건설현장의 경비는 각 항목의 특성과 성격을 구분하여 분석하여 원가를 추정하되, 원가 추정을 위한 특성은 실무상 편의를 고려해 조업도와 관계없이 발생하는 고정비로만 분류하지 않습니다.

27번 정답 : ②

해설 : 건설공사 원가 항목중 현장의 추정 건설기계 사용시간이 동일하더라도 조건에 따라 불리 또는 유리한 차이가 발생합니다.

28번 정답 : ②

해설 : 표준 시간과 실제 시간에 대하여는 시간차이가 발생하는 바, 이러한 유리한 시간차이는 2시간 ×10,000 으로 총 20,000원입니다.

29번 정답 : ③

해설 : 건설원가에 대한 통제가능 여부와 관계없이 건설현장에서 발생한 원가는 건설현장 책임자의 책임이 아니므로 성과평가에 반영하지 않습니다.

30번 정답 : ①

해설 : 특정 조업도 내에서 단위당 고정비는 감소하므로, 조업도의 변동(증가 또는 감소)과 관계없이 변동비 총액은 항상 일정하지 않습니다.

31번 정답 : ①

정답 : 하나의 사업장내에 건설공사 종류가 2개 이상인 경우 대표적인 공사 종류를 적용하지는 않습니다.

32번 정답 : ④

해설 : 건설공사에 대한 산재보상보험료 계상 기준에 따르면 산재보상보험료 건설업의 사업세목은 산업안전보건관리비 공사 종류 구분을 적용하지 않습니다.

33번 정답 : ③

해설 : 건설공사에 대한 공사 손해보험료 계상 기준에 따르면 설계변경으로 금액 변동이 있는 경우에는 당초 보험가입금액은 조정 할 수 있습니다.

34번 정답 : ②

해설 : 간접노무비, 일반관리비, 이윤은 국가 발주공사의 원가계산 시 회계예규 규정에 의한 경비 항목으로 관계가 없는 항목입니다.

35번 정답 : ①

해설 : 건설공사의 고용보험의 보험료 계상 기준에 따르면 총 공사금액 2천만원 이상의 건설업자가 아닌 자의 시공을 포함한 모든 건설공사에 적용합니다.

36번 정답 : ②

정답 : 시공 및 유지관리 단계에서 BIM을 활용한 기대효과는 설계단계의 투입자원은 증가하나 시각화 기반의 시공단계활용을 위한 정보의 재사용으로 투입자원의 절감을 할 수 있습니다.

37번 정답 : ③

해설 : WBS를 독립적으로 활용하여 물량산출을 통해 예산을 작성하기는 어렵습니다.

38번 정답 : ①

해설 : BIM(Building Information Modeling)을 활용한 공정-공사비 통합관리의 기대효과는 시각화를 이용한 대안공정 수립, 공정 및 공사비 분석 능력과 공사현황 이해도 향상, 시각화를 통한 기간대(년, 월)별 투입공사비 예측, 시각화 기반으로 예산 집행의 투명성 확보 모두가 해당됩니다.

39번 정답 : ④

해설 : 조달청에서 발주하는 일정금액 이상의 턴기/설계공모중 2016부터 BIM(Building Information Modeling)적용이 의무화되는 공공건축공사 규모로 500억 이상입니다.

40번 정답 : ③

해설 : 3D모델을 활용한 사전 시공간섭의 장점은 BIM(Building Information Modeling) 기반의 수량산출정보를 활용한 공정-공사비 통합관리의 기대효과가 아닌 시공효과입니다.

2차 실기시험

4교시 원가계산 (건축 선택) 정답 및 해설

1번 정답 : ③

정답 : 스라브 거푸집 수량 산출시 1㎡ 미만의 개구부는 공제하지 않는다..

2번 정답 : ③

해설

- 간접노무비 : 직접노무비×율 = 6,000,000×10% = 600,000
- 고용보험료 : 노무비×율 = (6,000,000+600,000) ×2% = 132,000
  600,000+132,000 = 732,000 원

3번 정답 : ③

해설

- ① 세륜장시설 설치와 ④ 이동식 간이화장실은 환경보존비에 해당되며 ② 낙하물 방지망 설치는 산업안전보건관리비에 해당되므로 정답은 ③ 외부 쌍줄비계 설치입니다.

4번 정답 : 499,750,000 원

해설

- 일반 관리비는 재료비+노무비+경비의 합계이므로 (450,000,000 원×5%)= 22,500,000 원 이윤은 노무비+경비의 합에 율을 곱한 값이다.
- (220,000,000 + 30,000,000 + 22,500,000)×10% = 27,250,000 원
- 정답은 450,000,000 + 22,500,000 + 27,250,000 = 499,750,000 원

5번 정답 : 1,434,000 원

해설

- 내부 바닥 타일의 면적을 구한 후에 타일의 자재 할증 3%를 곱해준 후에 타일의 자재값을 곱해서 결과값을 산출한다.
- 바닥, 면적은 (5.8×4.8)= 27.84 m^2
- 구매할 타일의 수량 ; 27.84×1.03 = 28.68 m^2
- 타일의 가격 ; 28.68 m^2×50,000 원 = 1,434,000 원
- 정답 1,434,000 원

6번 정답 : 1,260,500 원

해설

- 벽돌 쌓기의 수량은 1B 쌓기는 149 매/ m^2 임을 알아야 한다. 벽돌 쌓기 면적을 구한후 할증을 구하여 결과값을 산출한다
- 자재의 산출 (10.0×4.0) −(1.0×2.1 + 2.0×2.2) = 33.5 m^2
- 구매할 벽돌 수량 ; 33.5×149×1.05 = 5,242 매
- 쌓기할 벽돌 수량 ; 33.5×149 = 4,992 매
- 벽돌 자재비 ; 5,242×50 = 262,100 원
- 벽돌 쌓기 노무비 ; 4,992 매×200원 = 998,400 원
- 정답 262,100 + 998,400 원 = 1,260,500 원

7번 정답 : 727,000 원 (또는 727,200 원)

해설 : 레미콘의 체적을 구한 후 자재 할증을 더하여 레미콘 단가를 곱한 값을 산출한다.

- 레미콘의 수량은 6.0×3.0×0.8 m = 14.4 m^3
- 구매하는 자재는 할증 포함 14.4×1.01 = 14.54 m^3
  가격은 14.54 m^3×50,000 = 727,000 원

8번 정답 : 11.0 m^2

해설

- 창호의 조합페인트 수량을 산출하기 위해서는 도장배수의 개념을 알아야 하며 산식은 문면적×도장배수를 적용한다.
- FDS-1 창호의 조합페인트 수량은 문면적×도장배수를 적용하므로 문면적 (2.0×2.2)×도장배수 2.5 = 11.0m^2

9번 정답 : ③

해설 : 톤당 소요되는 인건비는 150,000×1.5(야간할증 50%) = 225,000 원입니다.

10번 정답 : ②

해설

- 백호의 시간당 경비는 임금 ; 80,000/8시간 = 10,000 원
- 시간당 손료 ; 100,000,000×100/10,000,000 = 1,000
- 잡자재 비용 10,000
- 그러므로 10,000+1,000+10,000 = 21,000 원입니다.

2차 실기시험

4교시 원가계산 (토목 선택) 정답 및 해설

1번 정답 : 12 m3

해설 : {(5.15×0.1)+(4.955×2.75)−(2.05×2.15×2)+(1/25×0.35×0.35×8)} 5×2m = 12m^3

2번 정답 : 16,263원

해설 : 12,706원 5×1.28 = 16,263원

3번 정답 : 1 / L

해설 : 토사운반 단가산출을 할 때 괄호 안에 공통적으로 적용되는 체적변화율을 영문자는 1/L입니다.

4번 정답 : ③

해설 : 토공(수량내역서)에서 1.05 흙깎기, 1.06 유용토 운반의 수량 상태 기준으로 맞는 것은 자연상태입니나.

5번 정답 : ②

해설 : 단가산출시 수량산출서의 단위수량을 확인하지 않아도 되는 가장 적합한 공종 타파기입니다.

6번 정답 : 3,516.80원/m^3

해설 : 발생량 : 0.008×7,850 = 62.8 kg/m^3
공제량 : 62.8×0.7=43.96kg/m^3
그러므로 공제금액은 43.96×80=3,516.80원/m^3입니다.

7번 정답 : 작업설

해설 : 작업폐기물로서 부스러기, 파쇄 등으로 구체적인 형상이 있으며 경제적인 가치가 있는 것을 작업설 이라 합니다.

8번 정답 : ①

해설 : 근로시간을 벗어난 시간외, 야간 및 휴일의 근무가 불가피 한 경우 또는 유해 위험작업인 경우"에 적용되는 할증은 노임할증입니다.

9번 정답 : ③

해설 : 군작전지구내 인력 작업할증율 20%, 도서지구의 인력작업할증 50%일 때 기본품에 70% 의 할증을 가산합니다.

10번 정답 : ③

해설 : [중소기업제품 구매촉진 및 판로지원에 관한 법률 시행령]제11조 제2항 제1호에 해당하는 식섭구매대사 품목으로서 해낭공사에 적용 가능한 자재 중 추정가격이 3000만원인 자재로 규정하고 있습니다.

관련전문 회사